"十三五"高等学校规划教材

# 数据结构实用教程

主　编　徐新爱　万里勇
副主编　刘日华　胡　佳　卢　昕　朱莹婷

中国铁道出版社有限公司
CHINA RAILWAY PUBLISHING HOUSE CO., LTD.

# 内 容 简 介

  本书涵盖了"数据结构"的主要内容，具体介绍了线性表、栈和队列、串、数组和广义表、递归、树、图等常用数据结构及递归思想，讨论了常用的排序和查找两种基本操作，重点介绍了不同数据结构在不同存储结构下基本运算的算法实现，并给出了经典应用实例。

  本书遵循"理论够用"的原则，重实践，重实用；每章开始列出内容的重点和难点，每章末有知识巩固和实训演练，其中实训演练给出了验证性实验、设计性实验和综合性实验 3 种不同类型的实验，供学生进行实践；除第 1 章外，每章介绍完基本内容后，都通过一些经典应用实例帮助学生巩固已学知识。

  本书适合作为高等学校计算机专业及相关专业的教材，也可作为编程爱好者的自学参考用书。

**图书在版编目（CIP）数据**

  数据结构实用教程/徐新爱，万里勇主编.—2 版.—北京：
中国铁道出版社有限公司，2020.11（2024.2重印）
  "十三五"高等学校规划教材
  ISBN 978-7-113-26931-9

  Ⅰ.①数… Ⅱ.①徐… ②万… Ⅲ.①数据结构-高等职业
教育-教材 Ⅳ.①TP311.12

  中国版本图书馆 CIP 数据核字(2020)第 090267 号

书  名：**数据结构实用教程**
作  者：徐新爱  万里勇

策划编辑：翟玉峰            编辑部电话：（010）63551006
责任编辑：王春霞  彭立辉
封面设计：刘 颖
责任校对：张玉华
责任印制：樊启鹏

出版发行：中国铁道出版社有限公司（100054，北京市西城区右安门西街 8 号）
网  址：http://www.tdpress.com/51eds/
印  刷：三河市兴达印务有限公司
版  次：2013 年 1 月第 1 版  2020 年 11 月第 2 版  2024 年 2 月第 2 次印刷
开  本：787 mm×1 092 mm 1/16 **印张：**16.75 **字数：**413 千
书  号：ISBN 978-7-113-26931-9
定  价：45.00 元

# 前　言

　　"数据结构"是计算机学科各个专业的一门专业基础课程，旨在培养学生在软件设计领域的科学思维方式，以及程序设计能力与程序调试能力。同时，它也是软件设计师认证和计算机专业研究生入学考试的首选课程。该课程的重点是数据的逻辑结构、物理结构及其各种操作的算法实现和应用。但是，由于这门课程自身的特点，学生普遍反映理论难懂，实践复杂。针对这种情况，编者编写了本书，希望能将理论和实践有机结合，帮助学生轻松地掌握数据结构中的主要内容。本书对读者的技术背景要求比较低，比较容易上手，只要学过一门高级编程语言，例如 C、C++、Java、C#等，就可以开始学习本书的内容。

　　本书的主要特色如下：

## 1. 重实践、重实用

　　重实践，描述算法时用已经学过的 C/C++语言函数，学生只做简单转换，就能上机调试，验证算法的正确性，并分析算法；重实用，尽可能介绍算法在日常生活中的用途，让学生觉得算法有用，从而提高学习兴趣。

## 2. 经典应用实例

　　除第 1 章外，每章基本内容介绍完成后，都安排了一节专门介绍经典应用实例。在这一节中，主要安排一些日常生活方面的实例，实例中用到了这一章介绍的数据结构，并详细介绍如何用数据结构的思维解决问题，采取"问题描述—数据结构分析—实体模拟—算法实现"的思路。

## 3. 知识巩固和实训演练

　　每章结束后，根据所讲内容，设置了知识巩固和实训演练。知识巩固有加强理解概念的填空题、选择题，还有帮助理解算法思想的简答题和算法应用题。实训演练为培养算法设计能力的验证性实验、设计性实验和综合性实验，学生按照层级要求针对性完成。

## 4. 重点和难点

　　每章详细介绍内容之前，列出了本章的重点和难点，为学生学习知识提供了方向性参考。

## 5. 微课视频

　　每章节针对容易出错和较难问题提供了微课视频，供学生课前预习和课后复习，可反复回看。

## 6. 计算思维

　　通过本课程的学习，学生掌握数据结构相关的基础知识和基本技能，了解这些知识与技能在实践中的应用，使学生学会如何把现实世界的问题转化为计算机表示和处理，学会组织数据，选择合适的存储结构，培养较强的计算思维能力。

　　本书由多年从事数据结构教学的教师编写，是他们集体智慧和经验的结晶。本书由徐新爱、万里勇任主编，刘日华、胡佳、卢昕、朱莹婷任副主编。其中：万里勇、刘日华和胡佳、卢昕负责编写第 3、5、10 章，朱莹婷负责编写第 6 章，其他章节由徐新爱负责编写，全书由徐新爱统一组稿和改稿。书中所有算法都在 VC++6.0 环境下调试通过。

本书在编写与出版过程中，得到中国铁道出版社有限公司的领导和编辑的指导和帮助，在此表示衷心的感谢！同时，对教材中引用和参考的文献资料的作者一并致谢。

本书建议授课 64 课时，理论课和实践课各 32 课时。

在本书编写和实践过程中，编者做了大量的努力，但由于时间紧迫，编者水平有限，书中难免存在疏漏和不足之处，真诚地欢迎各位专家和广大读者提出宝贵的意见和建议。

编　者

2020 年 5 月

# 目　录

第 1 章　绪论 ............................................................................................ 1

1.1　数据结构概述 .................................................................................... 1

1.1.1　基本概念 ................................................................................ 1

1.1.2　数据结构的定义 .................................................................... 2

1.2　算法及其描述 .................................................................................... 8

1.2.1　算法的概念 ............................................................................ 8

1.2.2　算法描述 ................................................................................ 9

1.3　算法分析 ......................................................................................... 11

1.3.1　时间复杂度 .......................................................................... 12

1.3.2　空间复杂度 .......................................................................... 14

小结 ...................................................................................................... 14

知识巩固 .............................................................................................. 14

实训演练 .............................................................................................. 15

第 2 章　线性表 ..................................................................................... 16

2.1　线性表的定义及基本运算 .............................................................. 16

2.1.1　线性表的定义 ...................................................................... 16

2.1.2　线性表的基本运算 .............................................................. 17

2.2　线性表的顺序存储结构及其基本运算的实现 .............................. 18

2.2.1　线性表的顺序存储结构 ...................................................... 18

2.2.2　顺序表基本运算的实现 ...................................................... 19

2.3　线性表的链式存储结构及其基本运算的实现 .............................. 23

2.3.1　单链表 .................................................................................. 24

2.3.2　双向链表 .............................................................................. 29

2.3.3　循环单链表 .......................................................................... 32

2.3.4　循环双向链表 ...................................................................... 33

2.3.5　顺序表与链表的比较 .......................................................... 35

2.4　经典应用实例 .................................................................................. 36

2.4.1　约瑟夫问题 .......................................................................... 36

2.4.2　多项式求和 .......................................................................... 41

小结 ...................................................................................................... 46

知识巩固 .............................................................................................. 46

实训演练 .............................................................................................. 48

第 3 章　栈和队列 ................................................................................................... 50
　　3.1　栈的定义及基本运算 ................................................................................ 50
　　　　3.1.1　栈的定义 ...................................................................................... 50
　　　　3.1.2　栈的基本运算 .............................................................................. 51
　　3.2　栈的顺序存储结构及其基本运算的实现 .................................................... 51
　　　　3.2.1　栈的顺序存储结构 ........................................................................ 52
　　　　3.2.2　栈的基本运算在顺序栈上的实现 .................................................... 52
　　　　3.2.3　栈在递归中的应用 ........................................................................ 54
　　3.3　栈的链式存储结构及其基本运算的实现 .................................................... 56
　　　　3.3.1　栈的链式存储结构 ........................................................................ 56
　　　　3.3.2　栈的基本运算在链栈上的实现 ........................................................ 56
　　3.4　栈的经典应用实例 .................................................................................... 57
　　　　3.4.1　数制转换 ...................................................................................... 57
　　　　3.4.2　表达式求值 .................................................................................. 59
　　3.5　队列的定义及基本运算 ............................................................................. 66
　　　　3.5.1　队列的定义 .................................................................................. 66
　　　　3.5.2　队列的基本运算 ............................................................................ 67
　　3.6　队列的顺序存储结构及其基本运算的实现 ................................................. 67
　　　　3.6.1　队列的顺序存储结构 .................................................................... 67
　　　　3.6.2　顺序队列基本运算的实现 .............................................................. 68
　　　　3.6.3　循环队列 ...................................................................................... 69
　　3.7　队列的链式存储结构及其基本运算的实现 ................................................. 71
　　　　3.7.1　队列的链式存储结构 .................................................................... 71
　　　　3.7.2　链式队列基本运算的实现 .............................................................. 71
　　3.8　队列的经典应用实例 ................................................................................ 73
　　　　3.8.1　迷宫问题 ...................................................................................... 73
　　　　3.8.2　模拟就诊过程 .............................................................................. 78
　　小结 ............................................................................................................... 81
　　知识巩固 ........................................................................................................ 81
　　实训演练 ........................................................................................................ 84
第 4 章　串 ............................................................................................................. 86
　　4.1　串的概念与操作 ...................................................................................... 86
　　　　4.1.1　串的概念 ...................................................................................... 86
　　　　4.1.2　串的操作 ...................................................................................... 87
　　4.2　串的顺序存储结构及其基本运算的实现 .................................................... 88
　　　　4.2.1　串的顺序存储结构 ........................................................................ 88
　　　　4.2.2　顺序串基本运算的实现 ................................................................. 88
　　　　4.2.3　常用的字符串处理函数 ................................................................. 90

4.3　串的链式存储结构及其基本运算的实现 ......................................................... 92
　　4.3.1　串的链式存储结构 ......................................................................... 92
　　4.3.2　链串基本运算的实现 ..................................................................... 93
4.4　经典应用实例 ........................................................................................... 96
　　4.4.1　测试串的基本操作 ......................................................................... 96
　　4.4.2　模式匹配 .................................................................................... 102
小结 ............................................................................................................... 105
知识巩固 ....................................................................................................... 105
实训演练 ....................................................................................................... 107

**第 5 章　数组和广义表** ............................................................................... **109**
5.1　数组 ....................................................................................................... 109
　　5.1.1　数组的基本概念 ............................................................................ 109
　　5.1.2　数组的存储结构 ............................................................................ 110
5.2　特殊矩阵的压缩存储 ............................................................................... 112
　　5.2.1　三角矩阵 .................................................................................... 112
　　5.2.2　对称矩阵 .................................................................................... 113
　　5.2.3　带状矩阵 .................................................................................... 114
　　5.2.4　稀疏矩阵 .................................................................................... 114
5.3　广义表 ................................................................................................... 117
　　5.3.1　广义表的概念 ............................................................................... 117
　　5.3.2　广义表的存储结构 ......................................................................... 118
　　5.3.3　广义表的运算 ............................................................................... 119
5.4　经典应用实例 ......................................................................................... 119
　　5.4.1　矩阵鞍点 .................................................................................... 120
　　5.4.2　稀疏矩阵相加 ............................................................................... 122
小结 ............................................................................................................... 126
知识巩固 ....................................................................................................... 126
实训演练 ....................................................................................................... 127

**第 6 章　递归** ............................................................................................. **128**
6.1　递归 ....................................................................................................... 128
　　6.1.1　递归的定义 .................................................................................. 128
　　6.1.2　递归的使用 .................................................................................. 129
6.2　递归算法的设计 ..................................................................................... 130
　　6.2.1　递归模型的建立 ............................................................................ 130
　　6.2.2　递归算法的设计 ............................................................................ 131
　　6.2.3　递归算法的性能分析 ..................................................................... 132
6.3　递归和栈 ............................................................................................... 132
　　6.3.1　递归调用与栈 ............................................................................... 132

　　　6.3.2　递归到非递归的转换 ........................................................................................ 133

　6.4　经典应用实例 ......................................................................................................... 134

　小结 ..................................................................................................................................... 136

　知识巩固 ............................................................................................................................. 136

　实训演练 ............................................................................................................................. 137

第 7 章　树 .............................................................................................................................. 138

　7.1　树的定义及基本概念 ............................................................................................. 138

　　　7.1.1　树的定义 ....................................................................................................... 138

　　　7.1.2　树的逻辑表示 ............................................................................................... 139

　　　7.1.3　树的基本概念 ............................................................................................... 140

　　　7.1.4　树的基本性质 ............................................................................................... 141

　　　7.1.5　树的基本运算 ............................................................................................... 141

　　　7.1.6　树的存储结构 ............................................................................................... 142

　7.2　二叉树的定义及基本性质 ..................................................................................... 143

　　　7.2.1　二叉树的定义 ............................................................................................... 143

　　　7.2.2　二叉树的性质 ............................................................................................... 143

　　　7.2.3　树、森林与二叉树的转换 ........................................................................... 145

　7.3　二叉树的存储结构 ................................................................................................. 148

　　　7.3.1　二叉树的顺序存储结构 ............................................................................... 148

　　　7.3.2　二叉树的链式存储结构 ............................................................................... 150

　7.4　二叉树的基本运算及其实现 ................................................................................. 150

　　　7.4.1　二叉树的基本运算概述 ............................................................................... 150

　　　7.4.2　二叉树的基本运算实现 ............................................................................... 151

　7.5　二叉树的遍历 ......................................................................................................... 152

　　　7.5.1　二叉树遍历的概念 ....................................................................................... 153

　　　7.5.2　二叉树遍历算法 ........................................................................................... 154

　　　7.5.3　二叉树遍历算法的应用 ............................................................................... 155

　7.6　二叉树的构造 ......................................................................................................... 156

　7.7　哈夫曼树 ................................................................................................................. 160

　　　7.7.1　哈夫曼树及其构造 ....................................................................................... 160

　　　7.7.2　哈夫曼树的应用 ........................................................................................... 163

　7.8　经典应用实例 ......................................................................................................... 165

　　　7.8.1　二叉树的操作 ............................................................................................... 165

　　　7.8.2　信息编码 ....................................................................................................... 168

　小结 ..................................................................................................................................... 174

　知识巩固 ............................................................................................................................. 174

　实训演练 ............................................................................................................................. 177

**第8章 图** 178

8.1 图的定义及基本概念 178

8.1.1 图的定义 178

8.1.2 图的基本概念 179

8.2 图的存储结构 181

8.2.1 图的顺序存储结构——邻接矩阵 182

8.2.2 图的链式存储结构——邻接表 183

8.2.3 图的基本运算 184

8.3 图的遍历 186

8.3.1 深度优先搜索遍历 186

8.3.2 广度优先搜索遍历 187

8.4 最小生成树 188

8.4.1 最小生成树的概念 189

8.4.2 最小生成树算法 192

8.5 最短路径 194

8.5.1 从一个顶点到其余各顶点的最短路径 194

8.5.2 每对顶点之间的最短路径 198

8.6 拓扑排序 201

8.6.1 拓扑排序的概念 201

8.6.2 拓扑序列 202

8.6.3 拓扑排序算法 202

8.7 经典应用实例 204

小结 207

知识巩固 207

实训演练 209

**第9章 查找** 210

9.1 查找的基本概念 210

9.2 线性表的查找 211

9.2.1 顺序查找 211

9.2.2 二分查找 212

9.2.3 分块查找 213

9.3 树的查找 214

9.3.1 二叉排序树查找 214

9.3.2 平衡二叉树查找 215

9.4 散列表的查找 217

9.4.1 散列表的概念 217

9.4.2 散列函数的构造 218

9.4.3 处理冲突的方法 219

9.4.4　散列表查找算法的性能分析 ............................................................ 220
9.5　经典应用实例 ...................................................................................... 221
9.5.1　模拟算法查找过程 ...................................................................... 221
9.5.2　电话号码查询 .............................................................................. 224
小结 ...................................................................................................................... 229
知识巩固 .............................................................................................................. 230
实训演练 .............................................................................................................. 233

第 10 章　内部排序 ................................................................................................ 234
10.1　内部排序的基本概念 ......................................................................... 234
10.2　插入排序 ............................................................................................. 235
10.2.1　直接插入排序 ............................................................................ 235
10.2.2　折半插入排序 ............................................................................ 237
10.2.3　希尔排序 .................................................................................... 238
10.3　交换排序 ............................................................................................. 239
10.3.1　冒泡排序 .................................................................................... 239
10.3.2　快速排序 .................................................................................... 241
10.4　选择排序 ............................................................................................. 242
10.4.1　直接选择排序 ............................................................................ 242
10.4.2　堆排序 ........................................................................................ 243
10.5　归并排序 ............................................................................................. 246
10.6　基数排序 ............................................................................................. 248
10.6.1　多关键字排序 ............................................................................ 248
10.6.2　链式基数排序 ............................................................................ 248
10.7　经典应用实例 ...................................................................................... 251
10.7.1　考试成绩排序 ............................................................................ 251
10.7.2　拼色问题 .................................................................................... 253
小结 ...................................................................................................................... 256
知识巩固 .............................................................................................................. 256
实训演练 .............................................................................................................. 258

参考文献 .................................................................................................................... 258

第 **1** 章

自从 1946 年第一台计算机问世以来，计算机技术的发展日新月异。其应用已不再局限于科学计算，而是更多地用于控制、管理及数据处理等非数值计算领域。与此同时，计算机加工处理的对象由纯粹的数值发展到字符、表格和图像等各种具有一定结构的数据。数据结构就是研究数据组织、存储和运算的一般方法的学科。

本章讨论数据结构的基本概念、算法的特性和描述，以及如何进行算法复杂度分析。

| | |
|---|---|
| **本章重点** | ☑ 数据结构的基本概念<br>☑ 算法的基本特性<br>☑ 描述算法的工具 |
| **本章难点** | ☑ 算法复杂度分析 |

## 1.1 数据结构概述

计算机处理的数据具有一定的内在联系，只有分清楚它们之间的内在联系，才能有效地进行处理。数据结构就是研究数据间的这种内在联系。随着计算机应用领域的不断扩大，计算机处理的数据量越来越大，处理的数据结构也越来越复杂。本节讨论与数据结构有关的基本概念，包括数据的定义、数据的逻辑结构、数据的存储结构和数据的基本运算，以及常用的数据结构等。

### 1.1.1 基本概念

对于计算机来说，数据（Data）的含义是比较广泛的，包括数字、字符、字符串、图形、图像、声音、表、文件、音频和视频等。广义上说，凡是可以输入计算机并被计算机程序处理的各种信息，都可以称为数据。例如，2018 级计算机班"数据结构"课程成绩表。

数据元素（Data Element）是数据处理的基本单位。有些情况下，数据元素又称元素、结点、记录。一个数据元素可以由若干个数据项（Data Item）组成。例如，2018 级计算机班是由 63 个学生组成，每个学生称为一个数据元素，每个学生都由学号、姓名、性别等数据项组成。

数据项又称字段、域，它是具有独立含义的最小标识单位。例如，学生的学号、姓名、性别等都是数据项。

数据对象（Data Object）是具有相同性质的数据的集合。例如，整数集合、实数集合和课程成绩表。

数据类型（Data Type）是具有相同性质的数据的集合及在这个数据集合上的一组基本操作的总称。数据类型定义中包含了两个集合，即该类型数据的取值范围以及可允许进行的一组运算。例如，C语言中定义了整型数据以及该整型数据能进行加、减、乘、除等基本操作。

例如，有学生成绩表如表 1.1 所示。

表 1.1　学生成绩表

| 学　号 | 姓　名 | 数 学 分 析 | 普 通 物 理 | 高 等 数 学 | 平 均 成 绩 |
|---|---|---|---|---|---|
| 20101 | 王小平 | 90 | 85 | 95 | 90 |
| 20102 | 张传宝 | 80 | 85 | 90 | 85 |
| 20103 | 李四 | 60 | 65 | 70 | 65 |
| 20104 | 肖华生 | 70 | 84 | 86 | 80 |
| 20105 | 王五 | 91 | 84 | 92 | 89 |

表 1.1 中的每一行是一个数据元素，它由学号、姓名、各科成绩及平均成绩等数据项组成。学生成绩表是一个数据对象，由 5 个具有相同数据项构成的数据元素组成，可以用数组这种数据类型定义学生成绩表。

## 1.1.2　数据结构的定义

数据结构（Data Structure）指所有数据元素以及数据元素之间的相互关系。形式化定义如下：数据结构是一个二元组 $D\_R=(D,R)$。其中：$D$ 为数据元素的有限集，$R$ 是 $D$ 上关系的有限集。

【例 1.1】假设用学号唯一标识该数据元素，表 1.1 用二元组表示如下：

Student_score=$(D,R)$

$D$={20101,20102,20103,20104,20105}

$R$={<20101,20102>,<20102,20103>,<20103,20104>,<20104,20105>}

数据结构通常包括数据的逻辑结构、数据的存储结构和数据的基本运算 3 个方面。

### 1.　数据的逻辑结构

数据的逻辑结构（Data Logical Structure）是数据元素之间的逻辑关系，即数据元素之间的关联方式。数据的逻辑结构与数据的存储无关，独立于计算机。

按照数据元素间关系的不同，逻辑结构分为 4 种类型：集合、线性结构、树状结构和图状结构。其中树状结构和图状结构合称为非线性结构。

（1）集合

集合（Set）是指数据元素之间除了同属一个集合以外，没有其他任何关系，如图 1.1 所示。

（2）线性结构

线性结构是指数据元素之间存在一对一的关系，如图 1.2 所示。

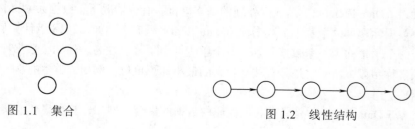

图 1.1　集合　　　　　　　　　　　　　　　图 1.2　线性结构

从图 1.2 可以看出，对线性结构中任意一个结点，与它相邻且在它前面的结点（称直接前驱，Immediate Predecessor）最多只有一个；与线性结构中任意一结点相邻且在其后的结点（称直接后继，Immediate Successor）也最多只有一个。无前驱结点的结点称为开始结点，无后继结点的结点称为终端结点。因此，线性结构的特点是除开始结点没有前驱结点，终端结点没有后继结点外，其余每一个数据元素都有唯一前驱元素和唯一后继元素。

例如，表 1.1 中学号 20101 为开始结点，20105 为终端结点，"李四"所在结点的直接前驱结点和直接后继结点分别是"张传宝"和"肖华生"所在的结点。因此，它是一种线性结构，所有结点间的关系构成了这张学生成绩表的逻辑结构。

（3）树状结构

树状结构是指数据元素之间存在一对多的关系。其中，只有唯一的一个数据元素没有前驱结点，该数据元素称为根结点，其余的数据元素都有唯一的前驱结点，这个前驱结点称为它的双亲结点，也可以有多个后继结点，这些后继结点称为它的子女结点，如图 1.3 所示。

（4）图状结构

图状结构是指数据元素之间存在多对多关系。其特点是每个元素的前驱元素和后继元素个数可以是任意个，即任意两个元素之间都可能存在邻接关系，如图 1.4 所示。

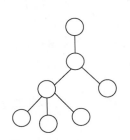

图 1.3　树状结构

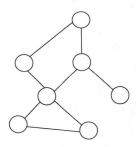

图 1.4　图状结构

【**例 1.2**】有一种数据结构 D_R=(D,R)，其中 $D=\{a,b,c,d\}$，$R=\{<a,b>,<a,d>,<b,d><c,d>\}$，判断属于哪一种数据结构。

解：根据题意，画出其对应的逻辑结构，如图 1.5 所示。

根据画出的逻辑结构图 1.5 可以看出，结点 $a$ 和 $c$ 无前驱结点，结点 $d$ 无后继结点，结点 $b$ 有前驱结点和后继结点，符合图状结构的特点，因此属于图状结构。

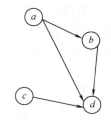

图 1.5　逻辑结构图

**2. 数据的存储结构**

数据的存储结构（Data Storage Structure）是数据的逻辑结构在计算机中的存储表示。存储结构依赖于计算机，又称物理结构，它包括数据元素的表示和元素与元素间关系的表示。

根据数据在计算机内的表示方式，基本存储结构分为 4 种类型：顺序存储结构、链式存储结构、索引存储结构和散列存储结构。

（1）顺序存储结构

顺序存储结构是用一组连续的存储单元存放所有的数据元素，逻辑上相邻的结点存储在相邻的存储单元中，结点之间的关系由存储单元的相邻关系来体现。

顺序存储结构的主要优点是存储效率高，可以实现数据元素的随机存取。其主要缺点是插入和删除元素操作不太方便，需要移动一系列的元素。

（2）链式存储结构

链式存储结构是指存储数据元素的存储单元独立分配，各个数据元素所占的存储空间不一定是连续的。因此，逻辑上相邻的元素物理上不一定相邻。同时，为了描述各数据元素之间的逻辑关系，将结点所占的存储单元分为两部分：一部分存放结点本身的信息，即数据域；另一部分存放该结点的后继结点的存储单元地址，即指针域。

链式存储结构的主要优点是数据修改方便，不需要移动数据元素，只需要修改相应结点的指针域。其主要缺点是不能随机存取数据元素，分配的存储空间不全是用来存放数据元素，还需要存放指向后继结点的地址，因此存储效率不能达到100%。

（3）索引存储结构

索引存储结构是指在存储数据元素时，需要额外建立一个索引表。其中，存储所有数据元素的表称为主数据表，每个数据元素都有一个关键字和对应的存储地址。索引表中的每一项称为索引项，索引项的形式为"关键字，地址"，关键字唯一标识一个数据元素，地址是存储对应数据元素在主数据表中的存储地址。

使用索引存储结构查找元素的依据是关键字。首先，在索引表中找到关键字对应的地址，然后通过该地址在主数据表中查找到该数据元素。

索引存储结构的主要优点是查找效率高，根据查找元素的关键字直接在索引表中可查找到该数据元素的地址。其主要缺点是需要增设一个索引表，额外增加空间开销。

（4）散列存储结构

散列存储结构是根据数据元素的关键字通过散列函数计算得到一个值，这个值就是存储元素在散列表中的存储位置。

散列存储结构的主要优点是查找效率高，根据数据元素的关键字通过散列函数就可得出数据元素的存储地址。其主要缺点是当两个数据元素的关键字通过散列函数计算得到相同的结果时，会产生冲突。

### 3. 数据的基本运算

数据的基本运算是指对数据施加的操作，是在数据的逻辑结构上定义的操作算法，如查找、插入等。每种数据结构都有一个运算集合。最常用的数据运算包括查找、插入、删除、更新、排序等，这些运算实际上是在抽象数据类型上所施加的一系列操作。

设数据的某种逻辑结构（如线性结构）为 $S$，则 $S$ 上的运算如下：

① 查找：查找满足条件的结点在 $S$ 中的位置。

② 插入：在 $S$ 中某指定位置增加一个新结点。

③ 删除：删除 $S$ 中某指定位置的结点。

④ 更新：修改 $S$ 中某指定结点的内容。

⑤ 排序：将 $S$ 中的结点按某种规则排列成有序的序列。

施加于逻辑结构上的运算称为运算定义，施加于存储结构上的运算称为运算实现。因此，数据运算分为运算定义和运算实现两种。

在表 1.1 中，可能要经常查看某一学生的成绩，但当学生转学时就要删除相应的结点，而新学生入学时又要增加结点。

#### 4. 常用数据结构

常用的数据结构有线性表、数组、栈、队列、链表、树、图、堆和散列表。对于这些数据结构，这里只介绍基本概念，在以后的章节中将详细介绍常用数据结构的逻辑结构、存储结构和基本算法及应用。

（1）线性表

线性表（Linear List）是最基本、最简单、最常用的一种数据结构。线性表中数据元素之间的关系是一对一的关系，即除了开始元素和终端元素之外，其他数据元素都有且仅有一个前驱结点和后继结点。线性表的逻辑结构简单，便于实现和操作。

（2）数组

为了处理方便，在程序设计中把具有相同类型的若干变量用数组（Array）组织起来。在 C 语言中，数组属于构造数据类型。一个数组包含多个数组元素，这些数组元素的基类型可以是基本数据类型或构造类型。因此，按数组元素的类型不同，数组分为数值数组、字符数组、指针数组、结构体数组等。

（3）栈

栈（Stack）是只能在某一端插入和删除的特殊线性表。它按照后进先出的原则存储数据，先进入的数据被压入栈底，最后进入的数据在栈顶，需要读数据时只能从栈顶开始。

（4）队列

队列（Queue）是一种特殊的线性表，它只允许在线性表的前端（Front）进行删除操作，在线性表的尾端（Rear）进行插入操作。进行插入操作的端称为队尾，进行删除操作的端称为队头。队列中没有元素时，称为空队列。

（5）链表

链表（Linked List）是一种物理存储单元非连续、非顺序的存储结构，数据元素的逻辑顺序是通过链表中的指针域实现。链表由一系列结点组成，结点在运行时动态生成。每个结点包括两部分：一部分是存储数据元素的数据域；另一部分是存储下一个结点地址的指针域。

（6）树

树（Tree）是包含 $n$（$n>0$）个结点的有穷集合 $k$，且在 $k$ 中定义了一个关系 $N$，$N$ 满足以下条件：

① 有且仅有一个结点 $k_0$，此结点对于关系 $N$ 来说没有前驱，称 $k_0$ 为树的根结点，简称根（Root）。

② 除 $k_0$ 外，$k$ 中的每个结点对于关系 $N$ 来说有且仅有一个前驱结点。

③ $k$ 中各结点对关系 $N$ 来说有 $m$ 个后继结点（$m \geq 0$）。

（7）图

图（Graph）由结点的有穷集合 $V$ 和边的集合 $E$ 组成。其中，为了与树状结构加以区别，在图结构中常常将结点称为顶点。边是顶点的序偶对，若两个顶点之间存在一条边，就表示这两个顶点具有邻接关系。

（8）堆

在计算机科学中，堆（Heap）是一种特殊的树状数据结构，每个结点都有一个值。通常所说的堆的数据结构是指二叉堆。堆的特点是根结点的值最小（或最大），且根结点的两个子树也是一个堆。

（9）散列表

若结构中存在关键字和 $k$ 相等的记录，则必定在 $f(k)$ 的存储位置上。由此，无须比较便可直接取得所查记录。称这个对应关系 $f$ 为散列函数（Hash Function），按这个思想建立的表称为散列表（Hash List）。

### 5. 数据类型和抽象数据类型

（1）数据类型

数据类型（Data Type）是具有相同性质的数据的集合以及在这个数据集合上的一组基本操作的总称。在程序设计中，必须对所有的变量定义具体的数据类型，下面以 C/C++语言为例，介绍常用的数据类型。

① 基本数据类型。C/C++语言提供的基本数据类型有整型、实型、字符型，每种数据类型决定了该数据在计算机内存中所占空间大小以及能进行的基本运算。

② 指针类型。指针类型是一种特殊的数据类型，其值用来表示数据在内存中的地址。

③ 构造数据类型。为了更好地处理并表达更复杂的数据，C/C++语言提供了构造数据类型。构造数据类型是根据已定义的一个或多个数据类型用构造的方法来定义。它的最主要的特点是其值可以分解成一个或更多个成员或元素，而每个成员又是一个独立的基本数据类型或构造数据类型。C/C++语言中，构造数据类型有 4 种，分别是数组类型、结构体类型、共用体类型和枚举类型。

④ 自定义类型。C 语言中允许使用 typedef 关键字自定义一个新的数据类型名。例如：

```
typedef int ElementType;
typedef struct Student
{  char *name;
   char sex;
   float score;}NodeType
```

有了以上定义后，就可用 ElementType 和 NodeType 定义 int 和以上结构体类型变量。例如：

```
int a;  等价于  ElementType a;
struct Student student1,student2; 等价于 NodeType student1,student2;
```

（2）抽象数据类型

抽象数据类型（Abstract Data Type，ADT）是用来描述数据的逻辑结构和逻辑结构上的一组基本运算。抽象数据类型的定义由三部分组成，分别是数据对象、数据关系和基本运算，用三元组（D，R，P）表示，其中 D 表示数据对象，R 表示数据关系，P 表示基本运算，基本描述格式如下：

```
ADT 抽象数据类型名
{    数据对象: 数据对象的声明
     数据关系: 数据关系的声明
     数据运算: 基本运算的声明
}
```

其中，基本运算的声明格式为：

```
基本运算名（参数表）: 运算功能描述
```

### 6. 动态存储空间分配

在链式存储结构中，需要为变量动态分配内存空间，C/C++语言常用 malloc( )和 free( )两个函数管理动态存储空间。malloc( )函数用来在堆中申请内存空间，free( )函数释放原先申请的内存空间。这两个函数在程序中调用，必须在程序开头使用文件包含命令 # include <stdlib.h>。

（1）malloc( )函数

malloc( )函数是在内存的动态存储区中分配一段连续的存储空间。其参数是一个无符号整型数，返回一个指向所分配的连续存储空间的起始地址的指针，类型为空类型 void。当函数未能成功分配存储空间时（如内存不足），则返回一个 NULL 指针。函数原型如下：

```
void *malloc(long NumBytes)
```

该函数分配了 NumBytes 个字节的存储空间，并返回指向这块内存起始地址的指针。如果分配失败，则返回一个空指针（NULL）。

（2）free( )函数

由于内存区域总是有限的，不能无限制地分配下去，而且程序应尽量节省资源，因此，当分配的内存区域不再使用时应释放它，以便其他变量或程序使用。free()函数用于收回由 malloc()函数申请的存储空间。函数原型如下：

```
void free(void *FirstByte)
```

该函数是将之前用 malloc( )函数分配的空间还给程序或者操作系统，也就是释放这块内存，让它重新得到自由。

使用 free( )函数时，注意以下几点：

① 调用 free( )函数释放内存后，不能再去访问被释放的内存空间。内存被释放后，很有可能该指针仍然指向该内存单元，但这块内存已经不再属于原来的应用程序，此时，指针为悬挂指针（可以赋值为 NULL）。

② 不能两次释放相同的指针。释放内存空间后，该空间就交给了内存分配子程序，再次释放内存空间会导致错误。

③ 不能用 free( )函数释放不是由 malloc( )、calloc( )和 realloc( )函数创建的指针空间；在编程时，不能将指针进行自加操作，使其指向动态分配的内存空间中间的某个位置，然后直接释放，这样有可能引起错误。

④ 在进行 C/C++语言程序开发中，函数 malloc( )和 free( )配套使用，即不需要的内存空间都需要释放回收。

【例 1.3】malloc( )函数和 free( )函数实例。

```
int *p1,*p2;
p1=(int *)malloc(10*sizeof(int));
p2=p1;
…
free(p2);                /*或者 free(p1)*/
p1=NULL;                 /*或者 p2=NULL*/
```

malloc( )函数返回值赋给 p1，又把 p1 的值赋给 p2，因此，p1、p2 都可作为 free( )函数的参数。

# 1.2　算法及其描述

从程序设计的角度来看，每个问题的处理都涉及两方面的内容：数据及其相应的操作。所谓数据，泛指计算机要处理的对象，包括数据的类型、数据的组织形式和数据之间的关系；所谓操作，是指处理问题的方法和步骤，即算法。下面讨论算法和描述算法的工具。

## 1.2.1　算法的概念

计算机科学家尼克劳斯·沃思曾著过一本著名的书：《数据结构+算法=程序》，可见算法在计算机科学界与应用界的地位。算法（Algorithm）是指解题方案的准确而完整的描述，是一系列解决问题的清晰指令，代表着用系统的方法描述解决问题的策略机制。也就是说，算法能够对一定规范的输入，在有限时间内获得所要求的输出。如果一个算法有缺陷，或不适合于某个问题，执行这个算法将不会解决这个问题。一个算法的优劣可以用空间复杂度与时间复杂度来衡量。

一个正确的算法具有以下 5 个性质：

（1）有穷性

算法的有穷性（Finiteness）是指算法能在执行有限个步骤之后结束。任何不会结束的算法都是没有意义的。

（2）确定性

算法的确定性（Definiteness）是指算法每一步骤都必须有确定的含义，不能产生歧义。

（3）有输入

有输入（Input）是指算法有处理的数据对象，一个算法有零个或多个输入。

（4）有输出

有输出（Output）是指一个算法执行后会有输出结果，一个算法有一个或多个输出，以反映对输入数据加工后的结果。没有输出的算法是毫无意义的。

（5）可行性

算法中执行的任何计算步骤都可以被分解为基本可执行的操作步骤，即每个计算步骤都可以在有限时间内完成，这个性质称为算法的可行性（Effectiveness）。

【例 1.4】判断以下算式是否适合用算法解决。

① $s=1+2+3+\cdots+100$；

② $s=1+2+3+\cdots+100+\cdots$；

③ $s=1+2+3+\cdots+n$（$n \geqslant 1$，且 $n \in \mathbf{N}$）。

算法分析：

只有满足算法 5 个性质的算式，才能设计算法。因此，能设计算法求解的是①和③，②不满足算法的有穷性。

【例 1.5】写一个算法解方程：$ax + b = 0$，其中参数 $a$、$b$ 由键盘任意输入。

算法分析：对于该问题，不能简单地输出 $x=-b/a$ 的结果，因为在 $a=0$ 的情形下，这种输出是错误的。该问题需要分情况讨论，具体步骤描述如下：

① 输入 $a$，$b$；

② 若 $a \neq 0$，则输出 $x=-b/a$；

③ 若 $a=0$，则根据 $b$ 的值分为以下两种情况：

● 若 $b=0$，方程的解是全体实数；

● 若 $b\neq0$，方程没有实数解。

可见，一个好的算法必须精确，且有明确步骤。

【例 1.6】已知 $S = 1 + 2 + 3 + \cdots + 99 + 100$，求 $S$ 的值。

算法分析：

① 高斯解法：

$S$=(1+100)+(2+99)+(3+98)+$\cdots$+(50+51)

　=101+101+101+$\cdots$+101

　=50×101

　=5050

② 普通解法：

S1=1

S2=S1+2=3

S3=S2+3=6

$\cdots$

S99=S98+99=4950

S100=S99+100=5050

从以上两种算法求解过程看出，高斯解法更方便、快捷。

## 1.2.2　算法描述

算法描述的方法有：自然语言、流程图、N–S 图、伪代码、PAD 图、程序设计语言和 UML 图等。这里主要使用程序设计语言的方法来描述算法，采用"C 语言"或"类 C 语言"函数来对算法进行描述。

### 1. 函数描述算法的一般格式

```
[数据类型] 函数名([形式参数])
{
    内部参数说明;
    执行语句;
}
```

在函数描述算法的一般格式中，函数由函数首部和函数体组成，函数体中的执行语句包括条件语句、循环语句、赋值语句、基本的输入/输出语句等。它们的基本格式如下：

（1）条件语句的两种基本格式

① if(表达式)语句;

② if(表达式)语句 1;

　else　语句 2;

（2）循环语句的 3 种格式

① while(表达式)

　循环体语句;

② do

```
    {
        循环体语句;
    }while(表达式);
③ for(表达式1;表达式2;表达式3)
        循环体语句;
```

（3）分支语句

```
switch(表达式)
{
    case  常数1    :语句组1;
    case  常数2    :语句组2;
    …
    case  常数n    :语句组n;
    [default      :语句组成n+1;]
}
```

（4）赋值语句

变量=表达式;

（5）基本的输入/输出语句

用函数 scanf()和printf()实现基本的格式化输入和输出，以及其他输入/输出函数如 putchar()和 getchar()、puts()和 gets()等。

（6）注释形式

/*字符串*/

一个算法通常完成一个独立的功能，算法设计的一般步骤如下：

① 分析算法的功能。

② 确定算法有哪些输入数据、哪些输出数据；输入数据作为函数的输入型参数，输出数据作为函数的输出型参数。

③ 设计函数体，完成从输入到输出的过程。

**2. 函数参数的设计**

设计算法中，确定函数的形式参数非常重要。函数形式参数分为输入型参数和输出型参数。其中，输入型形式参数是指函数处理的数据对象，如求两个整数的最大值，这两个整数就是完成该功能对应函数的输入型参数，输出型形式参数是指通过这个函数的执行需要返回的值可以作为输出型参数。

一般来说，函数的返回值可以用 return 语句，但只能返回一个值，如果存在多个返回值就可以定义全局变量或指针型变量作为形式参数，但全局变量定义过多又会影响函数之间的独立性，指针型变量作为形式参数可读性差。因此，为了克服以上不足，在 C++语言中引入了一种引用运算符"&"，借助该引用运算符生成一个引用型参数作为输出型参数。函数调用时,引用型参数的值将回传给实参。

**【例1.7】**写一个函数实现两个整数的交换。

算法1：

```
void swap1(int *a,int *b)
{
    int t;
    t=*a;*a=*b;*b=t;
}
```

算法2：

```
void swap2(int &a,int &b)
{
    int t;
    t=a;a=b;b=t;
}
```

其中，算法1用了指针型参数作为形参，函数调用执行后形参值的改变也将改变实参值，但指针在使用时容易出现错误，可读性差。该函数调用的格式为 swap1(a,b)(a,b 为整型指针变量)或者 swap1(&a, &b)(a,b 为整型变量)。算法2用了引用型参数作为形参，也能达到同样的目的，而且使用方便。该函数调用的格式为 swap2(a,b)(a,b 为整型变量)。

【例1.8】简单选择排序算法。

该算法的基本思想是每一趟从待排序的数据元素中选出最小的元素，顺序放在已排好序的数列最后，直到全部待排序的数据元素全部有序为止。

以待排序序列{49, 38, 65, 97, 76, 13, 27, 49}为例，简单选择排序过程如下：

| 初始关键字： | [49 | 38 | 65 | 97 | 76 | 13 | 27 | 49] |
|---|---|---|---|---|---|---|---|---|
| 第一趟排序结束： | 13 | [38 | 65 | 97 | 76 | 49 | 27 | 49] |
| 第二趟排序结束： | 13 | 27 | [65 | 97 | 76 | 49 | 38 | 49] |
| 第三趟排序结束： | 13 | 27 | 38 | [97 | 76 | 49 | 65 | 49] |
| 第四趟排序结束： | 13 | 27 | 38 | 49 | [76 | 97 | 65 | 49] |
| 第五趟排序结束： | 13 | 27 | 38 | 49 | 49 | [97 | 65 | 76] |
| 第六趟排序结束： | 13 | 27 | 38 | 49 | 49 | 65 | [97 | 76] |
| 第七趟排序结束： | 13 | 27 | 38 | 49 | 49 | 65 | 76 | [97] |

至此，排序结束。

用C语言描述该算法如下：

```
void selesort(int s[],int n)  /* s 为待排序数组，n 为数组长度*/
{
    int i,j,k,t;
    for(i=0;i<n-1;i++)
    {
        k=i;
        for(j=i+1;j<n;j++)
            if(s[k]>s[j])k=j;
        t=s[i];s[i]=s[k];s[k]=t;
    }
}
```

# 1.3　算法分析

对于同一个问题，可以有多种不同的算法，到底选择哪一种更好呢？就需要对算法进行评价。评价一个算法的好坏，首先保证选用的算法是正确的，除此之外，还要考虑以下三点：

① 执行算法所耗费的时间。

② 执行算法所耗费的存储空间，其中主要考虑辅助存储空间。

③ 算法易于理解、易于编码、易于调试等。

微课视频

算法分析

因此，在选择算法时，尽量选用一个所占空间小、运行时间短、其他性能也好的算法。算法性能分析主要分为时间复杂度和空间复杂度，简称时空复杂度分析。

## 1.3.1　时间复杂度

### 1.　时间复杂度的概念

一般情况下，算法中基本操作（如赋值、比较、计算、转向、返回、输入、输出等）重复执行的次数是问题规模 $n$ 的某个函数的数量级，算法的时间频度记作

$$T(n)=O(f(n))$$

称作算法的渐近时间复杂度，简称时间复杂度（Time Complexity）。其表示随着问题规模 $n$ 的增大，算法执行时间的增长率与 $f(n)$ 的增长率相同。

求解一个算法的时间复杂度的具体步骤如下：

① 找出算法中的基本语句。

② 计算基本语句执行次数的数量级。

③ 用记号 $O$ 表示算法的时间性能。

设一个算法中基本语句执行次数的数量级为 $n^2$，将此数量级放入记号 $O$ 中，即记为 $O(n^2)$，则称 $O(n^2)$ 是这个算法的时间复杂度。

【例 1.9】下面是两个 $n$ 阶方阵的乘积 $C=AB$ 的算法，求其时间复杂度。

```
#define n 20
void MatrixMultiply(int A[n][n],int B[n][n],int C[n][n])
{  int i,j,k;
   for(i=0;i<n;i++)                        /*n+1*/
   for(j=0;j<n;j++)                        /*n*(n+1)*/
   {
     C[i][j]=0;                            /*n*n*/
     for(k=0;k<n;k++)                      /*n*n*(n+1)*/
         C[i][j]=C[i][j]+A[i][k]*B[k][j]; /*n*n*n*/
   }
}
```

算法分析：注释列出的是该语句的对应执行次数。因此，该算法含基本操作的次数总和 $T(n)$ 为：

$$T(n) = n+1 + n(n+1) + n^2 + n^2(n+1) + n^3$$

$$T(n) = 2n^3 + 3n^2 + 2n + 1$$

$T(n)$ 的数量级为 $n^3$，因此，该算法的时间复杂度为 $O(n^3)$。

【例 1.10】求下面算法的时间复杂度。

```
{  ++x;
   s=0;
}
```

算法分析：x 自增是基本操作，则语句频度为 1，即时间复杂度为 $O(1)$；s=0 也是基本操作，则总共语句频度为 2，其时间复杂度仍为 $O(1)$，即时间复杂度为常量阶。常量阶表示程序中基本语句执行的次数与问题规模无关。

【例 1.11】求下面算法的时间复杂度。

```
for(i=1;i<=n;++i)
{  ++x;
```

```
        s+=x;
    }
```

算法分析：该循环结构的基本操作的语句频度为 $3n+1$，其时间复杂度为 $O(n)$，即时间复杂度为线性阶。

**【例 1.12】**求下面算法的时间复杂度。

```
for(i=1;i<=n;++i)
    for(j=1;j<=n;++j)
    {   ++x;
        s+=x;
    }
```

算法分析：该双重循环结构的基本操作语句频度为 $3n^2+2n+1$，其时间复杂度为 $O(n^2)$，即时间复杂度为平方阶。

**定理：**若 $T(n) = a_m n^m + \cdots + a_1 n + a_0$ 是一个 $m$ 次多项式，则 $T(n) = O(n^m)$。

随着 $n$ 值的增大，不同数量级对应值的增长速度不一样，它们之间存在以下关系：

$$O(\log_2 n) < O(n) < O(n\log_2 n) < O(n^2) < O(n^3) < O(2^n) < O(n!)$$

因此假设有算法 A 和 B，它们的时间复杂度分别为 $O(\log_2 n)$ 和 $O(2^n)$，则称算法 A 优于算法 B。

### 2. 时间复杂度的分类

（1）从数量级角度来分

常见的时间复杂度有：常数阶 $O(1)$，对数阶 $O(\log_2 n)$，线性阶 $O(n)$，线性对数阶 $O(n\log_2 n)$，平方阶 $O(n^2)$，立方阶 $O(n^3)$，$\cdots$，$k$ 次方阶 $O(n^k)$，指数阶 $O(2^n)$。随着问题规模 $n$ 的不断增大，时间复杂度不断增大，算法的执行效率不断降低。

（2）从执行效率来分

算法的时间复杂度分为最好情况、最差情况和平均情况 3 种。平均情况的时间复杂度最有实际意义，它确切地反映了运行一个算法的平均快慢程度。其实，大部分算法的平均情况下和最差情况下的时间复杂度具有相同的数量级，主要区别在于最高次幂的系数上，也有一些算法的最好、最差和平均情况下的时间复杂度或相应的数量级都是相同的。

**【例 1.13】**下面是从一维数组 a[n] 中查找等于给定值 key 的元素的算法，求其时间复杂度。

```
int SequenceSearch(int a[],int n,int key)
{   /*若查找成功则返回元素下标值，否则返回-1*/
    int i;
    for(i=0;i<n;i++)
        if(a[i]==key) return i;
    return -1;
}
```

算法分析：此算法的时间复杂度主要取决于 for 循环体中基本操作的频度，也就是比较次数。

最好情况是第一个元素 $a[0]$ 的值等于 key，需要比较一次，时间复杂度为 $O(1)$；最差情况是最后一个元素 $a[n-1]$ 的值等于 key，需要比较 $n$ 次，时间复杂度为 $O(n)$；平均情况是假设每一个元素等于 key 都有相同的概率（即 $1/n$），则查找成功所需要与 key 进行比较的平均次数是 $\dfrac{1}{n}\sum_{i=0}^{n-1}(i+1) = \dfrac{n(n+1)}{2}$，时间复杂度为 $O(n)$。

综上所述，一个算法所耗费的时间主要由两个因素决定。首先是处理问题的数据量大小，数据量越大，所花费的时间越多。例如，使用同一种算法对 10 个数值进行排序与对 10 000

个数值进行排序所花费的时间一定不同；其次是使用的算法中所含基本操作的次数 $T(n)$，$T(n)$ 越大，算法所花费的时间就越多。

### 1.3.2 空间复杂度

空间复杂度（Space Complexity）是对一个算法在运行过程中临时占用存储空间大小的量度，包括存储算法本身所占用的存储空间，算法的输入/输出数据所占用的存储空间，以及算法在运行过程中对数据进行操作时临时占用的存储空间。记作：

$$S(n) = O(f(n))（其中 n 为问题的规模或大小）$$

空间复杂度有常量级 $O(1)$、平方根级 $O(\sqrt{n})$、线性级 $O(n)$、平方级 $O(n^2)$、对数级 $O(\log_2 n)$ 等不同级别。评价算法的空间复杂度通常只考虑在运行过程中为局部变量分配的存储空间的大小：

① 为参数表中形参变量分配的存储空间。

② 为在函数体中定义的局部变量分配的存储空间。

对于一个算法而言，其时间复杂度和空间复杂度往往是相互影响的。算法的所有性能之间都存在或多或少的相互影响，设计算法时要综合考虑算法的各项性能、算法的使用频率、算法处理的数据量的大小、算法描述语言的特性、算法运行的机器环境等各方面的因素。

# 小 结

本章介绍了数据结构的基本概念；阐述了数据结构三方面的内容，即数据的逻辑结构、存储结构和数据运算；讨论了 4 种基本的逻辑结构与存储结构的特征。同时，给出了算法的概念、描述算法的工具和算法时空复杂度分析。

# 知 识 巩 固

## 一、简答题

1. 简述下列概念：

   数据、数据元素、数据类型、数据结构、逻辑结构、存储结构

2. 什么是算法？简述算法的 7 个特性及评价标准。

3. 用 C/C++语言描述算法：求两个正整数 $x$、$y$ 的最大公约数。

## 二、选择题

1. 算法的时间复杂度取决于（　　）。

   A. 问题的规模　　B. 待处理数据的初态　C. A 和 B

2. 计算机算法是指解决问题的步骤序列，它必须具备（　　）特性。

   A. 可行性、可移植性、可扩充性　　　　B. 可行性、确定性、有穷性

   C. 确定性、有穷性、稳定性　　　　　　D. 易读性、稳定性、安全性

3. 从逻辑上可以把数据结构分为（　　）两大类。

   A. 动态结构、静态结构　　　　　　　　B. 顺序结构、链式结构

   C. 线性结构、非线性结构　　　　　　　D. 初等结构、构造型结构

4. 下面程序段中，对 x 赋值的语句的频度为（　　　）。

```
for(i=0;i<n;i++)
    for(j=0;j<n;j++)  x=x+1;
```

A. $O(2n)$　　　　　B. $O(n)$　　　　　　C. $O(n^2)$　　　　　D. $O(\log_2 n)$

5. 下面程序段中，n 为正整数，则最后一行的语句频度在最坏情况下是（　　　）。

```
for(i=n-1;i>=1;i--)
    for(j=1;j<=i;j++)
        if (A[j]>A[j+1]) A[j]与A[j+1]对换;
```

A. $O(n)$　　　　　B. $O(n\log_2 n)$　　　　C. $O(n^3)$　　　　D. $O(n^2)$

## 三、填空题

1. 对于给定的 n 个元素，可以构造出的逻辑结构有＿＿＿＿＿＿、＿＿＿＿＿＿、＿＿＿＿＿＿、＿＿＿＿＿＿ 4 种。

2. 数据结构中评价算法的两个重要指标是＿＿＿＿＿＿和＿＿＿＿＿＿。

3. 数据结构是研讨数据的＿＿＿＿＿＿和＿＿＿＿＿＿，以及它们之间的相互关系，并对与这种结构定义相应的＿＿＿＿＿＿，设计出相应的＿＿＿＿＿＿。

4. 一个算法具有 5 个特性：＿＿＿＿＿＿、＿＿＿＿＿＿、＿＿＿＿＿＿、有零个或多个输入、有一个或多个输出。

## 四、算法分析题

1. 已知如下程序段：

```
for(i=n;i>0;i--)            /*语句 1*/
{
    x=x+1;                  /*语句 2*/
    for(j=n;j>=i;j--)       /*语句 3*/
        y=y+1;              /*语句 4*/
}
```

则：

语句 1 执行的频度为＿＿＿＿＿＿；

语句 2 执行的频度为＿＿＿＿＿＿；

语句 3 执行的频度为＿＿＿＿＿＿；

语句 4 执行的频度为＿＿＿＿＿＿。

2. 在下面的程序段中，对 x 赋值的语句的频度为＿＿＿＿＿＿。（n>1）

```
for(i=0;i>n;i++)
    for(j=0;j>i;j++)
        for(k=0;k>j;k++)
            x = x +delta;
```

3. 下面程序段中带下画线的语句的执行次数的数量级是＿＿＿＿＿＿。（n>1）

```
i=1;
while(i<n)
  i=i*2;
```

# 实 训 演 练

判断一个整数是否为素数，并计算算法的执行时间。（至少用两种方法）

# 第2章

# 线 性 表

线性表是最基本、最简单、最常用的一种数据结构。线性表中数据元素之间的关系是一对一的关系，即除了第一个数据元素和最后一个数据元素之外，其他数据元素都是有且仅有一个前驱结点和后继结点。线性表的逻辑结构简单，便于实现和操作。因此，线性表是在实际应用中广泛采用的一种数据结构。

本章讨论线性表的基本概念以及线性表在不同存储结构下的基本运算。

| 本章重点 | ☑ 线性表的基本概念<br>☑ 线性表的基本运算<br>☑ 线性表顺序存储结构及其运算实现<br>☑ 线性表链式存储结构及其运算实现 |
|---|---|
| 本章难点 | ☑ 单链表及其运算实现<br>☑ 循环链表及其运算实现 |

## 2.1 线性表的定义及基本运算

线性表是最简单且最常用的一种线性结构。下面讨论线性表的定义和线性表的基本运算。

### 2.1.1 线性表的定义

线性表是指具有相同特性的数据元素组成的一个有限序列。线性表中数据元素的个数称为线性表的长度，用 $n$ 来表示，当 $n=0$ 时，称为空线性表，即不包含任何元素。其逻辑结构通常表示成下列形式：

$$L=(a_1, \cdots, a_{i-1}, a_i, a_{i+1}, \cdots, a_{n-1}, a_n)$$

其中，$L$ 为线性表的名称，习惯用大写字母表示；$a_i$ 为组成线性表的数据元素，习惯用小写字母表示，下标 $i$ 表示数据元素在逻辑结构中的逻辑序号。结点 $a_1$ 称为开始结点，$a_n$ 称为终端结点，除开始结点外，其他每个元素有且仅有一个直接前驱结点，如 $a_i$ 的直接前驱结点是 $a_{i-1}$；除终端结点外，其他每个元素有且仅有一个直接后继结点，如 $a_i$ 的直接后继结点是 $a_{i+1}$。

从以上线性表的定义可以看出，它具有以下特点：

① 有穷性：线性表是一个有限序列。

② 一致性：线性表中数据元素具有相同特性。

③ 序列性：线性表中数据元素之间的相对位置是线性的。

线性表中的元素 $a_i$ 仅是一个抽象符号，在不同的具体情况下，可以有不同的含义。例如，英文字母表 La=(A，B，C，…，Z)是一个长度为 26 的线性表，其中数据元素是字母 A，B，C，…，Z；某公司 2011 年每月产值表 Lv=(400, 420, 500,…, 600, 650)（单位：万元）是一个长度为 12 的线性表，其中数据元素是数值 400, 420, 500,…, 600, 650。数据元素的类型可以是简单类型，也可以是复杂类型。例如，图书馆的图书登记表 Lb=(book1,book2,…,book100)，数据元素类型为以下定义的结构体类型：

```
struct bookinfo{
    int  No;                    //图书编号
    char name[40];              //图书名称
    char auther[10];            //作者姓名
    ...
};
```

线性表的抽象数据类型描述如下：

```
ADT List
{  数据对象：
        D={a_i | 1≤i≤n,n≥0, a_i 为定义的数据元素}
    数据关系：
        R={< a_i， a_{i+1}> | a_i、a_{i+1}∈D, i=1,2,3,…,n-1}
    数据运算：
        InitList(&L)：构造一个空的线性表 L。
        LengthList(L)：返回线性表 L 所含元素的个数。
        EmptyList(L)：判断线性表 L 是否为空。
        DestroyList(&L)：销毁线性表，释放线性表 L 所占的存储空间。
        PrintList(L)：输出线性表 L 的所有元素。
        GetList(L,i)：返回线性表 L 的第 i（0≤i≤LengthList(L)-1）个数据元素。
        LocateList(L,x)：在线性表 L 中查找值为 x 的数据元素。
        InsertList(&L,i,x)：在线性表 L 的第 i（0≤i≤LengthList(L)）个位置上插入一个
值为 x 的新元素。
        DeleteList(&L,i)：在线性表 L 中删除序号为 i(0≤i≤LengthList(L)-1)的数据元素。
}
```

## 2.1.2  线性表的基本运算

根据线性表的逻辑结构定义线性表的基本运算，这些基本运算包括线性表的初始化、求线性表的长度、取表中元素等 9 种。

**1. 线性表初始化：InitList(&L)**

功能：构造一个空的线性表 L。

**2. 求线性表的长度：LengthList(L)**

功能：返回线性表 *L* 所含元素的个数。

**3. 判断线性表是否为空：EmptyList(L)**

功能：判断线性表 *L* 是否为空，为空返回真，非空返回假。

**4. 销毁线性表：DestroyList(&L)**

功能：销毁线性表，释放线性表 L 所占的存储空间。

5．输出线性表：PrintList(L)

功能：输出线性表 L 的所有元素。

6．取表中元素：GetList(L,i)

功能：返回线性表 L 的第 i（$0 \leqslant i \leqslant$ LengthList(L)$-1$）个数据元素。

7．查找操作：LocateList(L,x)

功能：在线性表 L 中查找值为 x 的数据元素。若 x 在 L 中，则返回 x 在 L 中首次出现的位置；否则，返回$-1$。

8．插入操作：InsertList(&L,i,x)

功能：在线性表 L 的第 i（$0 \leqslant i \leqslant$ LengthList(L)）个位置上插入一个值为 x 的新元素，这样使原序号为 i,i+1,$\cdots$,n$-1$ 的数据元素的序号变为 i+1,i+2,$\cdots$,n，表的长度增加 1。

9．删除操作：DeleteList(&L,i)

功能：在线性表 L 中删除序号为 i（$0 \leqslant i \leqslant$ LengthList(L)$-1$）的数据元素，这样使原序号为 i+1,i+2,$\cdots$,n$-1$ 的数据元素的序号变为 i,i+1,$\cdots$,n$-2$，表的长度减少 1。

## 2.2　线性表的顺序存储结构及其基本运算的实现

数据结构的运算是定义在数据的逻辑结构基础上，运算的具体实现依赖于数据的存储结构。线性表的存储结构主要有两种：顺序存储结构和链式存储结构。本节讨论线性表的顺序存储结构及其基本运算的实现。

### 2.2.1　线性表的顺序存储结构

线性表的顺序存储结构是指在内存中用地址连续的一段存储空间顺序存放线性表中的数据元素，使线性表中逻辑上相邻的数据元素存放在地址相邻的存储单元中，用这种存储方式存储的线性表称为顺序表，如图 2.1 所示。

| 存储地址 | 内存单元 |
| --- | --- |
| LOC($a_0$) | ... |
| LOC($a_1$) | $a_1$ |
| LOC($a_2$) | $a_2$ |
| LOC($a_3$) | $a_3$ |
| ... | ... |
| LOC($a_i$) | $a_i$ |
| ... | ... |
| LOC($a_{n-1}$) | $a_{n-1}$ |
| ... | ... |

图 2.1　线性表的顺序存储

图 2.1 中，LOC($a_i$)为数据元素 $a_i$ 所在内存单元的地址。

设一个数据元素所占据的存储单元数为 $d$，则相邻两个数据元素的存储位置计算公式为：

$$LOC(a_i)=LOC(a_{i-1})+d$$

根据顺序表的存储特点可以得出，对于线性表中任意一个数据元素 $a_i$，它的存储位置为：

$$LOC(a_i)=LOC(a_0)+i \cdot d$$

这样，只要知道顺序表首地址和一个数据元素所占的存储单元数目，就可以得出第 $i$ 个数据元素的位置，这也体现了顺序表具有按数据元素的存储位置随机存取的特点。

在程序设计语言中，数组在内存中占用的存储空间就是一片连续的存储区域，因此，一般用数组来表示顺序表。

在 C/C++语言中，顺序表的数据类型定义如下：

```
#define MAXSIZE  100              /*线性表的最大长度*/
typedef int  DataType;            /*为了方便，设数据元素为整型*/
typedef struct{
    DataType  data[MAXSIZE];      /*存放线性表中数据元素的一维数组*/
    int length;                   /*存放线性表的当前长度*/
} SqList;
```

然后，定义一个指向顺序表类型的指针变量 L，用 L 引用顺序表的数据项，实现语句如下：

```
SqList  *L;                              /*定义 L 是线性表*/
L=(SqList *)malloc(sizeof(SqList));      /*L 初始化*/
L->length                                /*取线性表 L 的长度*/
L->data[i]                               /*取线性表 L 的第 i 个数据元素*/
```

## 2.2.2　顺序表基本运算的实现

### 1. 建立顺序表 CreatList(&L,a,n)

该运算的功能是建立一个顺序表，下面采取整体建立顺序表的方法。这种方法是给定一个数组 a，将该数组中的 n 个元素依次放入顺序表 L 中。算法如下：

```
void CreatList(SqList *&L,DataType a[],int n)
{
    int i;
    L=(SqList *)malloc(Sizeof(SqList))
    for(i=0;i<n;i++)  /*该数组中的元素依次放入顺序表 L*/
      L->data[i]=a[i];
    L->length=n;             /*该顺序表 L 的长度为数组元素个数 n*/
}
```

微课视频　微课视频

顺序表基本运算的实现（1）　顺序表基本运算的实现（2）

本算法的时间复杂度为 $O(n)$。

### 2. 顺序表基本运算算法

（1）初始化线性表 InitList(&L)

该运算的功能是构造一个空的线性表 L，因此，其对应的操作有两个：一是分配线性表的存储空间；二是置线性表的长度为 0。算法如下：

```
void InitList(SqList *&L)
{
    L=(SqList *)malloc(sizeof(SqList));   /*分配存储空间 */
    L->length=0;                          /*将线性表长度置 0*/
}
```

本算法的时间复杂度为 $O(1)$。

（2）求线性表的长度 LengthList(L)

该运算的功能是返回线性表 L 的长度。因此，实际上是返回 length 的值。算法如下：

```
int LengthList(SqList *L)
{
    return  L->length;                        /*返回线性表的长度*/
}
```

本算法的时间复杂度为 $O(1)$。

（3）判断线性表是否为空 EmptyList(L)

该运算的功能是判断线性表 L 是否为空，即线性表的长度是否为 0。因此，实际上是看 length 的值是否等于 0。算法如下：

```
int EmptyList(SqList *L)
{
    return  L->length==0;      /*线性表的长度是否为 0,为空返回 1,否则返回 0*/
}
```

本算法的时间复杂度为 $O(1)$。

（4）销毁线性表 DestroyList(&L)

该运算的功能是销毁线性表，即释放线性表所占的存储空间。算法如下：

```
void DestroyList(SqList *&L)
{
    free(L);
}
```

本算法的时间复杂度为 $O(1)$。

（5）输出线性表 PrintList(L)

该运算的功能是输出线性表中所有元素的值。算法如下：

```
void PrintList(SqList *L)
{
    int j;
    for(j=0;j<=L->length-1;j++)
        printf("%d ",L->data[j]);
    printf("\n");
}
```

本算法的时间复杂度为 $O(L\text{->length})$，其中 L->length 表示线性表中元素的个数。

（6）取线性表中的第 i 个元素 GetList(L, i,&t)

该运算的功能是返回线性表 L 中第 i 个数据元素的值存入 t。算法如下：

```
bool GetList(SqList *L,int i,DataType &t)
{
    if(i<0||i>L->length-1)             /*判断 i 值是否合理*/
        { printf("位置错误! "); return false;}
    else
        t=L->data[i];
    return true;
}
```

本算法的时间复杂度为 $O(1)$。

（7）按元素值进行的查找操作 LocateList(L, x)

该运算的功能是返回线性表 L 中值为 x 的数据元素的位置。若 x 在 L 中，则返回 x 在 L 中首次出现的位置；否则，返回-1。算法如下：

```
int  LocateList(SqList *L,DataType x)
{   int j;
    for(j=0;j<=L->length-1;j++)
        if(L->data[j]==x)  return j;   /*返回 x 在 L 中首次出现的位置*/
    if(j==L->length)  return -1;
}
```

本算法的时间复杂度为 $O$(L->length)，其中 L->length 表示线性表中元素的个数。

（8）插入操作 InsertList(&L, i, x)

该运算的功能是在线性表 L 的第 i( $0 \leqslant i \leqslant$ LengthList(L) )个位置上插入一个值为 x 的新元素，成功插入元素后表的长度增加 1，如图 2.2 所示。算法如下：

```
void InsertList(SqList *&L,int i,DataType x)
{   int j;
    if(L->length==MAXSIZE)              /*检查是否有剩余空间*/
    {   printf("线性表已满! ");
        return;
    }
    if(i<0||i>L->length)               /*检查插入位置的 i 值是否合理*/
    {   printf("插入位置错!");
        return;
    }
    for(j=L->length-1;j>=i;j--)        /*将第 i 个位置后的所有元素向后移*/
        L->data[j+1]=L->data[j];
    L->data[i]=x;                      /*将 x 插入在第 i 个位置上*/
    L->length++;                       /*线性表的长度增加 1*/
}
```

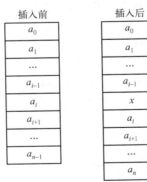

图 2.2　线性表元素的插入

本算法的平均时间复杂度为 $O$(L->length)，其中 L->length 表示线性表中元素的个数。

（9）删除操作 DeleteList(&L, i)

该运算的功能是在线性表 L 中删除物理序号为 $i$ 的数据元素，这样使原序号为 i+1, i+2,…, n-1 的数据元素的序号变为 i, i+1,…, n-2，成功删除后表的长度减少 1，如图 2.3 所示。

```
void DeleteList(SqList *&L,int i)
{   int j;
```

```
    if(L->length==0)
    {   printf("线性表已空! ");
        return;
    }
    if(i<0||i>L->length-1)
    {   printf("删除位置错!");
        return;
    }
    for(j=i+1;j<=L->length-1;j++)        /*将第 i+1 个位置后的所有元素前移*/
        L->data[j-1]=L->data[j];
    L->length--;                         /*将线性表的长度减少 1*/
}
```

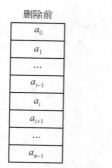

图 2.3　线性表元素的删除

本算法的平均时间复杂度为 $O(L{\to}length)$，其中 L->length 表示线性表中元素的个数。

【例 2.1】假设一个线性表 L 采用顺序表表示，设计一个算法，将元素 x 插入线性表中最小元素的前面，作为最小元素的前驱结点。

算法分析：通过问题的描述，首先找到该顺序表的最小元素，然后将最小元素开始的后续所有元素往后移动一个位置，最后将 x 放入原来最小元素所在的位置，线性表的长度增加 1。算法描述如下：

```
void Insert21(SqList *&L,DataType x)
{
    /*找到顺序表中的最小元素所在的下标为k*/
    /*将第 L->length-1 个元素至第 k 个元素往后移动一个位置*/
    /*将元素 x 放入 L->data[k]*/
    /*L->length++*/
}
```

算法实现：

```
void Insert21(SqList *&L,DataType x)
{
    int i,k=0;
    /*找到顺序表中最小元素所在的下标为 k*/
    for(i=1;i<L->length;i++)
        if(L->data[i]<L->data[k])  k=i;
    /*将第 L->length-1 个元素至第 k 个元素往后移动一个位置*/
    for(i=L->length-1;i>=k;i--)
        L->data[i+1]=L->data[i];
    /*将元素 x 放入 L->data[k]*/
    L->data[k]=x;
    /*L->length++*/
```

```
    L->length++;
}
```

**【举一反三】**

①　假设一个线性表 L 采用顺序表表示，设计一个算法，将元素 x 插入线性表中最大元素的前面，作为最大元素的前驱结点。

②　假设一个线性表 L 采用顺序表表示，设计一个算法，将元素 x 插入线性表中最小元素的后面，作为最小元素的后继结点。

③　假设一个线性表 L 采用顺序表表示，设计一个算法，将元素 x 插入线性表中最大元素的后面，作为最大元素的后继结点。

④　假设一个线性表 L 采用顺序表表示，设计一个算法，将元素 x 插入线性表中第一个元素的前面，作为线性表的第一个元素。

⑤　假设一个线性表 L 采用顺序表表示，设计一个算法，将元素 x 插入线性表中最后元素的后面，作为线性表的最后一个元素。

## 2.3　线性表的链式存储结构及其基本运算的实现

顺序表存储结构的特点是逻辑上相邻的数据元素在物理上也是相邻，用连续的存储单元顺序存储线性表中的元素。因此，对顺序表进行插入、删除元素的操作时，需要移动数据元素；另外，对于长度变化较大的线性表，也需要一次性地分配足够的存储空间，这样就造成一些空间得不到充分利用，而线性表的链式存储结构则能克服上述不足。

线性表的链式存储结构是指动态分配存储单元来存储线性表中的数据元素，数据元素的存储空间是独立进行分配的。为了反映数据元素之间的逻辑关系，对于每个数据元素不仅要表示其具体内容，还要附加一个表示其直接前驱或直接后继结点的地址信息。例如，线性表（$a_0$，$a_1$，…，$a_{n-1}$）对应的链式存储结构如图 2.4 所示。

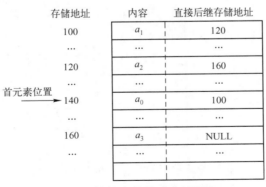

图 2.4　线性表的链式存储结构

链式存储结构有以下特点：

①　数据元素在存储单元中的存放顺序与逻辑顺序不一定一致。

②　在对线性表操作时，只能通过头指针进入线性表，并通过每个结点的指针域向后扫描其余结点，这样就给取元素和查找元素的操作带来了麻烦，但它对于插入、删除操作而言效率有

所提高。

　　用这种方式存储的线性表称为链表（Linked List）。线性表的链式存储结构根据结点是否存储前驱结点或后继结点的信息分为单链表、双向链表、循环链表等。

### 2.3.1　单链表

#### 1.　单链表的基本概念

　　在线性表的链式存储结构中，每个数据元素至少需要包含两部分信息：一部分是数据元素的值；另一部分是存储它的直接后继元素的存储地址。其中，表示数据元素内容的部分称为数据域（Data），表示直接后继元素的存储地址的部分称为指针域（Next）。如果每个结点只有一个指向后继结点的指针，则这样的链表称为单链表（Single Linked List）。单链表简化的图形描述形式如图 2.5 所示。

插入和删除
结点的操作

建立单链表

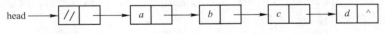

图 2.5　单链表简化的图形描述形式

　　其中，head 是头指针，它指向单链表中的第一个结点，这是单链表操作的入口点。由于最后一个结点没有直接后继结点，所以，它的指针域放入一个特殊的值 NULL。NULL 值在图示中常用符号"^"表示。

　　为了简化对链表的操作，经常在链表的第一个结点之前附加一个结点，称为头结点。头结点的数据域不存储元素，这样可以免去对链表第一个结点的特殊处理。通常称这样的链表为带头结点的链表，书中后续无特殊说明单链表都是指带头结点的单链表，如图 2.6 所示。

head ──→ │ // │ │──→│ a │ │──→│ b │ │──→│ c │ │──→│ d │ ^ │

图 2.6　带头结点的单链表

　　在 C/C++语言中，单链表的数据类型定义如下：

```
typedef int  DataType;          /*为了方便，设数据元素为整型*/
typedef struct node{            /*结点类型*/
  DataType  data;
  struct node *next;
}LinkList;
LinkList *L;                     /*定义 L 是单链表*/
```

#### 2.　插入和删除结点的操作

　　插入和删除结点的操作是单链表最常用的操作，也是其他基本运算的基础。因此，下面详细讨论插入和删除结点的具体实现过程。

　　（1）插入结点的操作

　　插入结点的操作是指在单链表的一个结点后面插入一个新结点的过程。假设单链表中有两个结点，它们的数据域分别是 a 和 b，其中指针 p 指向数据域为 a 的结点，要求在 p 结点后插入一个新结点 q，该结点的数据域为 x。首先创建一个新结点 q，并置 q–>data=x，然后，插入过程如图 2.7 所示。

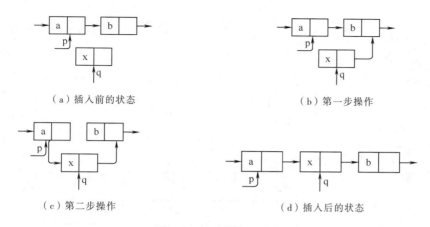

（a）插入前的状态　　　　　　　　　　　　（b）第一步操作

（c）第二步操作　　　　　　　　　　　　（d）插入后的状态

图 2.7　插入结点的过程

从图 2.7 可知，插入过程分为两步，这两步实现的操作分别是让结点 q 的指针域指向结点 p 的后继结点，让结点 p 的指针域指向结点 q，实现语句分别是 q->next=p->next;和 p->next=q;，这两步操作顺序不能颠倒，否则将会出现错误。

（2）删除结点的操作

删除结点的操作是指删除单链表的一个结点的后继结点。假设单链表中有 3 个结点，它们的数据域分别是 a 、b 和 c，其中指针 p 指向数据域为 a 的结点，要求删除 p 结点的后继结点。删除过程如图 2.8 所示。

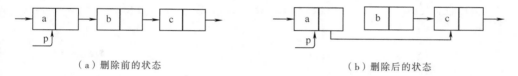

（a）删除前的状态　　　　　　　　　　　　（b）删除后的状态

图 2.8　删除结点的过程

从图 2.8 可知，删除过程只需要一步，这步实现的操作就是让结点 p 的指针域指向数据域为 c 的结点，即结点 p 的指针域（数据域为 b 的结点）的指针域（数据域为 c 的结点），实现语句为 p->next=p->next->next;。完整的语句序列为：

```
q=p->next;
p->next=q->next; free(q);
```

### 3．建立单链表

建立单链表有两种方法：头插法和尾插法。头插法是指当前插入的结点始终是该单链表的第一个数据结点；尾插法是指当前插入的结点始终是该单链表的最后一个数据结点。不管是哪一种方法，都采取整体建立单链表的方法，假设都是由数组元素 a[0…n-1]创建单链表 L。

（1）头插法建立单链表

该方法是从一个空表开始依次读取数组 a 中的元素，生成一个新的结点 q，然后将该结点插入到当前单链表的头结点 L 之后，直到数组中的所有元素都插入完为止。算法如下：

```
void CreatLink1(LinkList *&L,DataType a[],int n)
{
    LinkList *q;
```

```
    int i;
    L=(LinkList *)malloc(sizeof(LinkList));        /*创建头结点*/
    L->next=NULL;
    for(i=0;i<n;i++)
    {   q=(LinkList *)malloc(sizeof(LinkList));     /*创建新结点*/
        q->data=a[i];
        q->next=L->next;
        L->next=q; }
}
```

本算法的时间复杂度为 $O(n)$。

若数据元素的值分别1、2、3、4，则通过以上算法建立的单链表 L 如图 2.9 所示。

图 2.9    生成的单链表

生成的单链表元素顺序与逻辑顺序正好相反。

（2）尾插法建立单链表

该方法是从一个空表开始依次读取数组 a 中的元素，生成一个新的结点 q，然后将该结点 q 插入到当前单链表的尾结点 p 之后，直到数组中的所有元素都插入完为止。算法如下：

```
void CreatLink2(LinkList *&L,DataType a[],int n)
{
    LinkList *q,*p;
    int i;
    L=(LinkList *)malloc(sizeof(LinkList));        /*创建头结点*/
    p=L;
    for(i=0;i<n;i++)
    {   q=(LinkList *)malloc(sizeof(LinkList));     /*创建新结点*/
        q->data=a[i];
        p->next=q;
        p=q;
    }
    p->next=NULL;
}
```

本算法的时间复杂度为 $O(n)$。

若数据元素的值分别1、2、3、4，则通过以上算法建立的单链表 L 如图 2.10 所示。

图 2.10    生成的单链表

生成的单链表元素顺序与逻辑顺序正好相同。

### 4. 带头结点的单链表运算的实现

（1）初始化单链表 InitList(&L)

该运算的功能是构造一个空的单链表 L，因此，其对应的操作是为单链表的头结点分配存储空间且指针域为空。算法如下：

```
void InitList(LinkList *&L)
```

```
{
    L=(LinkList*)malloc(sizeof(LinkList));       /*为头结点分配存储单元*/
    L->next=NULL;
}
```

本算法的时间复杂度为 $O(1)$。

（2）销毁单链表 DestoryList(&L)

该运算的功能是销毁线性表 L 所占的存储空间。其对应的操作是让 p、q 指向两个相邻的结点。算法如下：

```
void DestoryList(LinkList *&L)
{
    LinkList *p=L, *q=p->next;
    while(q){                          /*依次删除链表中的所有结点*/
        free(p);
        p=q;q =q ->next;
    }
    free(p);
}
```

本算法的时间复杂度为 $O(n)$，$n$ 为单链表的长度。

（3）求单链表 L 的长度 ListLength(L)

该运算的功能是返回单链表 L 中数据结点的个数。其实现过程是用 p 指向第一个结点，用 len 统计结点的个数，当 p 不为空时循环：len 增 1，p 指向下一个结点，循环结束后返回 len。算法如下：

```
int ListLength(LinkList *L)
{
    LinkList *p;
    int len;
    for(p=L,len=0;p->next!=NULL;p=p->next,len++);
    return(len);
}
```

本算法的时间复杂度为 $O(n)$，$n$ 为单链表的长度。

（4）判断单链表 L 是否为空 IsEmpty(L)

该运算的功能是当单链表中没有数据结点时返回 1，否则返回–1。算法如下：

```
int IsEmpty(LinkList *L)
{
    if(L->next==NULL) return 1;
    else return -1;
}
```

本算法的时间复杂度为 $O(1)$。

（5）输出单链表 L 中的所有元素 PrintList（L）

该运算的功能是当单链表为非空时输出其所有元素。

```
void PrintList(Linklist *L)
{ LinkList *p=L->next;
    while (p!=NULL)
    { printf("%d ",p->data);
        p=p->next;}
}
```

（6）通过 e 返回单链表 L 中第 i 个数据元素 GetElem(L, i, &e)

该运算的功能是返回单链表 L 中第 i 个数据元素 e，否则返回 false。算法如下：

```
bool GetElem(LinkList *L,int i,DataType *&e)
{
    LinkList *p;
    int j;
    if(i<1||i>ListLength(L))                    /*检测 i 值的合理性*/
    {
        printf("i 输入有误! \n");
        return false;
    }
    for(p=L,j=0;j!=i&&p!=NULL;p=p->next,j++);    /*找到第 i 个结点*/
    if(p==NULL) return false;
    else e=p->data;
        return true;                             /*将第 i 个结点的内容赋给 e */
}
```

本算法的时间复杂度为 $O(n)$，$n$ 为单链表的长度。

（7）在单链表 L 中检索值为 e 的数据元素 LocateELem(L, e)

该运算的功能是返回单链表 L 中值为 e 的数据元素所在的位置，否则返回-1。算法如下：

```
Int  LocateELem(LinkList *L,DataType e)
{
    LinkList *p; int count=0;
    for(p=L->next;p&&p->data!=e;p=p->next)count++; /*寻找满足条件的结点*/
    if(p->data==e)return(count+1);
    else return (-1);
}
```

本算法的时间复杂度为 $O(n)$，$n$ 为单链表的长度。

（8）在单链表 L 中第 i 个数据元素之前插入数据元素 e ListInsert(&L, i, e)

该运算的功能是在单链表 L 中第 i 个数据元素之前插入数据元素 e。算法如下：

```
bool ListInsert(LinkList *&L,int i,DataType e)
{
    LinkList  *p,*s;
    int j;
    if(i<1||i>ListLength(L)) return false;
    s=(LinkList*)malloc(sizeof(LinkList));
    if(s==NULL) return false;
    s->data=e;
    for(p=L,j=0;p&&j<i-1;p=p->next,j++);         /*寻找第 i-1 个结点*/
    s->next=p->next;p->next=s;                    /*将 s 结点插入*/
    return true;
}
```

本算法的时间复杂度为 $O(n)$，$n$ 为单链表的长度。

（9）将链表 L 中第 i 个数据元素删除，并将其内容保存在 e 中 ListDelete(&L, i, &e)

该运算的功能是将链表 L 中第 i 个数据元素删除，并将其值保存在 e 中。算法如下：

```
bool ListDelete(LinkList *&L,int i,DataType &e)
{
    LinkList *p,*s;
    int j;
    if(i<1||i>ListLength(L)) return false;        /*检查 i 值的合理性*/
```

```
for(p=L,j=0;j<i-1;p=p->next,j++);    /*寻找第 i-1 个结点*/
s=p->next;                           /*用 s 指向将要删除的结点*/
e=s->data;
p->next=s->next;                     /*删除 s 指针所指向的结点*/
free(s);
return true;
}
```

本算法的时间复杂度为 $O(n)$，$n$ 为单链表的长度。

#### 5. 单链表的应用

【例 2.2】假设有一个单链表，设计两个算法分别返回单链表 L 中结点 e 的直接前驱结点 PriorElem(L, e)和后继结点 NextElem(L, e)。

算法分析：通过问题的描述，首先在单链表 L 中查找结点 e，如果不存在，则结束操作；否则判断结点 e 是否有后继结点，有则取出，否则结束。在需要返回结点 e 的直接前驱结点操作过程中，还需要设置一个结点指向 e 的前驱结点。

PriorElem(L, e)算法如下：

```
LinkList *PriorElem(LinkList *L, LinkList *e)
{
    LinkList *p;
    if(L->next==e) return NULL;              /*检测第一个结点*/
    for(p=L;p->next&&p->next!=e;p=p->next);
    if(p->next==e) return p;
     else return NULL;
}
```

NextElem(L, e) 算法如下：

```
LinkList *NextElem(LinkList *L, LinkList *e)
{
    LinkList *p;
    for(p=L->next;p&&p!=e;p=p->next);
    if(p==e)  p=p->next;
    return p;
}
```

### 2.3.2　双向链表

#### 1. 双向链表的基本概念

在线性表的链式存储结构中，如果一个数据元素的信息中不但存储它的直接后继元素的存储地址，还存储它的直接前驱元素的存储地址，则这样的链表称为双向链表。通过双向链表可以快速找到一个数据结点的前驱结点和后继结点，如图 2.11 所示。

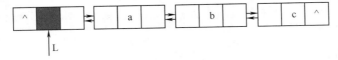

图 2.11　带头结点的双向链表

在 C/C++语言中，双向链表的数据类型定义如下：

```
typedef int  DataType;              /*为了方便，设数据元素为整型*/
typedef struct Dnode{               /*结点类型*/
    DataType  data;
```

```
    struct Dnode *next;
    struct Dnode *prior;
}DLinkList;
int main()
{   DLinkList  *L;                              /*定义L是双向链表*/
    …
    return 0;
}
```

### 2. 建立双向链表

建立双向链表有两种方法：头插法和尾插法。头插法是指当前插入的结点始终是该双向链表的第一个数据结点；尾插法是指当前插入的结点始终是该双向链表的最后一个数据结点。不管是哪一种方法，都采取整体建立双向链表的方法，假设都是由数组元素 a[0…n-1]创建双向链表 L。

（1）头插法建立双向链表

该方法是从一个空表开始依次读取数组 a 中的元素，生成一个新的结点 q，然后将该结点插入到当前双向链表的头结点 L 之后，直到数组中的所有元素都插入完为止。算法如下：

```
void CreatLink1(DLinkList *&L,DataType a[],int n)
{
    DLinkList *q;
    int i;
    L=(DLinkList *)malloc(sizeof(DLinkList));        /*创建头结点*/
    L->prior=L->next=NULL;
    for(i=0;i<n;i++)
    {   q=(DLinkList *)malloc(sizeof(DLinkList));    /*创建新结点*/
        q->data=a[i];
        q->next=L->next;
        if(L->next!=NULL) L->next->prior=q;
        q->prior=L;
        L->next=q;}
}
```

本算法的时间复杂度为 $O(n)$。

（2）尾插法建立双向链表

该方法是从一个空表开始依次读取数组 a 中的元素，生成一个新的结点 q，然后将该结点 q 插入到当前双向链表的尾结点 p 之后，直到数组中的所有元素都插入完为止。算法如下：

```
void CreatLink2(DLinkList *&L,DataType a[],int n)
{
    DLinkList *q,*p;
    int i;
    L=(DLinkList *)malloc(sizeof(DLinkList));        /*创建头结点*/
    p=L;p->prior=NULL;
    for(i=0;i<n;i++)
    {   q=(DLinkList *)malloc(sizeof(DLinkList));    /*创建新结点*/
        q->data=a[i];
        p->next=q;
        q->prior=p;
        p=q;
    }
    p->next=NULL;
}
```

本算法的时间复杂度为 $O(n)$。

### 3．插入结点和删除结点的操作

双向链表的基本运算与单链表的基本运算是相同的，下面只讨论双向链表的插入结点和删除结点的操作。

（1）插入结点的操作

插入结点的操作是指在双向链表的一个结点后面插入一个新结点的过程。假设有一个双向链表如图 2.12 所示，其中图中的虚线表示省略的其他结点。双向链表中有两个结点，它们的数据域分别是 a 和 c，其中指针 p 指向数据域为 a 的结点，现在要求在 p 结点后插入一个新结点 q，该结点的数据域为 b。在这个过程中，需要修改 4 个指针域，分别是 p->next、p->next->prior、q->next 和 q->prior。首先创建一个结点 q，置 q->data=b;然后具体插入过程如图 2.12 所示。

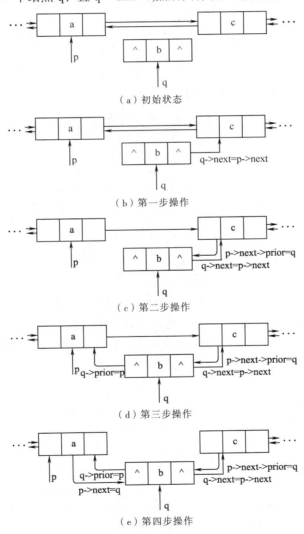

图 2.12　插入结点的过程

从图 2.12 可知，在双向链表中插入一个结点过程分为四步，其中第二步和第四步的操作语句顺序不能改变。归纳起来，插入结点的操作语句序列如下：

① q->next=p->next;

② p->next=prior=q;

③ q->prior=p;

④ p->next=q;

（2）删除结点的操作

删除结点的操作是指删除双向链表的一个结点的后继结点。假设双向链表中有 3 个结点，它们的数据域分别是 a、b 和 c，其中指针 p 指向数据域为 a 的结点，现在要求删除 p 结点的后继结点，其中图 2.13 中的虚线表示省略的其他结点。删除过程如图 2.13 所示。

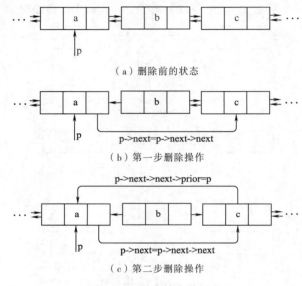

（a）删除前的状态

（b）第一步删除操作

（c）第二步删除操作

图 2.13　删除结点的过程

从图 2.13 可知，双向链表的删除过程需要两步，分别实现的操作是让结点 p 的指针域指向数据域为 c 的结点，即结点 p 的指针域（数据域为 b 的结点）的指针域（数据域为 c 的结点），其实现语句为 p->next=p->next->next;，然后再让结点 c 的 prior 指针域指向结点 p，其实现语句为 p->next->next->prior=p。完整的语句序列为：

① q=p->next;

② p->next=q->next;

③ q->next->prior=p;

④ free(q);

### 2.3.3　循环单链表

循环单链表（Circular Linked List）是将单链表的最后一个结点的指针域指向链表的头结点。这样，整个链表形成一个环，从表中任一结点出发都可以找到表中其他任一结点。

实现循环单链表的类型定义与单链表完全相同，它的所有操作也都与单链表类似，只是判断链表结束的条件有所不同。下面给出的是带头结点的循环单链表结构，这里链表中最后一个结点的 next 域指向头结点，如图 2.14 所示。

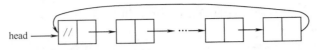

图 2.14 带头结点的循环单链表示意图

在 C/C++语言中，循环单链表的数据类型定义如下：

```
typedef int  DataType;                    /*为了方便，设数据元素为整型*/
typedef struct node{                      /*结点类型*/
   DataType  data;
   struct node *next;
}LinkList;
int main()
{  LinkList  *CL;                          /*定义 CL 是循环单链表*/
   …
   return 0;
}
```

下面列举两个循环单链表操作的算法示例，其他操作与单链表基本相同。

### 1. 初始化循环单链表 InitList(CL)

该运算的功能是构造一个空的循环单链表 L，因此，其对应的操作是为链表的头结点分配空间，并将 next 指向自身。算法如下：

```
bool InitList(LinkList *&CL)
{
   CL=( LinkList *)malloc(sizeof(LinkList )); /*让 next 域指向自身*/
   if(CL) {CL->next=CL; return true;}
   else  return false;
}
```

本算法的时间复杂度为 $O(1)$。

### 2. 在循环单链表 CL 中检索值为 e 的数据元素 LocateELem(CL, e)

该运算的功能是返回循环单链表 CL 中值为 e 的数据元素。算法如下：

```
LinkList  *LocateELem(LinkList *CL,DataType e)
{
   LinkList *p;
   for(p=CL->next;(p!=CL)&&(p->data!=e);p=p->next);
   if(p!=CL) return p;
   else return NULL;
}
```

本算法的时间复杂度为 $O(n)$，$n$ 为循环链表的长度。

## 2.3.4 循环双向链表

为了更容易找到指定结点的前驱结点，这里介绍一种新的链表结构，称为带头结点的循环双向链表（Circular Double Linked List）。

带头结点的循环双向链表每个结点有两个指针域：一个指向前驱结点，另一个指向后继结点外。头结点指向最后一个结点，最后一个结点指向头结点，如图 2.15 所示。

图 2.15 带头结点的循环双向链表

在 C/C++语言中，循环双向链表的数据类型定义如下：

```
typedef int DataType;
typedef struct du_node{                        /*循环双向链表的结点类型*/
    DataType  data;
    struct du_node *prior,*next;
}DU_NODE;
```

### 1. 初始化循环双向链表 InitDuList(DL)

该运算的功能是构造一个空的循环双向链表 DL。算法如下：

```
int InitDuList(DU_NODE  *&DL)
{
    DL=(DU_NODE*)malloc(sizeof(DU_NODE));  /*为头结点分配存储单元*/
    if(DL==NULL) return -1;
    DL->next=DL;                            /*让头结点的 next 域指向自身*/
    DL->prior=DL;                           /*让头结点的 prior 域指向自身*/
    return 1;
}
```

### 2. 在循环双向链表中插入数据元素 DuListInsert(&DL, i, e)

设有循环双向链表 DL，在结点 p 之前插入新结点 s 的过程如图 2.16（a）所示。其中结点 s 的结构如图 2.16（b）所示。

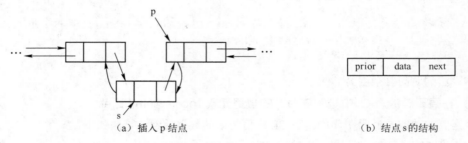

（a）插入 p 结点　　　　　　　　　　　　　　（b）结点 s 的结构

图 2.16　插入一个结点

按照插入过程，语句序列为：

```
s->next=p;
s->prior=p->prior;
p->prior->next=s;
p->prior=s;
```

完整的算法如下：

```
int DuListInsert(DU_NODE *&DL,int i,DataType e)
{
    DU_NODE *p,*s;
    int j;
    if(i<1||i>ListLength(DL)) return -1;         /*检测 i 值的合理性*/
    s=(DU_NODE*)malloc(sizeof(DU_NODE));          /*为新结点分配存储单元*/
    if(s==NULL) return -1;
    s->data=e;
    for (p=DL,j=0;p&&j<i;p=p->next,j++);          /*寻找第 i 个结点*/
    s->next=p;s->prior=p->prior;                  /*将新结点插入*/
    p->prior->next=s;p->prior=s;
    return 1;
}
```

### 2.3.5 顺序表与链表的比较

前面介绍了线性表的逻辑结构及其两种存储结构：顺序表和链表。通过对它们的讨论可知它们各有优缺点。

#### 1. 顺序表的优点和缺点

顺序存储线性表有以下 3 个优点：

① 方法简单，高级程序设计语言中都支持数组，容易实现。

② 不用为表示结点间的逻辑关系而增加额外的存储开销。

③ 顺序表具有按元素存储位置随机访问的特点。

但是，顺序表有以下 2 个缺点：

① 在顺序表中进行插入、删除操作时，需要平均移动大约表中一半的元素，因此，对 $n$ 较大的顺序表插入和删除操作效率低。

② 需要预先分配足够大的存储空间，预先分配过大，可能会导致顺序表空间出现大量闲置；预先分配过小，又会造成溢出。

#### 2. 链表的优点和缺点

链表的优缺点正好与顺序表相反。

#### 3. 选取存储结构的原则

（1）基于存储空间的考虑

顺序表的存储空间是静态分配，在程序执行之前必须明确规定它的存储规模，也就是说事先对 MAXSIZE 要有合适的设置，过大造成浪费，过小造成溢出。因此，对线性表的长度或存储规模难以估计时，不宜采用顺序表。链表不用事先估计存储规模，但链表的存储密度较低。存储密度是指一个结点中数据元素所占的存储单元和整个结点所占的存储单元之比。显然，链式存储结构的存储密度小于 1。

（2）基于运算实现的考虑

在顺序表中按序号访问 $a_i$ 的时间性能为 $O(1)$，而链表中按序号访问的时间性能为 $O(n)$，所以如果经常进行的运算是按序号访问数据元素，显然顺序表优于链表；但在顺序表中进行插入、删除时平均移动表中一半的元素，当数据元素的信息量较大且表较长时，所花时间较多；在链表中进行插入、删除，虽然也要找插入位置，但操作主要是比较操作，不需要移动元素，从这个角度考虑显然后者优于前者。

（3）基于环境的考虑

顺序表容易实现，任何高级程序设计语言中都有数组类型；链表的操作是基于指针的，相对来讲前者使用更简单。

总之，两种存储结构存储线性表各有优缺点，选择哪一种由实际问题中的主要因素决定。通常"较稳定"的线性表选择顺序存储结构，而需要频繁进行插入、删除操作即动态性较强的线性表宜选择链式存储结构。

【例 2.3】假设一个线性表 L 采用单链表表示，设计一个算法，删除单链表中的最小元素。

算法分析：首先找到该单链表中的最小元素，然后将最小元素的前驱结点指向最小元素的后继结点，最后收回所删元素的存储空间。算法描述如下：

```
void delete (LinkList *&L)
```

```
{
    /*找到单链表中的最小元素 p*/
    /*最小元素的前驱结点 q 指向最小元素的后继结点 p->next*/
    /*收回所删元素所占的存储空间*/
}
/*算法实现*/
void delete(LinkList *&L)
{
    LinkList *p,*q,*min,*minq;
    /*找到表中的最小元素*/
    p=L->next;q=L;
    min=p;minq=q;
    while(p!=NULL)
    {
        if(min->data>p->data)  {min=p;q=minq;}
        minq=p;
        p=p->next;
    }
    /*最小元素的前驱结点 q 指向最小元素的后继结点 p->next*/
    q->next=min->next;
    free(min);
}
```

【举一反三】

① 假设一个线性表 L 采用双向链表表示，设计一个算法，删除单链表中的最小元素。

② 假设一个线性表 L 采用循环链表表示，设计一个算法，删除单链表中的最小元素。

③ 假设一个线性表 L 采用循环双向链表表示，设计一个算法，删除单链表中的最小元素。

④ 假设一个线性表 L 采用双向链表表示，设计一个算法，删除单链表中的最大元素。

⑤ 假设一个线性表 L 采用循环链表表示，设计一个算法，删除单链表中的最大元素。

⑥ 假设一个线性表 L 采用循环双向链表表示，设计一个算法，删除单链表中的最大元素。

# 2.4  经典应用实例

在计算机处理数据过程中，线性表是经常用到的一种数据结构。该数据结构的逻辑结构简单，便于实现和操作。下面介绍线性表在约瑟夫问题和多项式求和中的应用。通过这两个经典应用实例的介绍，进一步掌握线性表的概念和运算。

## 2.4.1  约瑟夫问题

### 1. 问题描述

编号为 1，2，…，n 的 n 个人按顺时针方向围坐在一张圆桌旁，每个人手中持有一个密码（正整数）。首先，输入一个正整数作为报数上限值 m，然后从第一个人开始按顺时针方向自 1 开始顺序报数，报到 m 的人离开桌旁，并将他手中的密码作为新的 m 值，从顺时针方向的下一个就坐在桌旁的人开始重新从 1 报数，如此下去，直至所有人全部离开桌旁为止。这就是著名的约瑟夫（Joseph）问题。

### 2. 数据结构分析

问题的主角是 n 个人，每个人需要描述的信息有：编号、密码。下面分别讨论顺序存储结构和循环单链表存储结构下的数据组织。

（1）顺序存储结构

使用顺序存储结构，可以申请一段连续的存储空间，用一维数组表示，最大可以容纳 $n$ 个元素，元素下标从 0 开始，报号密码为 $m$，初始值由键盘输入。首先，从第一个元素开始进行报数，num 为当前所报的数，当 num==m 时，报数终止，计算当前报数人的数组下标（因为顺时针围绕圆桌，所以采用 i=i%count，i 为数组下标，count 为当前圆桌边剩下的人数），输出离开圆桌的人的编号，记录其密码，即下一轮开始报数的密码，再删除该元素，然后圆桌所在人数减 1，如此继续，直到圆桌人数为 0 结束。它的顺序表结构如图 2.17 所示。

| $a_0$ | 1 | $Code_1$ |
| $a_1$ | 2 | $Code_2$ |
| ... | ... | ... |
| ... | ... | ... |
| $a_{n-1}$ | $n$ | $Code_n$ |

图 2.17　约瑟夫顺序表结构图

用 C/C++语言定义数据类型如下：

```
typedef struct term
{
    int no;                    /*编号*/
    int code;                  /*密码*/
}TERM;                         /*将struct term定义为TERM类型 */
```

（2）循环单链表结构

使用一个不带头结点的循环单链表结构，其结点结构如图 2.18 所示。除包含编号、密码外，还包括指向后继结点的 next 域。

约瑟夫循环单链表结构如图 2.19 所示。

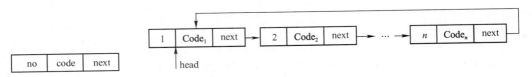

| no | code | next |

图 2.18　结点结构

图 2.19　约瑟夫循环单链表结构

用 C/C++语言定义数据类型如下：

```
typedef struct LNode{          /*定义链表结构*/
    int no;
    int code;
    struct LNode *next;
}LNode,*LinkList;
```

### 3. 实体模拟

假设有 7 个人，编号从 1 到 7，他们手中的密码分别是 3、1、7、2、4、8、4，这里设报号密码为 $m$。初始化形式如图 2.20 所示。

| 编号 | 1 | 2 | 3 | 4 | 5 | 6 | 7 |
|---|---|---|---|---|---|---|---|
| 密码 | 3 | 1 | 7 | 2 | 4 | 8 | 4 |

图 2.20　初始化形式

设最初的 $m=2$，通过报数，这 7 个人离开桌旁的顺序应该是 2、3、5、4、7、6、1。具体模

拟过程如下:

① 从编号为 1 的人开始报数,初始 $m=2$,因此当报到 2 时编号为 2 的人离开圆桌,此时 $m=1$。信息表示如图 2.21 所示。

| 编号 | 1 | 3 | 4 | 5 | 6 | 7 |
|------|---|---|---|---|---|---|
| 密码 | 3 | 7 | 2 | 4 | 8 | 4 |

图 2.21　第①步后的状态

② 从下一个编号为 3 的人开始报数,$m=1$,当报到 1 时编号为 3 的人时离开圆桌,此时 $m=7$。信息表示如图 2.22 所示。

③ 从下一个编号为 4 的人开始报数,$m=7$,依次循环报数,当报到 7 时编号为 5 的人时离开圆桌,此时 $m=4$。信息表示如图 2.23 所示。

| 编号 | 1 | 4 | 5 | 6 | 7 |
|------|---|---|---|---|---|
| 密码 | 3 | 2 | 4 | 8 | 4 |

图 2.22　第②步后的状态

| 编号 | 1 | 4 | 6 | 7 |
|------|---|---|---|---|
| 密码 | 3 | 2 | 8 | 4 |

图 2.23　第③步后的状态

④ 从下一个编号为 6 的人开始报数,$m=4$,依次循环报数,当报到 4 时编号为 4 的人时离开圆桌,此时 $m=2$。信息表示如图 2.24 所示。

⑤ 从下一个编号为 6 的人开始报数,$m=2$,依次循环报数,当报到 2 时编号为 7 的人时离开圆桌,此时 $m=4$。信息表示如图 2.25 所示。

⑥ 从下一个编号为 1 的人开始报数,$m=4$,依次循环报数,当报到 4 时编号为 6 的人时离开圆桌,此时 $m=8$。信息表示如图 2.26 所示。

| 编号 | 1 | 6 | 7 |
|------|---|---|---|
| 密码 | 3 | 8 | 4 |

图 2.24　第④步后的状态

| 编号 | 1 | 6 |
|------|---|---|
| 密码 | 3 | 8 |

图 2.25　第⑤步后的状态

| 编号 | 1 |
|------|---|
| 密码 | 3 |

图 2.26　第⑥步后的状态

由此可见,最后离开圆桌的人编号为 1。

### 4. 算法实现

下面给出两种不同存储结构下算法的实现。

（1）顺序存储结构

算法实现如下:

```
#include <stdio.h>
#include <stdlib.h>
typedef struct term
{
    int no;                              /*编号*/
    int code;                            /*密码*/
}TERM;                                   /*将 struct term 定义为 TERM 类型 */
int Joseph(int n, int m)
{
    int count=n;                         /*count 表示当前圆桌边剩下的人数*/
    int num;                             /*num 表示当前报的数*/
    int i,j,k;
```

```
    TERM *a;
    /*动态申请连续的 n 个存储单元用来存放每个人的编号和密码*/
    a=(TERM*)malloc(n*sizeof(TERM));
    for(i=0;i<n;i++)
    {
        a[i].no=i+1;                        /*保存数组下标为 i 的人的编号*/
        printf("请输入编号为%d 的人的密码:",i+1);
        scanf("%d",&a[i].code);
    }
    printf("\n");
    i=0;                                    /*从数组下标为 0 的人开始报数*/
    num=1;                                  /*报数计数*/
    k=1;
    while(count>0)                          /*如果还有剩余人数则循环*/
    {
      if(num==m)                            /*判断是否报数到 m */
      {  i=i%count;                         /*计算报数结束时报数人的下标*/
         printf("第%d 次,编号为%d 的人离开!\n",k++,a[i].no);
         m=a[i].code;                       /*将此人的密码作为下一次报数上限值*/
         for(j=i+1; j<count; j++)           /*将下标为 i 的元素删除*/
             a[j-1]=a[j];
         num=1;                             /*下一个人重新从 1 开始报数*/
         count--;                           /*当前剩余人数减 1*/
      }
      num++;
      i++;
    }
    return 0;
}
```

（2）链式存储结构

该问题可由两部分组成，分别由如下两个算法完成：建立不带头结点的 *n* 个结点的约瑟夫循环单链表；查找、输出和删除循环单链表中的第 *m* 个结点。

该算法的具体步骤如下：

① 给出出圈的初始密码后，从循环单链表的第一个结点往下计数寻找第 *m* 个结点。

② 输出该结点的编号 no 值，再将该结点的密码 code 赋给 *m*，作为下一轮出圈人的报数密码。

③ 删除该结点。

④ 转向执行①，直到所有结点被删除为止。

算法实现如下：

```
#include "stdlib.h"
#define N 7
typedef struct LNode{                       /*定义链表结构*/
    int no;
    int code;
    struct LNode *next;
}LNode,*LinkList;
int  PassW[N]={3,1,7,2,4,8,4};              /*初始化约瑟夫环中的密码值*/
void  Joseph(LinkList p,int m,int num)
{
```

```
    LinkList q;
    int i;
    if(num==0) return;              /*如果链表中没有结点，立即返回*/
    q=p;                           /*使 q 指向要删除的结点，p 指向 q 的前一个结点*/
    for(i=1;i<=m;i++)
    {
        p=q;
        q=p->next;
    }
    p->next=q->next;               /*从循环链表中删除 q 指向的结点*/
    i=q->code;
    printf("%d ",q->no);
    free(q);                       /*释放 q 指向的空间*/
    Joseph(p,i,num-1);
}
```

### 5. 源程序及运行结果

（1）顺序存储结构源程序代码

```
#include "stdio.h"
/*此处插入 4 中顺序存储结构的算法*/
int main()
{   int m,n;
    int Joseph(int n,int m);
    printf("请输入开始的人数 n:");
    scanf("%d",&n);
    printf("请输入初始密码 m:");
    scanf("%d",&m);
    printf("\n");
    Joseph(n,m);
    return 0;
}
```

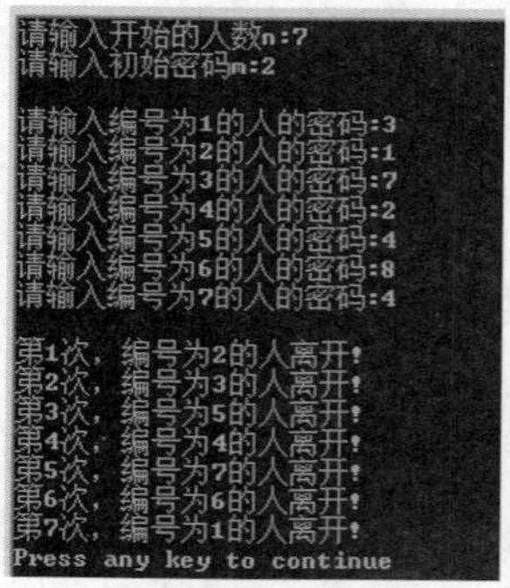

运行结果如图 2.27 所示。

图 2.27　顺序存储结构

（2）链式存储结构源代码

```
#include "stdio.h"
/*此处插入 4 中链式存储结构的算法*/
int main()
{
    int  i,m,n;
    LinkList  Lhead,p,q;
    void  Joseph(LinkList p,int m,int x);
    /*创建不带头结点的约瑟夫循环单链表*/
    Lhead=(LinkList)malloc(sizeof(LNode));
                                    /*初始化头结点*/
    if(!Lhead)return 0;             /*如果分配空间失败返回 0*/
    Lhead->no=1;
    Lhead->code=PassW[0];
    Lhead->next=Lhead;
    p=Lhead;
    for(i=1;i<N;i++)
    {   /*创建一个新结点，赋编号和密码值，并使 p->next 指向它,再使 p=q*/
        if(!(q=(LinkList)malloc(sizeof(LNode))))return 0;
```

```
            q->no=i+1;
            q->code=PassW[i];
            p->next=q;
            p=q;
    }
    p->next=Lhead;                          /*使 p->next 指向头结点,从而形成循环单链表*/
    n=N;
    printf("初始状态的总人数为: %d\n",n);
    printf("初始密码为 m:");
    scanf("%d",&m);
    printf("出圈的次序为: ");
    Joseph(p,m,n);
    printf("\n");
    return 0;
}
```

程序运行结果如图 2.28 所示。

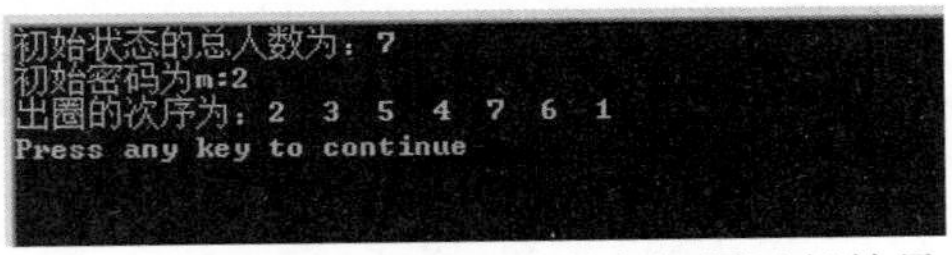

图 2.28　链式存储结构约瑟夫问题运行结果

## 2.4.2　多项式求和

### 1. 问题描述

设已知多项式 $A(x)$ 和 $B(x)$,求多项式 $C(x)=A(x)+B(x)$,这就是多项式求和(the Sum of Polynomial)问题。

一般代数多项式表示为

$$Y(x)=C_nx^{En}+C_{n-1}x^{En-1}+\cdots+C_0x^{E_0},$$

其中,$C$ 为系数,$E$ 为指数,并且次数是递减的。

### 2. 数据结构分析

在本例中,用 coef 表示非零系数,exp 表示非零指数,用数组 poly[MAXN]表示多项式 A、B 和 C。数据类型定义如下:

```
#define MAXN 100
typedef struct term
{
    int coef;
    Int exp;
}TERM;
TERM poly[MAXN];
```

### 3. 实体模拟

设两个多项式分别为:

$$A(x)=8x^{60}+6x^{50}+4x^{30}+5x^{25}$$

$$B(x)=6x^{60}-7x^{45}+8x^{20}$$

这两个多项式在数组 poly 中的存储情况如图 2.29 所示。

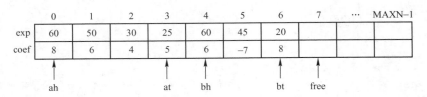

图 2.29　多项式在数组 poly 中的存储情况

其中，ah、bh 分别是 $A(x)$ 和 $B(x)$ 的第一项的存储位置，at、bt 分别是 $A(x)$ 和 $B(x)$ 的最后一项的存储位置，初始情况：ah=0，at=3，bh=4，bt=6，free 是存放最后运算结果 $C(x)$ 第一项的起始位置 free=7。

设 p 为当前扫描的 $A(x)$ 的项的位置，q 为当前扫描的 $B(x)$ 的项的位置，具体操作步骤如下：

① 初始时，p 指向 $A(x)$ 的第 0 项，q 指向 $B(x)$ 的第 0 项，两个指数相等，系数相加，追加到 $C(x)$ 的开始位置 free。然后，p、q 和 free 分别指向下一项，此时，数组 poly 中的存储状态如图 2.30 所示。

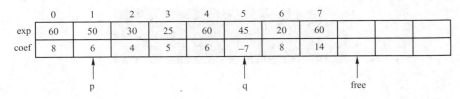

图 2.30　第①步操作后数组 poly 中的存储情况

② p 所指向 $A(x)$ 项的指数大于 q 所指向的 $B(x)$ 项的指数，追加 $A(x)$ 的项。然后，p 和 free 分别指向下一项，此时，数组 poly 中的存储状态如图 2.31 所示。

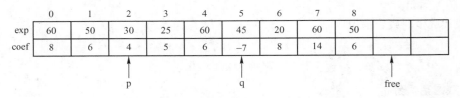

图 2.31　第②步操作后数组 poly 中的存储情况

③ p 所指向 $A(x)$ 项的指数小于 q 所指向的 $B(x)$ 项的指数，追加 $B(x)$ 的项。然后，q 和 free 分别指向下一项，此时，数组 poly 中的存储状态如图 2.32 所示。

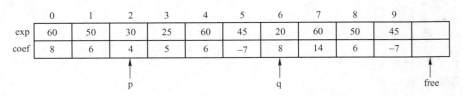

图 2.32　第③步操作后数组 poly 中的存储情况

④ p 所指向 $A(x)$ 项的指数大于 q 所指向的 $B(x)$ 项的指数，追加 $A(x)$ 的项。然后，p 和 free 分别指向下一项，此时，数组 poly 中的存储状态如图 2.33 所示。

| | 0 | 1 | 2 | 3 | 4 | 5 | 6 | 7 | 8 | 9 | 10 | 11 |
|---|---|---|---|---|---|---|---|---|---|---|---|---|
| exp | 60 | 50 | 30 | 25 | 60 | 45 | 20 | 60 | 50 | 45 | 30 | |
| coef | 8 | 6 | 4 | 5 | 6 | –7 | 8 | 14 | 6 | –7 | 4 | |
| | | | | ↑p | | | ↑q | | | | | ↑free |

图 2.33 第④步操作后数组 poly 中的存储情况

⑤ p 所指向 $A(x)$项的指数大于 q 所指向的 $B(x)$项的指数，追加 $A(x)$的项。然后，p 和 free 分别指向下一项，此时，数组 poly 中的存储状态如图 2.34 所示。

| | 0 | 1 | 2 | 3 | 4 | 5 | 6 | 7 | 8 | 9 | 10 | 11 | 12 |
|---|---|---|---|---|---|---|---|---|---|---|---|---|---|
| exp | 60 | 50 | 30 | 25 | 60 | 45 | 20 | 60 | 50 | 45 | 30 | 25 | |
| coef | 8 | 6 | 4 | 5 | 6 | –7 | 8 | 14 | 6 | –7 | 4 | 5 | |
| | | | | | ↑p | | ↑q | | | | | | ↑free |

图 2.34 第⑤步操作后数组 poly 中的存储情况

⑥ $A(x)$多项式扫描完成，$B(x)$还没有扫描完成，把剩余的各项追加到 $C(x)$中。数组 poly 中的存储状态如图 2.35 所示。

| | 0 | 1 | 2 | 3 | 4 | 5 | 6 | 7 | 8 | 9 | 10 | 11 | 12 |
|---|---|---|---|---|---|---|---|---|---|---|---|---|---|
| exp | 60 | 50 | 30 | 25 | 60 | 45 | 20 | 60 | 50 | 45 | 30 | 25 | 20 |
| coef | 8 | 6 | 4 | 5 | 6 | –7 | 8 | 14 | 6 | –7 | 4 | 5 | 8 |
| | | | | | ↑p | | | ↑q | | | | | ↑free |

图 2.35 第⑥步操作后数组 poly 中的存储情况

### 4. 算法实现

```
#include "stdio.h"
#define MAXN 100
typedef struct
{
   int coef;                     /*coef 表示非零系数*/
   int exp;                      /*exp 表示非零指数*/
}TERM;
int ch,ct;
void Polynomial_sum(TERM poly[],int n,int m)
{   int free,ah,bh,at,bt,p,q,c1,c,qe,pe;
    free=n+m;
    ah=0;bh=m;
    at=m-1;bt=n+m-1;
    p=ah;q=bh;ch=free;
    while(p<=at&&q<=bt)           /*判断 A(x)和 B(x)多项式是否扫描完*/
    {
       pe=poly[p].exp;
       qe=poly[q].exp;
       if(pe==qe)  c1='=';        /*A(x)和 B(x)多项式中当前项的次数相等，c1 记为=*/
          else if(pe<qe) c1='<';/*A(x)当前项的次数比 B(x)当前项的次数小，c1 记为<*/
```

```
                else c1='>';          /*A(x)当前项的次数比B(x)当前项的次数大,c1记为>*/
        switch(c1)
    {
    /*A(x)和B(x)多项式中当前次数相等,则系数相加,如果系数不为0,则在数组中追加结果*/
    case'=':
        c=poly[p].coef+poly[q].coef;
        if(c)
        {  if(free>=MAXN) break;
           poly[free].coef=c;          /*把系数存放在free所指的位置*/
           poly[free].exp=poly[p].exp; /*把指数存放在free所指的位置*/
           free++;}                    /*free加1为下次添加结点提供存放位置*/
        p++;
        q++;
        break;
    case '<': /*A(x)的当前指数比B(x)当前指数小,追加指数较大的B(x)中的项*/
        {  if(free>=MAXN) break;
           poly[free].coef=poly[q].coef;
           poly[free].exp=poly[q].exp;
           free++;}
         q++;
         break;
    case '>': /*A(x)的当前指数比B(x)当前指数大,追加指数较大的A(x)中的项*/
        {  if(free>=MAXN) break;
           poly[free].coef=poly[p].coef;
           poly[free].exp=poly[p].exp;
           free++;}
        p++;
        break;
        }
    }
    while(p<=at)         /*如果A(x)多项式还没扫描完,则把剩余项追加*/
    {
        {  if(free>=MAXN) break;
           poly[free].coef=poly[p].coef;
           poly[free].exp=poly[p].exp;
           free++;}
        p++;
    }
    while(q<=bt)         /*如果B(x)多项式还没扫描完,则把剩余项追加*/
    {
        {  if(free>=MAXN) break;
           poly[free].coef=poly[q].coef;
           poly[free].exp=poly[q].exp;
           free++;}
        q++;
    }
    ct=free-1;
}
```

## 5. 源程序及运行结果

源程序代码:

```
/*此处插入4中的算法*/
int main()
{  int i,n,m,free;
```

```
TERM poly[MAXN];
printf("请输入A(x)多项式的项数:");
scanf("%d",&m);
for(i=0;i<=m-1;i++)
{
    printf("第%d项的系数和次数分别是: ",i+1);
    scanf("%d,%d",&poly[i].coef,&poly[i].exp);
}
printf("A(x)多项式表示是: ");
for(i=0;i<m-1;i++)
{
    printf("%dx^%d+",poly[i].coef,poly[i].exp);
}
printf("%dx^%d",poly[i].coef,poly[i].exp);
printf("\n");printf("\n");
printf("请输入B(x)多项式的项数:");
scanf("%d",&n);
for(i=m;i<=n+m-1;i++)
{
    printf("第%d项的系数和次数分别是: ",i-m+1);
    scanf("%d,%d",&poly[i].coef,&poly[i].exp);
}
printf("B(x)多项式表示是: ");
for(i=m;i<n+m-1;i++)
{
    printf("%dx^%d+",poly[i].coef,poly[i].exp);
}
printf("%dx^%d",poly[i].coef,poly[i].exp);
printf("\n");printf("\n");
Polynomial_sum(poly,n,m);
printf("请输出C(x)多项式:\n");
for(i=ch;i<=ct;i++)
{
    printf("第%d项的系数和次数分别是: ",i-n-m+1);
    printf("%d,%d",poly[i].coef,poly[i].exp);
    printf("\n");
}
printf("C(x)多项式表示是: ");
for(i=ch;i<ct;i++)
{
    if(poly[i].coef>0)
        printf("%dx^%d+",poly[i].coef,poly[i].exp);
    if(poly[i].coef<0)
        printf("(%d)x^%d+",poly[i].coef,poly[i].exp);
}
printf("%dx^%d",poly[i].coef,poly[i].exp);
printf("\n");
return 0;
}
```

程序运行结果如图 2.36 所示。

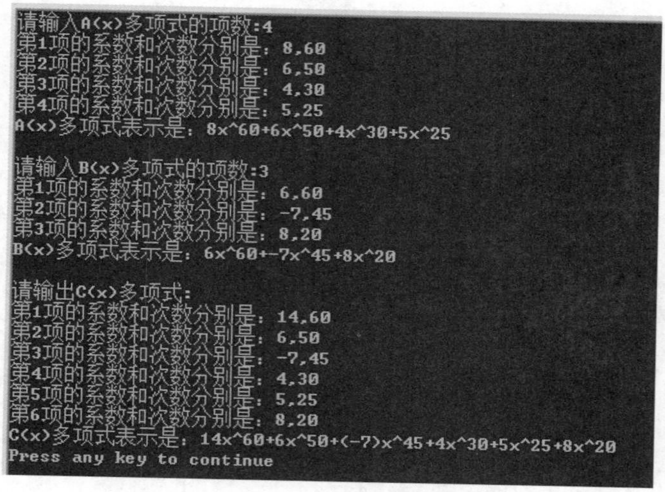

图 2.36 多项式求和程序运行结果

# 小　结

本章介绍了最基本的数据结构——线性表，讨论了线性表的基本概念及基本运算，如线性表的初始化、求线性表的长度、取表中某一个元素等。除此之外，还介绍了线性表的两种存储结构：顺序存储结构和链式存储结构，以及在这两种不同的存储结构表示下线性表基本运算的实现，最后，通过约瑟夫问题和多项式求和问题，介绍了线性表在实际生活中的应用。

# 知 识 巩 固

## 一、填空题

1. 顺序表中逻辑上相邻的元素，物理位置_____相邻。单链表中逻辑上相邻的元素，物理位置_____相邻。

2. 线性表以顺序方式存储时，第 $i$ 个数据元素 $a_i$ 的存储位置 $LOC(a_i) = LOC(a_1)+$_____ _____。（设每个元素需占用 $m$ 个存储单元；$LOC(a_1)$ 是线性表的第一个数据元素 $a_1$ 的存储位置）

3. 在顺序存储的线性表中插入或删除一个元素，需要平均移动_____个元素。

4. 在顺序存储的线性表中访问任意一结点的时间复杂度均为_____。

5. 在 $n$ 个结点的单链表中要删除已知结点*p，需找到其前驱结点的地址，其时间复杂度为_____。

## 二、选择题

1. 线性表的顺序存储结构是一种（　　　）。

　　A. 随机存取的存储结构　　　　　　　　B. 顺序存取的存储结构

　　C. 索引存取的存储结构　　　　　　　　D. Hash 存取的存储结构

2. 线性表是具有 $n$ 个（　　　）的有限序列。

A. 字符　　　　　　B. 数据元素　　　　　　C. 数据项　　　　　　D. 表元素

3. 线性表（$a_1,a_2,\cdots,a_n$）以链式方式存储，访问第 $i$ 个位置元素的时间复杂度为（　　　）。

A. $O(0)$　　　　　B. $O(1)$　　　　　C. $O(n)$　　　　　D. $O(n^2)$

4. 若长度为 $n$ 的线性表采用顺序存储结构，在其第 $i$ 个位置插入一个新元素的算法的时间复杂度为（　　　）。

A. $O(0)$　　　　　B. $O(1)$　　　　　C. $O(n)$　　　　　D. $O(n^2)$

5. 在 $n$ 个结点的线性表的数组实现中，算法的时间复杂度是 $O(1)$ 的操作是（　　　）。

A. 访问第 $i$（$0 \leqslant i \leqslant n-1$）个结点和求第 $i$（$0 < i \leqslant n-1$）个结点的直接前驱

B. 在第 $i$（$0 \leqslant i \leqslant n-1$）个结点后插入一个新结点

C. 删除第 $i$（$0 \leqslant i \leqslant n-1$）个结点

D. 以上都不对

6. 下面关于线性表的叙述中，错误的是（　　　）。

A. 线性表采用顺序存储，必须占用一片连续的存储单元

B. 线性表采用顺序存储，便于进行插入和删除操作

C. 线性表采用链式存储，不必占用一片连续的存储单元

D. 线性表采用链式存储，便于进行插入和删除操作

7. 不带头结点的单链表 head 为空的判定条件是（　　　）。

A. head == NULL　　　　　　　　　　B. head->next ==NULL

C. head->next ==head　　　　　　　　D. head!=NULL

8. 带头结点的单链表 head 为空的判定条件是（　　　）。

A. head == NULL　　　　　　　　　　B. head->next ==NULL

C. head->next ==head　　　　　　　　D. head!=NULL

9. 非空的循环单链表 head 的尾结点（由 p 所指向）满足（　　　）。

A. p->next == NULL　　　　　　　　　B. p == NULL

C. p->next ==head　　　　　　　　　　D. p == head

10. 在循环双链表的 p 所指的结点之前插入 s 所指结点的操作是（　　　）。

A. p->prior = s; s->next = p; p->prior->next = s; s->prior = p->prior

B. p->prior = s; p->prior->next = s; s->next = p; s->prior = p->prior

C. s->next = p; s->prior = p->prior; p->prior = s; p->prior->next = s

D. s->next = p; s->prior = p->prior; p->prior->next = s; p->prior = s

## 三、简答题

1. 简述顺序表和链表的优缺点。

2. 画出下列数据结构的图示：

顺序表、带头结点的单链表、带头结点的循环单链表、带头结点的双向循环链表。

## 四、算法填空题

1. 假如 L 是带表头结点的非空单链表，且 p 结点不是第一个数据元素结点，也不是最后一个数据元素结点，试从下面提供的选项中选择合适的语言序列，实现相应的功能。

（1）p->next=p->next->next;

（2）while(p->next!=q) p=p->next;

（3）while(p->next->next!=NULL)p=p->next;

（4）q=p;

（5）q=p->next;

（6）p=L;

（7）L=L->next;

（8）free(q);

① 删除 p 结点的语句序列为_____。

② 删除 p 结点的直接后继结点的语句序列为_____。

③ 删除最后一个数据元素结点的语句序列为_____。

2. 假如 L 是一个不带表头结点的单链表，且 p 结点不是第一个数据元素结点，也不是最后一个数据元素结点，试从下面提供的选项中选择适合的语句序列实现相应的功能。

（1）p=L;

（2）L=s;

（3）p->next=s;

（4）s->next=p->next;

（5）s->next=L;

（6）s->next=NULL;

（7）q=p;

（8）while(p->next!=q)p=p->next;

① 在 p 结点前插入 s 结点的语句序列是_____。

② 在 p 结点后插入 s 结点的语句序列是_____。

③ 在表首插入 s 结点的语句序列是_____。

3. 以下为顺序表的定位运算，分析算法，请在_____处填上正确的语句。

```
int locate_sqlist(sqlist L,DataType X)
{    i=0;
     while((i<L.last)&&(L.data[i]!=x))i++;
     if(_____) return(i);    else return(0);
}
```

# 实 训 演 练

**一、验证性实验**

1. 假设实现线性表顺序存储结构的各种基本运算的算法实现（假设线性表中的元素类型为 int，所有位置序号从零开始）在文件 SqList.cpp 中，编写程序，完成以下功能：

（1）初始化线性表。

（2）创建一个线性表，实现顺序存储，值为{5，8，9，4，3，10}，输出线性表。

（3）输出线性表的长度。

（4）输出线性表中的第 5 个元素。

（5）在线性表中查找值为 10 的数据元素首次出现的位置并输出。

（6）在线性表的第 3 个位置上插入元素 15，输出线性表。

（7）在线性表中删除第 4 个位置上的数，输出线性表。

2. 假设实现线性表链式存储结构的各种基本运算的算法实现（假设线性表中的元素类型为 int）在文件 LinkList.cpp 中，编写程序，完成以下功能。

（1）初始化带头结点的单链表。

（2）创建一个带头结点的单链表，值为{5，8，9，4，3，10}，输出单链表。

（3）输出此单链表的长度（不含头结点）。

（4）输出单链表中第 5 个元素的值。

（5）输出单链表中值为 10 的元素首次出现的位置。

（6）输出单链表中值为 9 的结点的直接前驱结点值。

（7）输出单链表中值为 3 的结点的直接后继结点值。

（8）在单链表中第 3 个位置上插入元素 15，输出单链表。

（9）在单链表中删除第 4 个位置上的数，输出线性表。

（10）清空单链表。

（11）销毁单链表。

3. 假设实现带头结点循环单链表基本运算的算法实现（假设线性表中的元素类型为 int）在文件 ClinkList.cpp 中，编写程序完成以下功能。

（1）初始化循环单链表。

（2）创建一个带头结点的循环单链表，值为{5，8，9，4，3，10}，输出单链表。

（3）输出值为 10 的结点。

4. 假设实现带头结点双向循环链表基本运算的算法实现（假设线性表中的元素类型为 int）在文件 DLinkList.cpp 中，编写程序完成以下功能。

（1）初始化双向循环链表。

（2）创建一个带头结点的双向循环单链表，值为{5，8，9，4，3，10}，输出单链表。

（3）在双向循环链表中第 3 个位置上插入元素 15，输出链表。

（4）在双向循环链表中删除值为 9 的结点，输出链表。

## 二、设计性实验

1. 逆置一个带头结点的单链表，将最后一个结点作为头结点后的第一个结点，倒数第二个结点作为头结点后的第二个结点，依此类推，实现此单链表的反转。

2. 若顺序表 A 中的数据元素按升序排列，要求将 x 插入到顺序表中的合适位置，以保证表的有序性，试给出其算法。

3. 试将一个无序的线性表 A=(11，16，8，5，14，10，38，23)转换成一个按升序排列的有序线性表（用链表实现）。

## 三、综合性实验

1. 用单链表存储两个一元多项式，实现两个多项式的相减运算。

2. 用单链表实现两个大整数的相加运算，完成以下功能。

（1）将用户输入的十进制整数字符串转化为带头结点的单链表，每个结点存放一个整数位。

（2）求两个整数单链表相加的结果单链表。

# 第 3 章

# 栈 和 队 列

栈是一种经济实用的数据结构，在日常生活中有很多栈的例子。例如，可以把洗碗这个普通家务劳动的过程看成一个不断入栈与出栈的过程。在洗碗过程中，放在左边的一堆是脏碗，放在右边的一堆是干净的碗。每一堆都可以称为一个栈，从左栈取到的碗是这堆碗中最上面的那只碗，这可以看作出栈操作；将干净碗放回到右栈时，放入的位置正好是这堆碗的最上面，这可以看作是入栈操作。

在现实生活中，很多现象都具有队列的特点。例如，在电影院门口等待买票的一队人，在红灯前等待通行的一长串汽车等。在计算机语言中，队列有非常重要的用途，如在多用户分时操作系统中，等待访问磁盘驱动器的多个输入/输出（I/O）请求就是一个队列，等待在计算机中运行的作业也形成一个队列，计算机将按照作业和 I/O 请求到达的先后次序进行服务，也就是按先进先出的次序服务。

本章讨论栈和队列的基本概念、存储结构和基本运算。

| 本章重点 | ☑ 栈和队列的概念 |
| :--- | :--- |
| | ☑ 栈和队列的基本运算 |
| | ☑ 栈和队列的顺序存储结构及基本运算实现 |
| | ☑ 栈和队列的链式存储结构及基本运算实现 |
| 本章难点 | ☑ 栈和队列的链式存储结构及基本运算实现 |

## 3.1 栈的定义及基本运算

栈是一种操作受限制的线性表，它具有典型的操作特点：后进先出。下面讨论栈的基本概念和基本运算。

### 3.1.1 栈的定义

栈（Stack）是一种只能在一端进行插入和删除操作的线性表。允许插入和删除的一端称为栈顶（Top），不允许插入和删除的一端称为栈底（Bottom）。当栈中没有数据元素时称为空栈，栈的长度为 0。栈的插入操作称为入栈或进栈，栈的删除操作称为出栈或退栈。若有栈 $S$，它的线性结构定义为 $S=(s_0, s_1, \cdots, s_{n-1})$，则 $s_0$ 称为栈底结点，$s_{n-1}$ 称为栈顶结点，结点 $s_{i+1}$ 在结点 $s_i$（$0 \le i < n-1$）之上，如图 3.1 所示。

图 3.1　栈结构示意图

可以看出，若要将最早进入栈的结点取出，必须先将它之上的结点一个一个全部取出，这种特点称为后进先出，也是栈的基本特点。因此，栈又称为后进先出（Last In First Out，LIFO）线性表。

栈的抽象数据类型描述如下：

```
ADT Stack
{   数据对象：
        D={aᵢ|1≤i≤n,n≥0，aᵢ为定义的数据元素}
    数据关系：
        R={< aᵢ，aᵢ₊₁>|aᵢ、aᵢ₊₁∈D，i=1,2,3,…,n-1}
    数据运算：
        InitStack(&s)：构造一个空栈 s。
        Push (&s,x)：入栈，将元素 x 插入到栈 s 作为栈顶元素。
        Pop(&s,&x)：出栈，从栈 s 中删除栈顶元素，并将其值赋给 x。
        GetTop(s,&x)：取栈顶元素，并将栈顶元素的值赋给 x。
        StackEmpty(s)：判断栈 s 是否为空。
        DestroyStack(&s)：销毁栈 s，释放所占的空间。
}
```

【例 3.1】一个栈的进栈序列是 a、b、c、d、e，能否得到 dceab 的输出序列？

分析：栈的基本特点是后进先出，为了让 d 作为第一个元素出栈，栈中有 cba 三个元素，c 作为第二个元素出栈，栈中有 ba 两个元素，然后 e 进栈后出栈，得到 dce 序列，接着栈中只有 ba 两个元素，首先 b 出栈然后 a 出栈，得到序列为 dceba。因此，不可能得到 dceab 序列。

以上分析过程，可以用以下简化的操作过程来描述：

Push(a)->Push(b)->Push(c)->Push(d)->Pop(d)->Pop(c)->Push(e)->Pop(e)->Pop(b)->Pop(b)

### 3.1.2　栈的基本运算

#### 1. 栈的初始化 InitStack(&s)

功能：创建栈 s 并将其初始化为空。

#### 2. 入栈 Push(&s, x)

功能：将元素 x 插入到栈 s 中。

#### 3. 出栈 Pop(&s, &x)

功能：删除栈 s 的栈顶元素，并将它的内容通过参数 x 返回。

#### 4. 获取栈顶元素 GetTop(s,&x)

功能：将栈 s 的栈顶元素通过参数 x 返回。

#### 5. 判断栈是否为空 StackEmpty(s)

功能：判断栈 s 是否为空。若为空，函数返回真（1）；否则，返回假（0）。

#### 6. 销毁栈 DestroyStack(&s)

功能：销毁栈 s，释放所占的空间。

## 3.2　栈的顺序存储结构及其基本运算的实现

前面介绍了栈的基本概念和基本运算，下面讨论栈的顺序存储结构、顺序栈的基本运算实现以及栈的应用。

### 3.2.1 栈的顺序存储结构

栈的顺序存储结构称为顺序栈，顺序栈通常由一个一维数组 data 和一个记录栈顶位置的变量 top 组成。习惯上，将栈底放在下标小的一端。规定用 top 指针（此处指针指数组的下标）指向栈顶元素。

图 3.2 所示为顺序栈的不同状态（设 MaxSize=6）。

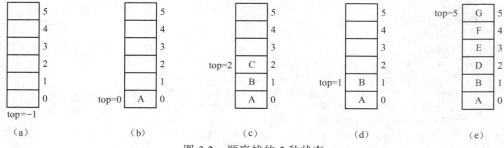

图 3.2　顺序栈的 5 种状态

图 3.2 中，顺序栈的 5 种状态如下：

（a）表示栈为空。此时 top= –1。若此时进行出栈操作，会产生"下溢"。

（b）表示栈只含一个元素 A，在（a）的基础上进行入栈运算 Push(s,A)，top=0。

（c）表示在（b）基础上有两个元素 B，C 入栈，此时 top=2。

（d）表示在（c）的状态下，执行了一次出栈 Pop(s)运算，此时 top=1。

（e）表示栈中有 6 个元素，即在（d）的状态下连续执行 Push(s,D)、Push(s,E)、Push(s,F)、Push(s,G)操作，这种状态称为栈满。若此时进行入栈操作，则会产生"上溢"。

在 C/C++语言下，顺序栈数据结构类型定义如下：

```
#define  MaxSize  100        /*顺序栈的容量*/
typedef int DataType;
typedef  struct  sq
{  DataType  data[MaxSize];    /*栈中数据元素*/
   int  top;                 /*栈顶指针*/
} SqStack;
SqStack *s;
```

栈进行基本操作时，需要注意以下几点：

① 栈 s 为空的条件是：s->top==-1。

② 栈 s 为满的条件是：s->top==MaxSize-1。

③ 栈空时，不能进行出栈运算；栈满时，不能进行入栈运算。

④ 进栈时，top 先增加 1，然后把数据元素放入栈顶指针处；出栈时，先把栈顶指针所指数据元素取出放入 x，然后 top 减 1。

### 3.2.2 栈的基本运算在顺序栈上的实现

下面介绍顺序栈的基本运算的实现过程。

#### 1. 初始化 Initstack(&s)

该运算的功能是创建一个空栈，由 s 指向它。实际上就是分配一个顺序栈空间，并将栈顶指针设置为-1。算法如下：

```
void Initstack(SqStack *&s)
{
    s=( SqStack *)malloc(sizeof(SqStack));
    s->top=-1;
}
```

本算法的时间复杂度为 $O(1)$。

### 2. 入栈 Push(&s,x)

该运算的功能是将数据元素 x 进入栈 s。在进行入栈操作时先要判断栈是否为满，然后将 top 加 1，最后将数据元素 x 放入到 top 所指向的位置。算法如下：

```
void Push(SqStack *&s,DataType x)
{
    if(s->top==MaxSize-1)
        printf("overflow\n");
    else
    {
        s->top++;
        s->data[s->top]=x;
    }
}
```

本算法的时间复杂度为 $O(1)$。

### 3. 出栈 Pop(&s,&x)

该运算的功能是取出栈 s 中的栈顶元素放入 x，并将 top 减 1。在进行出栈操作时先要判断栈是否为空。算法如下：

```
void Pop(SqStack *&s,DataType &x)
{
    if(s->top==-1)
        printf("underflow\n");
    else
    {
        x=s->data[s->top];
        s->top--;
    }
}
```

本算法的时间复杂度为 $O(1)$。

### 4. 判断栈是否为空 StackEmpty(s)

该运算的功能是判断栈是否为空，若栈 s 为空，则返回 1；否则，返回 0。算法如下：

```
int StackEmpty(SqStack *s)
{
    if(s->top==-1)return(1);
    else return(0);
}
```

本算法的时间复杂度为 $O(1)$。

### 5. 取栈顶元素 GetTop(s,&x)

该运算的功能是返回栈顶元素的值存入 x，若栈为空返回 0。算法如下：

```
int GetTop(SqStack *s DataType &x)
{
    if(s->top==-1)return(0);
    else x=s->data[s->top];
}    return 1;
```

本算法的时间复杂度为 $O（1）$。

### 6. 销毁栈 DestroyStack(&s)

该运算的功能是销毁栈 s，释放所占的存储空间。算法如下：

```
void DestroyStack (SqStack *&s)
{
    free(s);
}
```

本算法的时间复杂度为 $O（1）$。

### 3.2.3  栈在递归中的应用

栈是一种适用范围广泛的数据结构，适用于各种具有"后进先出"特性的问题。这里着重讨论栈在递归中的应用。

递归是一个重要的概念，同时也是一种重要的程序设计方法。在定义一个函数时出现调用函数自身的现象，称为递归。若直接调用自身，则称为直接递归；若函数 p()调用函数 q()，而 q()又调用 p()，则称为间接递归。例如，求 $n!$ 的函数递归定义如下：

$$n!=\begin{cases}1 & ,n=0 \\ n\times(n-1)! & ,n>0\end{cases}$$

该问题的递归算法如下：

```
long f(int n)
{
    if(n==0)
        return(1);
    else
        return(n*f(n-1));
}
```

下面分析求 f(3)函数的递归调用的执行过程。用 r1、r2、r3 依次表示 f(1)、f(2)、f(3)调用过程中的返回地址。图 3.3（b）所示为图 3.3（a）相应的工作栈状态变化过程。

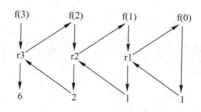

（a）f(3)的执行中递归调用及返回次序

图 3.3  递归调用和返回次序及相应工作栈变化示例

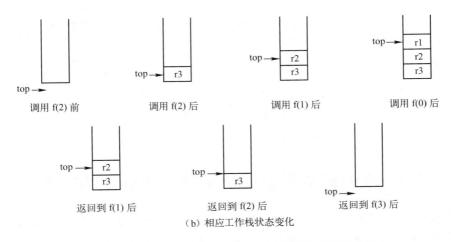

图 3.3 递归调用和返回次序及相应工作栈变化示例（续）

【例 3.2】设计一个算法，判断算术表达式中的三种括号（圆括号、方括号、花括号）是否正确匹配。

### 1. 算法分析

对算术表达式进行从左到右扫描，扫描过程如下：

① 左圆括号、方括号、花括号：进栈。

② 遇到')'：若栈顶是'('，则出栈，否则以不配对结束。

③ 遇到']'：若栈顶是'['，则出栈，否则以不配对结束。

④ 遇到'}'：若栈顶是'{'，则出栈，否则以不配对结束。

重复以上过程，直到算术表达式扫描结束。

### 2. 数据组织

通过算法分析可知，主要使用的数据有存储算术表达式的字符串，以及用来存放符号的符号栈。字符串用顺序存储结构数组 char exp[]表示，符号栈直接用 char st[MaxSize]表示。

### 3. 算法实现

```
int Match(char exp[],int n)
{   char st[MaxSize];          /*括号栈*/
    int top=-1;               /*栈顶指针*/
    int i=0;
    int tag=1;
    while(i<n && tag==1)
    {  if(exp[i]=='(' || exp[i]=='[' || exp[i]=='{')
       /*遇到'('、'['或'{',则将其进栈*/
       {  top++;
          st[top]=exp[i];
       }
       if(exp[i]==')')        /*遇到')',若栈顶是'(',则出栈,否则以不配对返回*/
          if (top>=0 && st[top]=='(')  top--;
          else tag=0;
       if(exp[i]==']')        /*遇到']',若栈顶是'[',则出栈,否则以不配对返回*/
          if(top>=0 && st[top]=='[')  top--;
```

```
                else tag=0;
        if(exp[i]=='}') /*遇到'}',若栈顶是'{',则出栈,否则以不配对返回*/
            if(top>=0 && st[top]=='{')  top--;
            else tag=0;
        i++;
    }
    if(top>=0)
        tag=0;                   /*若栈不空,则不配对*/
    return(tag);
}
```

# 3.3　栈的链式存储结构及其基本运算的实现

栈的存储结构一般有两种：一种是顺序存储结构；另一种是链式存储结构。前面已经介绍了栈的顺序存储结构，下面讨论栈的链式存储结构，以及基本运算的实现。

## 3.3.1　栈的链式存储结构

栈的链式存储结构称为链栈，其组织形式与单链表类似，只是链栈只能在链表头进行插入、删除操作。为了操作方便采用带头结点的链栈，如图 3.4 所示。

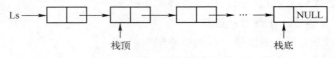

图 3.4　链栈结构

在 C/C++语言中，链栈的数据类型定义如下：

```
typedef int DataType;
typedef  struct node
{
  DataType  data;
  struct  node  *next;
}linkstack;
linkstack  *Ls;
```

Ls 是链栈头结点，其后继结点为栈顶元素，它唯一决定一个链栈。当 Ls->next==NULL 时，该链栈为空。链栈中的结点是动态产生的，因此，在进行操作时可以不考虑"上溢"问题。

## 3.3.2　栈的基本运算在链栈上的实现

下面讨论链栈的入栈与出栈算法，其他操作与单链表相似。

### 1. 入栈 Push(&Ls, x)

该运算的功能是将 x 插入链栈 Ls 中作为链栈的第一个数据结点。算法如下：

```
void Push(linkstack *&Ls,DataType x)
{
    linkstack *p;
    p=(linkstack*)malloc(sizeof(linkstack));
    p->data=x;
```

```
    p->next=Ls->next;
    Ls->next=p;
}
```

本算法的时间复杂度为 $O(1)$。

### 2. 出栈 Pop(&Ls,&x)

该运算的功能是删除链栈 Ls 第一个数据结点，并用参数 x 返回其值。算法如下：

```
bool Pop(linkstack *&Ls,int &x)
{
    linkstack *p;
    if(Ls->next==NULL)
    {
        printf("overflow\n");
        return(false);
    }
    p=Ls->next;
    x=p->data;
    Ls->next=p->next;
    free(p);
    return true;
}
```

本算法的时间复杂度为 $O(1)$。

# 3.4　栈的经典应用实例

栈是一种适用范围广泛的数据结构，适用于各种具有"后进先出"特性的问题。下面主要介绍栈的两个经典的应用实例。第一个实例为数制转换，十进制转换成其他进制（二、八、十六进制）采用的是倒排序，这正好符合栈的特点后进先出。第二个实例为表达式求值，在求解过程中用到两个栈，分别用来存放运算符和操作数。

## 3.4.1　数制转换

### 1. 问题描述

在计算机中，信息的数值化用不同的进制表示，如十进制、十六进制和八进制等，这就涉及数制转换（Number System Conversion）问题。这里介绍如何将一个正十进制整数转换成其他进制。设正十进制整数为 $x$，所要转换的进制为 $p$。

微课视频

用栈求解数
制转换问题

将一种进制的整数数据转换成另一种进制表示，具体转换方法为 "$x$ 除以 $p$ 取余"，直到商为 0 为止，而且余数的排列顺序为倒排序；符合栈的"后进先出"特点，其中取余的过程可以看作不断将余数入栈 S，而输出结果的过程可以看作不断将余数出栈。

### 2. 数据结构分析

该实例中，涉及的数据主要是一个用来存放结果的栈。具体描述如下：

```
#define MAXSIZE 100    /*栈的容量*/
int S[MAXSIZE];        /*存放结果的栈*/
int top=-1;            /*栈顶*/
```

该数据结构存储示意图如图 3.5 所示。

### 3. 实体模拟

设 x 为 126，p 为 2，即将十进制数 126 转换为二进制数。

根据已经介绍的转换方法，转换的过程如下：

| | n | x | x/2（整除） | n%2（求余） |
|---|---|---|---|---|
| 第 0 次： | 126 | 63 | | 0 |
| 第 1 次： | 63 | 31 | | 1 |
| 第 2 次： | 31 | 15 | | 1 |
| 第 3 次： | 15 | 7 | | 1 |
| 第 4 次： | 7 | 3 | | 1 |
| 第 5 次： | 3 | 1 | | 1 |
| 第 6 次： | 1 | 0 | | 1 |

每次计算余数时，栈顶指针 top=top+1，然后将得到的余数进栈 s[top]=余数。转换结束后栈的状态及栈内的元素如图 3.6 所示。

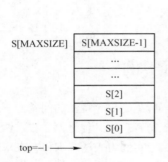

图 3.5　数据结构存储示意图

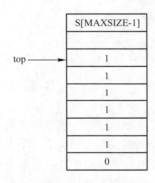

图 3.6　栈的状态及栈内元素

最后，将栈中的元素依次取出（即出栈），可以得到出栈的结果为 1111110，这就是十进制数 126 转换为二进制数的结果。

### 4. 算法实现

```c
#include "stdio.h"
#define MAXSIZE 100
void change(int x,int p)
{
    int S[MAXSIZE],top=-1;        /*S 为栈，top 为栈顶*/
    while(x)                      /*只要 x 非零，x 除以 p 的余数入栈，再改变 x 的值*/
    {
        top++;
        S[top]=x%p;
        x=x/p;
    }
    while(top!=-1)                /*只要栈不空，就出栈*/
    {
        if(S[top]<=9)
```

```
        printf("%c,",48+S[top]);
    else
        printf("%c,",55+S[top]);
    top--;
    }
    printf("\n");
}
```

### 5. 源程序及运行结果

源程序代码:

```
/*此处插入 4 中的算法*/
int main()
{
    int a,b;
    printf("请输入正整数: ");
    scanf("%d",&a);
    printf("请输入进制数:");
    scanf("%d",&b);
    change(a,b);
    return 0;
}
```

程序运行结果如图 3.7 所示。

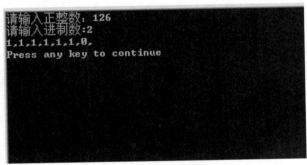

图 3.7　数制转换问题运行结果

## 3.4.2　表达式求值

### 1. 问题描述

给出一个算术表达式,计算算术表达式的值,这类问题就是表达式求值( Expression Evaluator )问题。

算术表达式通常是由操作数、算术运算符和圆括号"("和")"组成。在日常生活中,二目算术运算符都是放在操作数中间,这种算术表达式称为中缀表达式,如 X+Y、X*Y-Z 等。由于运算符的优先级别不同,对于给定的中缀表达式,并不总是按运算符出现的次序从左到右执行运算。对于相邻的两个运算符,若优先级别相同,那么一般从左到右依次执行;若优先级别不同,那么先执行优先级高的运算符,然后执行优先级低的运算符。用计算机处理这种中缀表达式求值时,就显得比较麻烦,因此,引入了另一种表达式——后缀表达式,即运算符放在两个操作数之后,如 XY-、XY*Z-等。

### 2. 数据结构分析

在计算机处理表达式求值时，首先需要将中缀表达式转换成后缀表达式，然后，根据后缀表达式计算结果。为了运算方便，采用数组结构存放中缀表达式和后缀表达式，后缀表达式求值时采用链式存储结构。数据类型定义如下：

```
#define MAXN 50
char stack[MAXN];                         /*运算符栈*/
char midorder[MAXN],postorder[MAXN];      /*分别为存放中缀表达式和后缀表达式的数组*/
struct s_node                             /*声明栈的链式结构*/
{
    int data;                             /*堆栈数据*/
    struct s_node *next;                  /*链接指针*/
};
typedef struct s_node s_list;             /*定义新类型列表*/
typedef s_list *link;                     /*定义新类型列表指针*/
```

### 3. 实体模拟

（1）中缀表达式转换为后缀表达式

在转换过程中，利用栈存放操作符，且初始化栈底元素为'$'，当读到栈顶元素为'$'时，说明操作符已全部取出，从左向右扫描中缀表达式，当前扫描得到的对象有以下情况：

① 操作数：直接输出。

② 运算符，有以下 3 种情况：

- 左括号 "("，直接入栈。
- 右括号 ")"，输出栈中的运算符，直到取出左括号为止。
- 非括号的运算符，与栈顶的运算符的优先级进行比较：如果其优先级大于栈顶运算符，则直接入栈；如果其优先级小于或等于栈顶运算符，则取出栈顶运算符。

③ 当表达式扫描完成后，栈中尚有运算符，则依次取出运算符，直到栈空。

例如，a+b-(c-d)*e，转换为后缀表达式的步骤如下：

步骤 1：读 a，直接输出，得到的后缀表达式是 a。操作符栈的状态如图 3.8（a）所示。

步骤 2：读 "+"，入栈，得到的后缀表达式是 a。操作符栈的状态如图 3.8（b）所示。

步骤 3：读 b，直接输出，得到的后缀表达式是 ab。操作符栈的状态如图 3.8（c）所示。

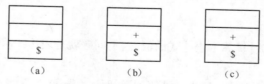

图 3.8　操作符栈的状态 1

步骤 4：读 "-"，由于 "-" 与 "+" 优先级相同，因此 "+" 出栈，"-" 入栈，得到的后缀表达式是 ab+。操作符栈的状态如图 3.9（a）所示。

步骤 5：读 "("，入栈，得到的后缀表达式是 ab+。操作符栈的状态如图 3.9（b）所示。

步骤 6：读 c，直接输出，得到的后缀表达式是 ab+c。操作符栈的状态如图 3.9（c）所示。

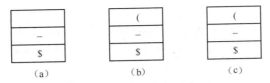

图 3.9 操作符栈的状态 2

步骤 7：读 "–"，入栈，得到的后缀表达式是 ab+c。操作符栈的状态如图 3.10（a）所示。

步骤 8：读 d，直接输出，ab+cd。操作符栈的状态如图 3.10（b）所示。

步骤 9：读 ")"，"–" 出栈，"(" 出栈，得到的后缀表达式是 ab+cd–。操作符栈的状态如图 3.10（c）所示。

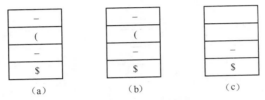

图 3.10 操作符栈的状态 3

步骤 10：读 "*"，"*" 入栈，由于 "*" 比 "–" 的优先级高，得到的后缀表达式是 ab+cd–。操作符栈的状态如图 3.11（a）所示。

步骤 11：读 e，直接输出，得到的后缀表达式是 ab+cd–e。操作符栈的状态如图 3.11（b）所示。

步骤 12：把栈中的运算符依次输出，得到的后缀表达式是 ab+cd–e*–。操作符栈的状态如图 3.11（c）所示。

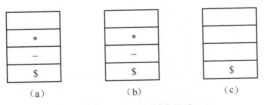

图 3.11 操作符栈的状态 4

（2）后缀表达式求解

求后缀表达式的值，首先建立一个用于存放操作数的栈，初始化为空，然后从左到右扫描后缀表达式，当前扫描到的对象有以下情况：

① 操作数：将其存入操作数栈中。

② 运算符：从操作数栈中取出栈顶的两个操作数进行计算，并且将计算结果存回栈中。

③ 当表达式读取完成后，将操作数栈的内容输出，即为后缀表达式的结果。

例如，后缀表达式 5 4 + 3 2 –1* –，求其值的步骤如下：

步骤 1：扫描到操作数 5，把操作数 5 入栈，操作数栈的状态如图 3.12（a）所示。

步骤 2：扫描到操作数 4，把操作数 4 入栈，操作数栈的状态如图 3.12（b）所示。

步骤 3：扫描到运算符 "+"，取出栈顶元素 5、4，进行运算把结果 9 入栈，操作数栈的状态如图 3.12（c）所示。

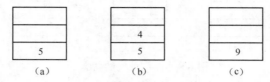

图 3.12　操作数栈的状态 1

步骤 4：扫描到操作数 3，把操作数 3 入栈，操作数栈的状态如图 3.13（a）所示。

步骤 5：扫描到操作数 2，把操作数 2 入栈，操作数栈的状态如图 3.13（b）所示。

步骤 6：扫描到运算符"−"，把栈顶的两个元素 3、2 取出，进行运算把运算结果 1 入栈，操作数栈的状态如图 3.13（c）所示。

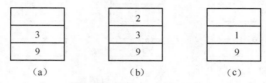

图 3.13　操作数栈的状态 2

步骤 7：扫描到操作数 1，把操作数 1 入栈，操作数栈的状态如图 3.14（a）所示。

步骤 8：扫描到运算符"*"，把栈顶两个元素 1、1，取出，进行运算把运算结果 1 入栈，操作数栈的状态如图 3.14（b）所示。

步骤 9：扫描到运算符"−"，把栈顶元素 9、1 取出，进行运算把结果 8 入栈，操作数栈的状态如图 3.14（c）所示。

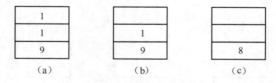

图 3.14　操作数栈的状态 3

步骤 10：后缀表达式扫描完成，栈中的结果 8 即为表达式的值。

### 4. 算法实现

（1）中缀表达式转换后缀表达式算法

```c
#include "stdlib.h"
#include "stdio.h"
#include <ctype.h>
#define MAXN 50
/*求当前扫描的字符c的优先级*/
int icp(char c)
{
    switch(c)
    {
        case '*':
        case '/': return 2;
        case '+':
```

```
      case '-': return 1;
   }
}
/*求得栈中字符c的优先级别*/
int isp(char c)
{
   switch(c)
   {
     case '*':
     case '/': return 2;
     case '+':
     case '-': return 1;
     case '(': return 0;
     case '$':return -1;
   }
}
/*中级表达式转后缀表达式*/
int mid_to_pos(char mid_e[],char pos_e[])
{
   char stack[MAXN],c;
   int top,i,j;
   /*字符'$',放在栈底，它的优先级别最低位-1,这样让其他运算符包括'('进栈*/
   stack[0]='$';
   top=0;
   j=0;
   i=0;
   c=mid_e[0];
   while(c!='\0')
   {
       if(isdigit(c))              /*为了处理方便，这里要求输入的都为数字字符*/
          pos_e[j++]=c;
       else
       switch(c)
       {
          case'+':
          case'-':
          case'*':
          case'/':
          /*当前扫描的运算符优先级小于等于栈顶运算符，则取出栈顶运算符*/
             while(icp(c)<=isp(stack[top]))
             pos_e[j++]=stack[top--];
             stack[++top]=c;        /*否则直接入栈*/
             break;
          case '(':                 /*当前扫描的为左括号"(",则直接入栈*/
             stack[++top]=c;
             break;
          case ')': /*当前扫描的为右括号")",则输出栈中的运算符，直到取出左括号为止*/
          while(stack[top]!='(')
          pos_e[j++]=stack[top--];
          top--;
          break;
```

```
            default:
                return 1;
        }
        c=mid_e[++i];
    }
    while(top>0)
    pos_e[j++]=stack[top--];
    pos_e[j]='\0';
    return 0;
}
```

（2）后缀表达式求解算法

```
struct s_node                           /*声明栈的链式结构*/
{
    int data;                           /*堆栈数据*/
    struct s_node *next;                /*链接指针*/
};
typedef struct s_node s_list;           /*定义新类型列表*/
typedef s_list *link;                   /*定义新类型列表指针*/
link operand=NULL;
/*入栈操作*/
link push(link stack,int value)
{
    link newnode;
    newnode=(link)malloc(sizeof(s_list));
    if(!newnode)
    {
        printf("\n内存分配失败!");
        return NULL;
    }
    newnode->data=value;
    newnode->next=stack;                /*将新结点的指针域指针指向原栈顶结点*/
    stack=newnode;                      /*栈顶指针指向新结点*/
    return stack;
}
/*出栈操作*/
link pop(link stack ,int *value)
{
    link top;
    if(stack!=NULL)
    {
        top=stack;                      /*top指向栈顶元素*/
        stack=stack->next;              /*stack指向原栈顶元素的下一个结点元素*/
        *value=top->data;               /*取出原栈顶元素值*/
        free(top);                      /*释放原栈顶结点空间*/
        return stack;                   /*返回现在的栈顶指针*/
    }
  else
*value=-1;
}
/*检查栈是否为空*/
int empty(link stack)
```

```
{
    if(stack==NULL)
      return 1;
    else
      return 0;
}
/*判断是否为运算符*/
int is_operator(char op)
{
    switch(op)
    {
        case'+':
        case'-':
        case'*':
        case'/':
        return 1;
        default:return 0;
    }
}
/*计算两个操作数的值*/
int two_result(char op,int operand1,int operand2)
{
    switch(op)
    {
        case'+':return(operand2+operand1);
        case'-':return(operand2-operand1);
        case'*':return(operand2*operand1);
        case'/':return(operand2/operand1);
    }
}
```

## 5. 源程序及运行结果

源程序代码：

```
/*此处插入 4 中的算法*/
int main()
{
    char midorder[MAXN],postorder[MAXN];
    int position=0;           /*扫描过程中表达式位置*/
    int operand1=0;           /*第 1 个操作数*/
    int operand2=0;           /*第 2 个操作数*/
    int evaluate;
    printf("请输入中缀表达式（操作数用数字字符表示）:");
    gets(midorder);
    mid_to_pos(midorder,postorder);
    printf("\n") ;
    printf("转换成的后缀表达式:");
    puts(postorder);
    while(postorder[position]!='\0'&&postorder[position]!='\n')
    {
        if(is_operator(postorder[position]))
        {   operand=pop(operand,&operand1);
```

```
            operand=pop(operand,&operand2);
            operand=push(operand,two_result(postorder[position],operand1,operand2));
        }
        else
            operand=push(operand,postorder[position]-48);
            /*存放操作数需做ASCII码转换*/
            position++;
    }
    operand=pop(operand,&evaluate);
    printf("\n");
    printf("表达式[%s]的计算结果: %d",postorder,evaluate);
    printf("\n\n");
    return 0;
}
```

程序运行结果如图 3.15 所示。

图 3.15　表达式求值问题运行结果

# 3.5　队列的定义及基本运算

队列是一种操作受限制的线性表，它具有典型的操作特点：先进先出。下面讨论队列的定义和基本运算。

## 3.5.1　队列的定义

队列（Queue）是一种运算受限制的线性表，在表的一端进行插入，在表的另一端进行删除。队列中允许删除的一端称为队头（Front），允许插入的一端称为队尾（Rear），如图 3.16 所示。

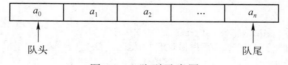

图 3.16　队列示意图

队列在现实生活中经常出现，如购物排队，新来的成员总是从队尾加入（即不允许"插队"），从队头离开（不允许中途离队），即先进队列的成员总是先离开队列。因此，队列也称为先进先出（Fist In Fist Out，FIFO）线性表，简称 FIFO 表。当队列中没有元素时，称为空队列。

队列的抽象数据类型描述如下：

```
ADT Queue
{    数据对象:
         D={a_i | 1≤i≤n,n≥0，a_i 为定义的数据元素}
     数据关系:
         R={< a_i，a_{i+1}> | a_i、a_{i+1}∈D, i=1,2,3,…,n-1}
     数据运算:
```

```
        InitQueue (&Q): 构造一个空队列 Q。
        EmptyQueue(Q): 判断队列 Q 是否为空。
        EnQueue(&Q,x): 入队, 将元素 x 插入到队列 Q 作为队尾元素。
        DeQueue(&Q,&x): 出队, 从队列 Q 中删除队首元素, 并将其值赋给 x。
        DestroyQueue (&Q): 销毁队列 Q, 释放所占的空间。
}
```

### 3.5.2　队列的基本运算

**1. 初始化队列: InitQueue(&Q)**

功能: 置队列 Q 为一个空队。

**2. 判断队列是否为空: EmptyQueue(Q)**

功能: 当 Q 为空时返回真（1）, 否则返回假（0）。

**3. 入队: EnQueue(&Q,x)**

功能: 将元素 x 插入到队列 Q 的队尾。

**4. 出队: DeQueue(&Q,&x)**

功能: 取队头元素放入 x, 并删除队列 Q 的队头元素。

**5. 销毁队列: DestroyQueue (&Q)**

功能: 销毁队列 Q, 释放所占的空间。

# 3.6　队列的顺序存储结构及其基本运算的实现

前面介绍了队列的定义和基本运算。下面讨论队列在计算机中的顺序存储结构、基本运算的实现, 以及特殊的队列——循环队列。

## 3.6.1　队列的顺序存储结构

队列的顺序存储结构称为顺序队列, 它由一个一维数组和两个分别指向队头与队尾的变量组成, 一维数组用于存储队列中的元素, 两个变量分别称为"队头指针"和"队尾指针"（这里的指针并非真正意义上的指针变量, 实际上是数组的下标）。队尾指针指向队尾元素在数组中的存放位置, 队头指针指向队头元素在数组中的前一个存放位置, 如图 3.17 所示。

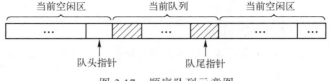

图 3.17　顺序队列示意图

顺序队列的类型及变量定义描述如下:

```
#define  MaxSize  100  /*队列的最大容量*/
typedef  struct  sq
{
    int  data[MaxSize];
    int  front,rear;
```

```
}SqQueue;
SqQueue  *Q;
```

### 3.6.2 顺序队列基本运算的实现

顺序队列定义为一个结构类型，该类型变量有 3 个域：data、front、rear。其中：data 是一维数组，用来存储队列元素；front 与 rear 分别指向队列的队头和队尾，元素 x 入队操作用以下语句：

```
Q->rear=Q->rear+1;Q->data[Q->rear]=x;
```

出队操作用以下语句：

```
Q->front=Q->front+1;
```

进行其他操作时，队头和队尾变化如下：

① 空队：Q->front= –1;Q->rear= –1。

② A，B，C 相继入队：Q->front= –1;Q->rear=2。

③ A，B 相继出队：Q->front=1;Q->rear=2。

④ E，F 相继入队：Q->front=1;Q->rear=4。

队列入队与出队的队头、队尾指针变化如图 3.18 所示。

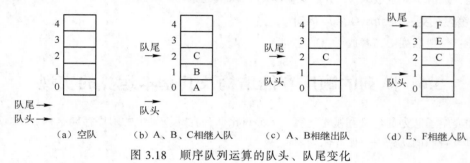

图 3.18　顺序队列运算的队头、队尾变化

下面介绍顺序队列的基本运算的实现过程。

#### 1. 初始化队列 InitQueue(&Q)

该运算的功能是置队列 Q 为一个空队。算法如下：

```
void InitQueue(SqQueue  *&Q)
{
    Q=(SqQueue *)malloc(sizeof(SqQueue));
    Q->front=Q->rear=-1;
}
```

#### 2. 判断队列是否为空 EmptyQueue(Q)

该运算的功能是当 Q 为空时返回真（1），否则返回假（0）。算法如下：

```
int EmptyQueue(SqQueue *Q)
{
    return Q->rear==Q->front;
}
```

#### 3. 入队 EnQueue(&Q,x)

该运算的功能是将元素 x 插入到队列 Q 的队尾。算法如下：

```
bool EnQueue(SqQueue *&Q,int  x)
{
```

```
   if(Q->rear==MaxSize-1) return false;
   Q->rear++;
   Q->data[Q->rear]=x;
   Return true;
}
```

### 4. 出队 DeQueue(&Q，&x)

该运算的功能是删除队列 Q 的队头元素并将删除的元素存入 x。算法如下：

```
bool DeQueue(SqQueue *&Q,int  &x)
{
   if(Q->front==Q->rear) return false;
   Q->front++;
   x= Q->data[Q->front];
   return true;
}
```

## 3.6.3  循环队列

使用前面介绍的方法进行顺序队列操作时，会出现"假满"现象。例如，在图 3.18（d）所示的状态下，按照前面的方法认为该队不能再进行入队操作，因为队尾已无空闲位置，但实际上，队头有空闲区域可以使用，这种情况称为"假满"（又称假溢出）。为了充分利用存储空间，克服"假满"现象，通常采用以下两种方法解决：

① 出队操作后，将队列中剩余元素往前移一个位置。

② 将队列首尾相连，Q->data[0] 元素与 Q->data[MaxSize-1] 相邻，如图 3.19 所示。

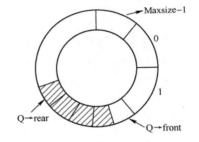

图 3.19  循环队列示意图

一般采取第二种方法来解决以上"假溢出"现象，把 data 数组的 data[0] 和 data[MaxSize-1] 连接起来，形成一个环形数组，这样得到的队列称为循环队列，又称为环形队列。

循环队列的入队操作语句如下：

```
Q->rear=(Q->rear+1)%MaxSize;
Q->data[Q->rear]=x;
```

循环队列出队操作语句如下：

```
Q->front=(Q->front+1)%MaxSize;
```

设循环队列的队头指针指向队头元素在数组实际位置的前一个位置，队尾指针指向队尾元素在数组中的实际位置。为了简化判断，"牺牲"一个存储结点，即设队头指针指向的结点不用来存储队列元素。这样，当队尾指针"绕一圈"后赶上队头指针时，认为队满。因此，在循环队列中队满与队空的条件分别如下：

队满条件为：(Q->rear+1)%MaxSize==Q->front;

队空条件为：Q->front==Q->rear。

如图 3.20 所示，其中阴影部分为队列元素所占的空间。

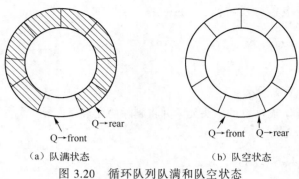

（a）队满状态　　　　　　　（b）队空状态

图 3.20　循环队列队满和队空状态

下面介绍循环队列的基本运算的实现过程。

### 1.　循环队列的初始化 InitQueue(&Q)

该运算的功能是构造一个空队列，将 front 和 rear 指针都设置成初始状态。算法如下：

```
void  InitQueue(sqQueue *&Q)
{
    Q=(SqQueue *)malloc(sizeof(SqQueue));
    Q->front= Q->rear=0;
}
```

### 2.　判断队列是否为空 EmptyQueue(Q)

该运算的功能是当 Q 为空时返回真（1），否则返回假（0）。算法如下：

```
int EmptyQueue(SqQueue *Q)
{
    return Q->rear==Q->front;
}
```

### 3.　入队 EnQueue(&Q,x)

该运算的功能是将元素 x 插入到队列 Q 的队尾。算法如下：

```
bool EnQueue(SqQueue *&Q,int  x)
{
    if((Q->rear+1)%MaxSize==Q->front) return false;
    Q->rear=(Q->rear+1)%MaxSize;
    Q->data[Q->rear]=x;
    return true;
}
```

### 4.　出队 DeQueue(&Q,&s)

该运算的功能是删除队列 Q 的队头元素。算法如下：

```
bool DeQueue(SqQueue *&Q,int  &x)
{
    if(Q->front==Q->rear) return false;
    Q->front=(Q->front+1)%MaxSize;
    x= Q->data[Q->front];
    return true;
}
```

# 3.7 队列的链式存储结构及其基本运算的实现

队列的存储结构一般有两种：一种是顺序存储结构；另一种是链式存储结构。下面讨论队列的链式存储结构及其基本运算的实现。

## 3.7.1 队列的链式存储结构

队列的链式存储结构称为链队列，它是限制在表头删除和表尾插入的单链表。

在 C/C++语言中，链队列的数据结构类型定义如下：

```
typedef  struct  node
{
    int data;
    struct node *next;
}Point;
typedef  struct  link
{
    Point *front,*rear;
}linkQueue;
linkQueue  *Q;
```

为了运算方便，链队头附加一个表头结点 Q，且表头结点的两个指针域分别是指向队头元素的 Q->front 和队尾元素的 Q->rear。链队示意图如图 3.21 所示。

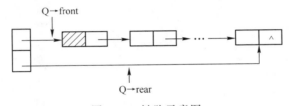

图 3.21 链队示意图

## 3.7.2 链式队列基本运算的实现

下面介绍队列在链式存储结构上的基本运算的实现过程。

### 1. 初始化 InitQueue(&Q)

该运算的功能是置队列 Q 为一个空队，其 front 和 rear 域均置为 NULL。算法如下：

```
void InitQueue(linkQueue *&Q)
{
    Q=(linkQueue*) malloc(sizeof(linkQueue));
    Q->rear=Q->front=NULL;
}
```

本算法的时间复杂度为 $O(1)$。

### 2. 入队 EnQueue(&Q, x)

该运算的功能是将元素 x 插入到队列 Q 的队尾。操作过程是创建一个值为 x 的新结点 p，若原队列为空则此链队结点的两个域 Q->rear 和 Q->front 都指向此结点 p，否则，将此结点 p 作为单链表的尾结点。算法如下：

```
void EnQueue(linkQueue *&Q,int  x)
```

```
{
    Point *p;
    p=(Point *)malloc(sizeof(point));
    p->data=x;p->next=NULL;
    if(Q->rear==NULL)Q->rear=Q->front=p;
    else
    {   Q->rear->next=p;
        Q->rear=p;}
}
```

本算法的时间复杂度为 $O(1)$。

### 3. 出队 DeQueue(&Q)

该运算的功能是删除队列 Q 的队头元素。操作过程是若原队列不为空且只有一个结点，则删除结点后变成空队列 Q->rear=Q->front=NULL，若原队列不为空且此链队中有多个结点则直接删除头结点 Q->front=Q->front->next。算法如下：

```
bool DeQueue(linkQueue *&Q)
{
    Point *p;
    if(Q->rear==NULL)
        {printf("Queue empty!\n");return false;}
    p=Q->front;                /*队头结点的下一个结点为实际出队结点*/
    if(Q->rear==Q->front)      /*如果 p 为除头结点外的唯一结点*/
        Q->front=Q->rear=NULL;
    else
        Q->front=p->next;
    free(p);                   /*删除 p 结点*/
    return true;
}
```

本算法的时间复杂度为 $O(1)$。

### 4. 取队头结点 GetFront(Q)

该运算的功能是返回队列 Q 的队头元素。操作过程是若原队列为空返回 0，否则取链队 front 指向的结点的数据域。算法如下：

```
int GetFront(linkQueue *Q)
{
    if(Q->rear==NULL)
        return(0);             /*返回 0 表示队列空*/
    else
        return( Q->front->data);
}
```

本算法的时间复杂度为 $O(1)$。

### 5. 判断链队是否为空 EmptyQueue(Q)

该运算的功能是当 Q 为空时返回真（1），否则返回假（0）。算法如下：

```
int EmptyQueue(linkQueue *Q)
{
    return (Q->front==Q->rear);
}
```

本算法的时间复杂度为 $O(1)$。

# 3.8 队列的经典应用实例

队列是一种广泛应用的数据结构，凡是具有"先进先出"特性的问题，都可以使用队列来表示处理的数据。本节介绍两个经典实例：第一个实例为迷宫问题，采用了广度搜索算法实现；第二个实例为模拟就诊过程，病人排队看病，医生根据排队的次序看病，采用先来先看的规则。

## 3.8.1 迷宫问题

### 1. 问题描述

迷宫实验是取自心理学的一个古典实验。在该实验中，把一只老鼠从一个无顶大盒子的门放入，在盒中设置了许多墙，对行进方向形成了多处阻挡。盒子仅有一个出口，在出口处放置一块奶酪，吸引老鼠在迷宫中寻找道路以到达出口。对同一只老鼠重复进行上述实验，一直到老鼠从入口到出口，而不走错一步。老鼠经多次试验终于得到它学习走迷宫的路线。这就是著名的迷宫问题（Mazing Problem）。

简单地说，迷宫问题就是在给定的迷宫中找出一条从入口到出口的路径。

### 2. 数据结构分析

用矩阵 maze 表示迷宫，元素值为 0 表示可以通过，元素值为 1 表示不能通过。为了处理方便，在迷宫四周填满 1（用黑方块表示），假设入口为 maze[1][1]，出口为 maze[M-2][N-2]，这里用宏定义，迷宫包括围墙的行 M 和列 N，通过计算可以得出出口地址为行下标为 M-2，列下标为 N-2。定义如下：

```
#define M 8
#define N 10
int maze[M][N];
int m=M-2,n=N-2;
```

为了记录搜索过程中到达的位置和它的前一个结点称为出发点，建立一个顺序队列用结构体数组 sq 表示。数组的每个元素包括三个域为 x、y、pre，其中 x 是到达位置的行下标，y 是到达位置的列下标，pre 是它出发点的位置，即出发点在队列数组的位置，规定入口即起点的 pre 值为-1。定义如下：

```
typedef struct
{
  int x,y;
  int pre;
}sqtype;
sqtype sq[R];
int front=0,tail=-1;
```

从出发点开始找到下一个到达的位置，需要对它的 8 个方向按顺时针方向分别试探，当没有访问过，并且是可通路可到达的，就把这个方向的 (x，y，pre)进队列，这 8 个方向从正北方向按顺时针顺序编号分别为 0、1、2、3、4、5、6、7。图 3.22 列出了从迷宫位置(x,y)到各相邻位置的行和列的增量变化情况。用结构体数组 move 存储待走八个方向的位置增量变化值。定义如下：

```
struct moved
```

```
{
    int a;
    int b;
}move[8];
```

为了避免将已经到达过的位置作为新的位置到达而作重复移动，设置一个 mark 数组，其大小和 maze 一样，mark 元素为 0 表示 maze 的位置没有到达，一旦到达某个位置则把 mark 对应元素值置为 1。

```
int mark[M][N];
```

### 3. 实体模拟

设迷宫包括围墙的数据状态如图 3.23 所示。迷宫的起点为（1,1,-1）(起点的 pre=-1，无前结点)，向四周 8 个方向搜索可通行的位置，并把它们分别入队列，使之形成新一层的出发点，然后对该层中的每个位置再分别对四周 8 个方向搜索可通行的位置，形成再下一层的出发点，如此进行下去，一直到迷宫的出口点（m,n）位置。其实找迷宫路径的这种方法称为广度搜索算法。图 8.3 的遍历会详细介绍广度搜索算法。

| $(x-1, y-1)$ ⑦ | $(x-1, y)$ ⓪ | $(x-1, y+1)$ ① |
|:---:|:---:|:---:|
| $(x, y-1)$ ⑥ | $(x, y)$ | $(x, y+1)$ ② |
| $(x+1, y-1)$ ⑤ | $(x+1, y)$ ④ | $(x+1, y+1)$ ③ |

图 3.22　位置（x,y）到各相邻位置的行和列增量变化

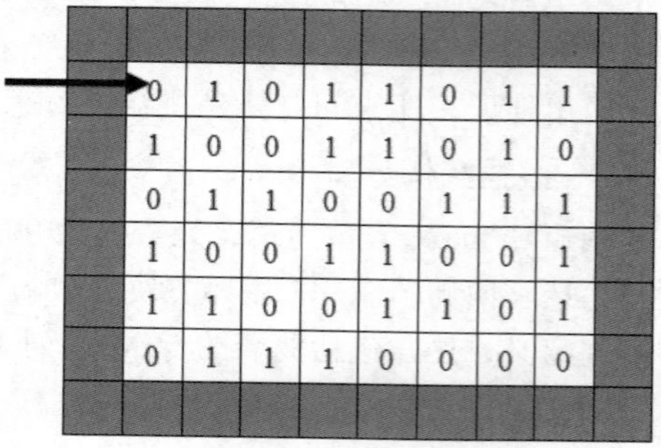

图 3.23　迷宫状态

根据上述规则，出发点为 sq[0]={1,1,-1}，mark[1][1]=1，该结点有三个方向 move[2]、move[3]、move[4] 可选择，这三个方向的 mark 和 maze 的值分别为 mark[1][2]=0，mark[2][2]=0，mark[2][1]=0 和 maze[1][2]=1，maze[2][2]=0，maze[2][1]=1，然后将 sq[1]中的（2,2）作为出发点找下一个符合要求的位置，该结点有 8 个方向，这 8 个方向的 mark 元素的值分别是 mark[1][2]=0，mark[1][3]=0，mark[2][3]=0，mark[3][3]=0，mark[3][2]=0，mark[3][1]=0，mark[2][1]=0，mark[1][1]=1，maze 元素的值分别是 maze[1][2]=1，maze[1][3]=0，maze[2][3]=0，maze[3][3]=1，maze[3][2]=1，maze[3][1]=0，maze[2][1]=1，maze[1][1]=0。因此，可以通过（maze 元素的值为 0）且没到达（mark 元素的值为 0）的位置有 maze[1][3]，maze[2][3]，maze[3][1]，此时将这 3 个元素 maze[1][3]、maze[2][3]、maze[3][1]（前一结点都是 sq[1]）放入队列 sq[2]={1,3,1}、sq[3]={2,3,1}、sq[4]={3,1,1}，同时置 mark[1][3]=1、mark[2][3]=1、mark[3][1]=1。依此类推，继续把 sq[2]中的结点（1，3）作为出发点找下一个符合要求的位置。最终可以得到队列的状态如图 3.24 所示。

| r: | 0 | 1 | 2 | 3 | 4 | 5 | 6 | 7 | 8 | 9 | 10 | 11 | 12 | 13 | 14 | 15 | 16 | 17 |
|:---|:---:|:---:|:---:|:---:|:---:|:---:|:---:|:---:|:---:|:---:|:---:|:---:|:---:|:---:|:---:|:---:|:---:|:---:|
| x: | 1 | 2 | 1 | 2 | 3 | 3 | 4 | 3 | 4 | 5 | 2 | 4 | 5 | 1 | 4 | 5 | 6 | 6 |
| y: | 1 | 2 | 3 | 3 | 3 | 1 | 2 | 4 | 4 | 3 | 4 | 6 | 7 | 7 | 5 | 8 |  |  |
| pre: | -1 | 0 | 1 | 1 | 1 | 3 | 4 | 5 | 5 | 6 | 7 | 7 | 8 | 10 | 11 | 11 | 12 | 15 |

图 3.24　sq 队列的最终结果

根据搜索队列中的 pre 变化情况，回推得到迷宫路径。出口结点为第 17 个结点(6，8)，(6，8)的前一个结点是第 15 个结点(5，7)，(5，7)的前一个结点是第 11 个结点(4，6)，(4，6) 的前一个结点是第 7 个结点(3，5)，(3，5) 的前一个结点是第 5 个结点(3，4)，(3，4) 的前一个结点是第 3 个结点(2，3)，(2，3) 的前一个结点是第 1 个结点(2，2)，(2，2) 的前一个结点是第 0 个结点(1，1)即出口。因此，从入口到出口的得出的路径序列为：

$$(1，1)->(2，2)->(2，3)->(3，4)->(3，5)->(4，6)->(5，7)->(6，8)$$

### 4．算法实现

```c
#define R  48
#define M  8
#define N  10
#include "stdio.h"
int m=M-2,n=N-2;
typedef struct
{
    int x;
    int y;
    int pre;
}sqtype;
sqtype sq[R];
int front=0,tail=-1;
struct moved
{
    int a;
    int b;
    }move[8];
int maze[M][N];
void path(int maze[][N])
{
    int i,j,k,v,front,rear,x,y;
    int mark[M][N];
    for(i=0;i<M;i++)                          /*置 mark 数组中的每个元素为 0*/
      for(j=0;j<N;j++)
        mark[i][j]=0;
    /*给出 8 个方向的行增量和列增量*/
    move[0].a=-1;move[0].b=0;
    move[1].a=-1;move[1].b=1;
    move[2].a=0; move[2].b=1;
    move[3].a=1; move[3].b=1;
    move[4].a=1; move[4].b=0;
    move[5].a=1; move[5].b=-1;
    move[6].a=0; move[6].b=-1;
    move[7].a=-1;move[7].b=-1;
/*把入口元素进队列，pre 为它出发点在数组中的下标，这里为入口元素，前面没有出发点因此
  把它赋值为-1*/
  sq[0].x=1;
  sq[0].y=1;
  sq[0].pre=-1;
```

```
        front=0;
        rear=0;
        mark[1][1]=1;
    while(front<=rear)                      /*队列不为空时循环*/
    {
        x=sq[front].x;      /*x,y分别赋值为出发点的坐标，front为出发点的位置*/
        y=sq[front].y;
        for(v=0;v<8;v++)                        /*从出发点的8个方向分别试探*/
        {
            i=x+move[v].a;
            j=y+move[v].b;
            /*当该元素是可到达的，并且没有访问过，进队*/
            if(maze[i][j]==0&&mark[i][j]==0)
            {
                rear++;
                sq[rear].x=i;
                sq[rear].y=j;
                sq[rear].pre=front;
                mark[i][j]=1;
            }
            if(i==m&&j==n)                      /*当到达出口地址时，输出路径*/
            {
                printf("\n走出迷宫的路径为:\n");
                k=rear;
                while(k!=-1)
                {
                    if(k==0)
                    {
                        printf("(%d,%d)",sq[k],x,sq[k].y);
                        k=sq[k].pre;
                    }
                    else
                    {
                        printf("(%d,%d)<-",sq[k].x,sq[k].y);
                        k=sq[k].pre;
                    }
                }

            printf("\n");
                return;
            }
        }
        front++;
    }
printf("这里没有路径!\n");
printf("\n");
return;
}
```

**5．源程序及运行结果**

源程序代码：

```
/*此处插入 4 中的算法*/
int main()
{
    int i,j;
    for(i=0;i<10;i++)                 /*最外两行赋值为 1*/
    {
        maze[0][i]=1;
        maze[7][i]=1;
    }
    for(i=0;i<8;i++)                  /*最外两列赋值为 1*/
    {
        maze[i][0]=1;
        maze[i][9]=1;
    }
    printf("请输入相应数值: \n");
    for(i=1;i<7;i++)                  /*给迷宫内（不包括围墙）的元素赋值*/
    for(j=1;j<9;j++)
        scanf("%d",&maze[i][j]);
    printf("\n");
    printf("输出的整个迷宫图: \n");
    for(i=0;i<8;i++)                  /*输出迷宫内的所有元素的值，包括最外层的围墙*/
    {
        for(j=0;j<10;j++)
        printf("%d ",maze[i][j]);
        printf("\n");
    }
    path(maze);                       /*调用求路径函数*/
    return 0;
}
```

程序运行结果如图 3.25 所示。

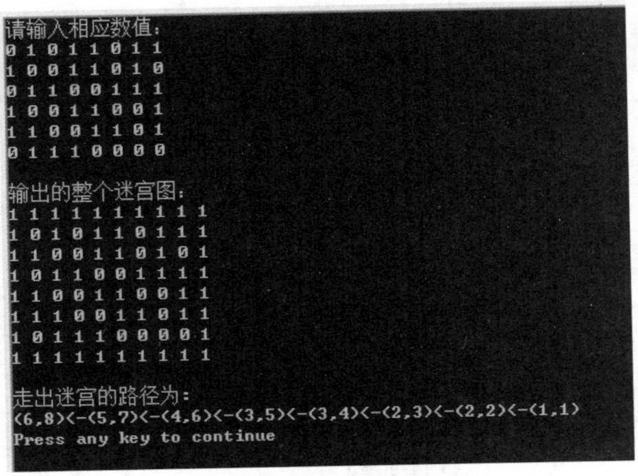

图 3.25　迷宫问题运行结果

### 3.8.2 模拟就诊过程

#### 1. 问题描述

患者在到达医院看病过程中，主要会遇到以下事情：

① 排队。病人到达就诊室，将病历交给护士，护士输入排队病人的病历号，先检查将要排队病人的病历号是否已经在等候队列中，若在，则病历号重复，不能完成排队功能，需重新输入；若不在，将其入队排到等待队列中。

② 就诊。护士从等待队列中取出队列中最前面的病人就诊，并将其从队列中删除。

③ 查看排队。从队首到队尾列出所有的排队病人的病历号。

④ 下班。退出运行。

此问题中，患者排队称为入队操作，就诊称为出队操作。利用队列"先进先出"的特点模拟患者到医院看病的全过程。

#### 2. 数据结构分析

（1）链队结点的类型定义

```
typedef struct qnode
{
    int data;
    struct qnode *next;
} QNode;
```

（2）带表头结点的队列链式结构初始状态定义

带表头结点的队列链式结构初始状态定义如图 3.26 所示。

#### 3. 实体模拟

设有编号为 1、2、3 的 3 个患者依次排队，然后依次就诊的过程如图 3.27 所示。

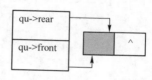

图 3.26 链队的整体结构

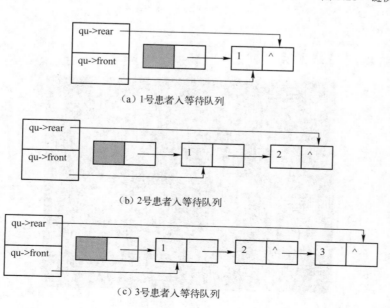

（a）1号患者入等待队列

（b）2号患者入等待队列

（c）3号患者入等待队列

图 3.27 就诊过程

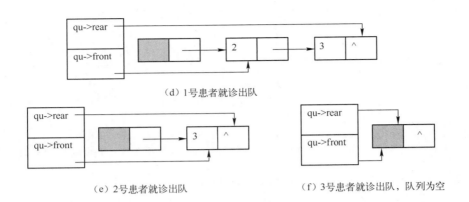

（d）1号患者就诊出队

（e）2号患者就诊出队　　　　　　　　　　（f）3号患者就诊出队，队列为空

图 3.27　就诊过程（续）

### 4. 算法实现

```c
#include <stdio.h>
#include <stdlib.h>
typedef struct qnode
{
    int data;
    struct qnode *next;
}QNode;                                      /*链队结点类型*/
typedef struct
{
    QNode *front,*rear;
}QuType;                                     /*链队类型*/

void seeDoctor()
{
    /*flag 的初始值为1，下班退出系统，则将其置为0，从而结束*/
    int sel,flag=1,find,no;
    QuType *qu;
    QNode *p ,*head;
    qu=(QuType*)malloc(sizeof(QuType));      /*创建队列*/
    head=(QNode*)malloc(sizeof(QNode));      /*创建头结点*/
    qu->front=head;
    qu->rear=head;
    qu->front->next=NULL;                    /*队列为空*/
    while(flag==1)                           /*循环执行*/
    { printf("\n\t1:排队\n\t 2:就诊\n\t 3:查看排队\n\t 4:下班 (余下排队病人明天
就医)\n 请选择序号:");
      scanf("%d",&sel);
      switch(sel)
      { case 1: printf("请输入病人编号: ");  /*模拟排队*/
            do
            {
                scanf("%d",&no);
                find=0;                      /*编号是否重复标志*/
                p=qu->front;
```

```
            while(p!=NULL&&!find)              /*在现有队列中查找是否有此编号*/
            {
                if(p->data==no)
                    find=1;
                else
                    p=p->next;
            }
            if(find)
                printf("输入的病人编号重复,请重新输入:");
        }while(find==1);              /*直到输入一个不在队列中的病号才结束循环环*/

        p=(QNode*)malloc(sizeof(QNode));      /*创建结点*/
        p->data=no;p->next=NULL;
        qu->rear->next=p;qu->rear=p;          /*将*p 结点入队*/
        break;
    case 2:if(qu->front->next==NULL)          /*队空*/
            printf("没有排队的病人!\n");
        else                                  /*队不空,模拟就诊*/
        {
            p=qu->front->next;
            printf("编号为%d 的病人就诊\n",p->data);
            qu->front->next=p->next;          /*出队*/
            if(qu->rear==p) qu->rear=head;    /*如果排队病人只有 1 个*/
            free(p);
        }
        break;
    case 3:if(qu->front->next==NULL)          /*队空*/
        printf("没有排队的病人!\n");
        else{                                 /*队不空,模拟查看排队*/
            p=qu->front->next;
            printf("排队病人为:");
            while(p!=NULL)
            {   printf("%d ",p->data);
                p=p->next;}
            printf("\n");
        }
        break;
    case 4:if(qu->front->next!=NULL)          /*队不空,模拟下班*/
            printf("请排队的病人明天就医!\n");
        flag=0;                               /*退出*/
        break;
    }
  }
}
```

## 5. 源程序及运行结果

源程序代码:

```
/*此处插入 4 中的算法*/
int main()
{
    seeDoctor();
```

```
    return 0;
}
```
程序运行结果如图 3.28 所示。

（a）模拟排队过程

（b）模拟就诊过程

（c）模拟就诊其他过程

图 3.28　模拟就诊过程程序运行结果

# 小　结

本章介绍了栈和队列的数据结构，包括栈和队列的基本概念和基本运算以及在顺序存储结构和链式存储结构下运算的实现。最后，通过数制转换问题和表达式求值问题，介绍了栈在实际生活中的应用；通过迷宫问题和模拟就诊过程，介绍了队列在实际生活中的应用。

# 知 识 巩 固

**一、填空题**

1. 栈是一种_____线性表，只能在_____插入和删除元素。

2. 栈中元素的进出原则是_____。

3. 从供选择的答案中，选出应填入下面叙述中最确切的选项，把相应编号写在对应的括号内。在进行进栈运算时，应先判别栈是否＿＿＿（1）＿＿＿；在进行退栈运算时，应先判别栈是否＿＿＿（2）＿＿＿。当栈中元素为 $n$ 个，进行进栈运算时发生上溢，则说明该栈的最大容量为＿＿＿（3）＿＿＿。

供选择的答案：

（1）① 空　　　② 满　　　③ 上溢　　　④ 下溢

（2）① 空　　　② 满　　　③ 上溢　　　④ 下溢

（3）① $n-1$　　② $n$　　　③ $n+1$　　　④ $n/2$

4. 设输入序列为 1、2、3，则经过栈的作用后可以得到_____种不同的输出序列。

5. 后缀算式 9 2 3 +- 10 2 / -的值为_____。

6. 中缀算式 3+(4–2)/3 对应的后缀算式为_____。

7. 栈顶的位置是随着_____操作而变化的。

8. 队列只能在_____插入和_____删除元素。

9. 队列中元素的进出原则是_____。

10. 从供选择的答案中，选出应填入下面叙述中的最确切的解答，把相应编号写在相应的空格内。

设有 4 个数据元素 a1、a2、a3 和 a4，对它们分别进行栈操作或队操作。在进栈或进队操作时，按 a1、a2、a3、a4 次序每次进入一个元素。假设栈或队的初始状态都为空。现要进行的栈操作是进栈两次，出栈一次，再进栈两次，出栈一次；这时，第一次出栈得到的元素是_____（1）_____，第二次出栈得到的元素是_____（2）_____；类似地，考虑对这 4 个数据元素进行的队操作是进队两次，出队一次，再进队两次，出队一次；这时，第一次出队得到的元素是_____（3）_____，第二次出队得到的元素是_____（4）_____。经操作后，最后在栈中或队中的元素还有_____（5）_____个。

供选择的答案：

（1）① a1　② a2　③ a3　④ a4

（2）① a1　② a2　③ a3　④ a4

（3）① a1　② a2　③ a3　④ a4

（4）① a1　② a2　③ a3　④ a4

（5）① 1　② 2　③ 3　④ 0

11. 从循环队列中删除一个元素时，队头指针指向队头元素在数组实际位置的前一位置，队尾指针指向队尾元素在数组中的实际位置。其操作是先_____，后_____。

**二、选择题**

1. 一个栈的进栈序列是 a、b、c、d、e，则栈的不可能的输出序列是（　　　）。

　　A. edcba　　　　　　B. decba　　　　　　C. dceab　　　　　　D. abcde

2. 若已知一个栈的进栈序列是 1, 2, 3, …, n，其输出序列为 $p_1, p_2, p_3, …, p_n$，若 $p_1 = n$，则 $p_i$ 为（　　　）。

　　A. $i$　　　　　　　B. $n–i$　　　　　　C. $n–i+1$　　　　　D. 不确定

3. 向一个栈顶指针为 h 的带头结点的链栈中插入指针 s 所指的结点时，应执行（　　　）操作。

　　A. h->next=s;　　　　　　　　　　　B. s->next=h;

　　C. s->next=h;h =s;　　　　　　　　 D. s->next=h->next;h->next=s;

4. 输入序列为 ABC，可以变为 CBA 时，经过的栈操作为（　　　）。

　　A. push，pop，push，pop，push，pop

　　B. push，push，push，pop，pop，pop

　　C. push，push，pop，pop，push，pop

　　D. push，pop，push，push，pop，pop

5. 设用链表作为栈的存储结构，则退栈操作（　　　）。

　　A. 必须判别栈是否为满　　　　　　　B. 必须判别栈是否为空

　　　C．必须判别栈元素的类型　　　　　　　　D．对栈不需要进行任何判别

6．一个栈的输入序列为 1 2 3，则下列序列中不可能是栈的输出序列的是（　　　）。

　　　A．2 3 1　　　　　　B．3 2 1　　　　　　C．3 1 2　　　　　　D．1 2 3

7．栈的插入和删除操作在（　　　）进行。

　　　A．栈顶　　　　　　B．栈底　　　　　　C．任意位置　　　　　D．指定位置

8．链栈与顺序栈相比，有一个比较明显的优点即（　　　）。

　　　A．插入操作更方便　　　　　　　　　　B．通常不会出现栈满的情况

　　　C．不会出现栈空的情况　　　　　　　　D．删除操作更方便

9．中缀表达式 A−(B+C/D)*E 的后缀形式是（　　　）。

　　　A．AB−C+D/E*　　　　　　　　　　B．ABC+D/−E*

　　　C．ABCD/E*+−　　　　　　　　　　D．ABCD/+E*−

10．假设顺序栈的定义为：

```
typedef struct{
    selemtype *base;        /*栈底指针*/
    selemtype *top;         /*栈顶指针*/
    int stacksize;          /*当前已分配的存储空间,以元素为单位*/
}sqstack;
```

　　　变量 st 的类型为 sqstack，则栈 st 为空的判断条件为（　　　）。

　　　A．st.base == NULL　　　　　　　　　B．st.top == st.stacksize

　　　C．st.top−st.base>= st.stacksize　　　D．st.top == st.base

11．栈和队列的共同点是（　　　）。

　　　A．都是先进后出　　　　　　　　　　B．都是先进先出

　　　C．只允许在端点处插入和删除元素　　D．没有共同点

12．队列的"先进先出"特性是指（　　　）。

　　　A．最早插入队列中的元素总是最后被删除

　　　B．当同时进行插入、删除操作时，总是插入操作优先

　　　C．每当有删除操作时，总是要先做一次插入操作

　　　D．每次从队列中删除的总是最早插入的元素

13．以下（　　　）不是队列的基本运算。

　　　A．从队尾插入一个新元素　　　　　　B．从队列中删除第 i 个元素

　　　C．判断一个队列是否为空　　　　　　D．读取队头元素的值

14．一个队列的入队序列是 1、2、3、4，则队列的输出序列是（　　　）。

　　　A．4，3，2，1　　　　　　　　　　B．1，2，3，4

　　　C．1，4，3，2　　　　　　　　　　D．3，2，4，1

15．对于循环队列（　　　）。

　　　A．无法判断队列是否为空　　　　　　B．无法判断队列是否为满

　　　C．队列不可能满　　　　　　　　　　D．以上说法都不对

16．若用一个大小为 6 的数组实现循环队列，且当前 front 和 rear 的值分别为 3 和 0，当从队列中删除一个元素，再加入两个元素后，front 和 rear 的值分别为（　　　）。

　　　A．1 和 5　　　　　　B．2 和 4　　　　　　C．4 和 2　　　　　　D．5 和 1

17. 设顺序循环队列 Q[M]的头指针和尾指针分别为 F 和 R，头指针 F 总是指向队头元素的前一位置，尾指针 R 总是指向队尾元素的当前位置，则该循环队列中的元素个数为（　　　）。

　　A. R-F　　　　　　B. F-R　　　　　　C. (R-F+M)%M　　　　D. (F-R+M) %M

18. 循环队列 A[0…m−1]存放其元素，用 front 和 rear 分别表示队头和队尾，则循环队列满的条件是（　　　）。

　　A. (Q.rear+1)%m==Q.front　　　　　　B. Q.rear==Q.front+1

　　C. Q.rear+1==Q.front　　　　　　　　D. Q.rear==Q.front

19. 解决计算机主机和打印机之间速度不匹配问题时通常设置一个打印数据缓冲区，主机将要输出的数据依次写入该缓冲区，而打印机则从该缓冲区中取出数据打印。该缓冲区应该是一个（　　　）结构。

　　A. 栈　　　　　　B. 队列　　　　　　C. 线性表　　　　　　D. 数组

### 三、简答题

1. 假如有 4 个元素 A、B、C、D 依次入栈，试写出所有可能的出栈序列。

2. 请写出中缀表达式转后缀表达式的步骤。

3. 若栈采用顺序存储结构，则都存在"溢出"问题，请说明何谓"溢出"。

4. 说明线性表、栈与队的异同点。

5. 设循环队列的顺序存储类型及变量定义如下：

```
#define  Max  100    /*队列的容量*/
typedef  struct  sq
{   int  data[Max];
    int  rear,len;
}sqQueue;
sqQueue  *Q;
```

试写出队空与队满条件，入队与出队算法。

6. 有人说，采用循环链表作为存储结构的队列就是循环队列，你认为这种说法正确吗？试说明理由。

7. 设循环队列的容量为 40（序号从 0 到 39），现经过一系列的入队和出队运算后，有①  front=11，rear=19；②  front=19，rear=11；问在这两种情况下，循环队列中各有多少个元素？

# 实 训 演 练

### 一、验证性实验

1. 假设实现栈的顺序存储的各种基本运算的算法（假设栈中元素类型为 int）在文件 SqStack.cpp 中，编写程序完成以下功能：

（1）初始化栈。

（2）将数据元素 5、9、8、3 依次入栈。

（3）输出栈顶元素。

（4）删除栈顶元素。

（5）判断栈是否为空。

2. 假设实现栈的链式存储的基本运算的算法（假设栈中元素类型为 int）在文件 LinkStack.cpp

中编写程序完成以下功能：

（1）将数据元素 5、9、8、3 依次入栈。

（2）删除链栈的第一个结点并输出。

3. 假设实现循环队列的顺序存储的各种基本运算的算法（假设队列中元素类型为 int）在文件 LsqQueue.cpp 中编写程序完成以下功能：

（1）初始化循环队列。

（2）将数据元素 5、9、8、3 依次入循环队列。

（3）输出循环队列队首元素。

（4）出循环队列并输出。

（5）判断循环队列是否为空。

4. 假设实现队列的链式存储的各种基本运算的算法（假设队列中元素类型为 int）在文件 LinkQueue.cpp 中，编写程序完成以下功能：

（1）初始化链式队列。

（2）将数据元素 5、9、8、3 依次入链式队列。

（3）输出队头结点。

（4）出队列并输出。

（5）判断队列是否为空。

## 二、设计性实验

1. 试设计一个算法判别一个字符串是否为"回文"。（所谓"回文"是指正读和反读都相同的字符序列，如 1234321 与 abccba）。

2. 设计一个程序，按升序对一个字符栈进行排序，即最小元素位于栈顶，最多只能使用一个额外的栈存放临时数据，并输出栈排序过程。

3. 假设有一个顺序存储的循环队列，试编一个算法，计算该队列中所含有的元素个数。

4. 假设以带头结点的循环链表表示队列，并且只设一个指针指向队尾元素结点（注意不设头指针），试编写相应的初始化队列、入队列和出队列算法。

5. 利用栈，将一个单链表倒置存储。

6. 从键盘上输入一批整数，然后按相反的次序打印出来。

## 三、综合性实验

1. 背包问题。假设有 $n$ 件质量为 $w_1$，$w_2$，…，$w_n$ 的物品和一个最多能装载总质量为 $T$ 的背包，能否从这 $n$ 件物品中选择若干件物品装入背包，使得被选物品的总质量恰好等于背包所能装载的最大质量，即 $w_{i1}+w_{i2}+…+w_{ik}=T$，若能，则背包问题有解，否则无解。

2. 停车场管理程序。假设停车场内只有一个可停放 $n$ 辆汽车的通道，且只有一个大门可供汽车进出。设计一个程序，实现以下功能：

（1）进停车场。若车场内已停满 $n$ 辆汽车，则后来的汽车只能在门外候车通道上，一旦有车开走，则排在通道上的第一辆车即可开入。

（2）出停车场。当停车场内某辆车要离开时，在它之后进入的车辆必须先退出停车场为它让路，待该辆车开出大门外，其他车辆再按原次序进入停车场。

（3）停车缴费。每辆停放在停车场的车在离开停车场时，必须按停留时间的长短缴纳费用。

# 第 **4** 章

在计算机数据处理中，非数值数据处理的对象绝大部分为字符串数据。例如，一个结构体类型包括姓名、地址等成员，这些成员的类型都是以字符串出现。串是一种特殊的线性表，它的每个元素仅由一个字符组成。在文字编辑、信息检索等方面，字符串处理有着广泛的应用。

本章讨论串的基本概念和运算，以及串的存储结构和串的运算。

| **本章重点** | ☑ 串的概念 |
| --- | --- |
| | ☑ 串的存储结构 |
| | ☑ 串的运算 |
| **本章难点** | ☑ 串的运算 |

## 4.1 串的概念与操作

随着非数值型数据的广泛应用，字符串已成为某些程序系统（如字符编辑、情报检索等系统）的处理对象。下面讨论字符串的基本概念和基本操作。

### 4.1.1 串的概念

字符串（简称串，String）是以字符为数据元素进行处理的一种数据结构，它由若干字符组成，并用双引号引起。一般记作：

$$S="a_0a_1\cdots a_{n-1}"。$$

其中，$S$ 是串名，$n$ 是串的长度。如果 $n$ 为零，则称此串为空串（Empty String），它不包含任何字符。用双引号括起来的字符序列是串的值。$a_i$（$0 \leqslant i \leqslant n-1$）可以是字母、数字和其他字符，如"abc"、"23ab"、" "等。

字符串中包含的字符个数称为串的长度。仅由一个或多个空格组成的串称为空格串（Blank String）。一个串中的任意一个连续的子序列为该串的子串，子串的第一个字符在串中的位置称为子串在串中的起始位置。例如，字符串"124abc"和"ab"，"124abc"由 6 个字符'1'、'2'、'4'、'a'、'b'、'c'组成，该字符串"124abc"的长度为 6。字符串"ab"是它的一个子串，它在"124abc"中的位置为 3。

串由字符构成，但串与字符有着本质的区别。任何一个字符串都有一个结束标记'\0'，并且存储时结束标记也占一个存储单元。例如，"A"和'A'，"A"为字符串，存储时占两个存储单元；'A'为一个字符，存储时占一个存储单元。

串的抽象数据类型描述如下:

```
ADT String
{    数据对象:
          D={a_i | 1≤i≤n,n≥0, a_i 为定义的数据元素}
     数据关系:
          R={< a_i, a_{i+1}> | a_i、a_{i+1}∈D, i=1,2,3,…,n-1}
     基本运算:
          StrLen(s): 求串 s 中所包含字符的长度。
          StrAssign(s_1,s_2): 将串 s_2 的值赋给 s_1。
          StrCat(s_1,s_2,s) 或 StrConcat (s_1,s_2):   将串 s_1 与 s_2 进行连接操作, 得到新串。
          SubStr(s,i,len): 求串 s 中第 i 个位置开始连续 len 个字符组成的子串。
          StrCmp(s_1,s_2): 将串 s_1 和 s_2 比较, 判断是否相等。返回第一个不等字符对应的 ASCII
的差值。相等则返回 0。
          StrIndex(s,t): 找出子串 t 在 s 中第一次出现的位置。
          StrInsert(s,i,t): 将串 t 插入 s 中的第 i 个位置, 并返回新串。
          StrDelete(s,i,len): 将串 s 中从 i 个字符开始删除 len 个字符, 并返回新串。
          StrRep(s,t,r): 用串 r 替换串 s 中出现的所有与串 t 相等的不重叠的子串。
}
```

## 4.1.2　串的操作

串的基本操作有很多种,如求串长、串赋值、串连接、求子串和串比较 5 个操作是基本操作, 不能用其他的操作合成, 因此, 通常将这 5 个基本操作称为最小操作集。下面介绍常用的操作及含义。

### 1. 求串长 StrLen (s)

功能:求串 s 所包含的字符个数。

### 2. 串赋值 StrAssign(&s_1,s_2)

功能:将 s_2 的串值赋值给 s_1, s_1 原来的值被覆盖。

### 3. 连接操作 StrCat (&s_1,s_2)

将串 s_2 连接在 s_1 的后面, 形成一个新串。

### 4. 求子串 StrSub (s,i,j)

功能:返回从串 s 的第 i 个字符开始长度为 j 的子串。当 j=0 时结果是空串。

### 5. 串比较 StrCmp(s_1,s_2)

功能:比较串 s_1 和 s_2 的大小。若 s_1==s_2, 返回值为 0; 若不相等, 返回第一个不相等字符的 ASCII 码差值 ( 若 s_1<s_2, 返回值<0; 若 s_1>s_2, 返回值>0 )。

### 6. 子串定位 StrIndex(s,t)

功能:找子串 t 在主串 s 中首次出现的位置。若 t 在 s 中, 则返回 t 在 s 中首次出现的位置, 否则返回错误。

### 7. 串插入 StrIns (&s,i,t)

功能:将串 t 插入到串 s 的第 i 个位置上。

### 8. 串删除 StrDel (&s,i,len)

功能:删除串 s 中从第 i 个字符开始长度为 len 的子串。

**9. 串替换 StrRep(&s,t,r)**

功能：用串 r 替换串 s 中出现的所有与串 t 相等的不重叠的子串。

# 4.2 串的顺序存储结构及其基本运算的实现

串的存储结构常用的有顺序存储结构和链式存储结构。串的顺序存储结构与线性表的顺序存储结构类似，用一组连续的存储单元依次存储串中的字符。下面讨论串的顺序存储结构及其基本运算的实现。

## 4.2.1 串的顺序存储结构

采用顺序存储结构的串称为顺序串，又称定长顺序串。它是把组成该串的字符按照次序依次存放在一组地址连续的存储单元中，每个字符占用一个存储单元。一般用数组来表示顺序串。这种结构表示的串比较容易实现串的各种运算和操作，尤其是串的比较和复制。

设有字符串"aedfhi"，存放在数组 a[7] 中，这个数组中的元素分别为字符'a'、'e'、'd'、'f'、'h'、'i'，在存储单元中的表示如图 4.1 所示。（每一格表示一个存储单元，引号不存储）

| a | e | d | f | h | i | \0 |

图 4.1 顺序串

在 C/C++语言中，串的数据类型定义如下：

```
#define MaxSize  100                    /*串的最大长度*/
typedef struct{
    char  data[MaxSize];               /*存放串中数据元素的一维数组*/
    int length;                        /*存放串的当前长度*/
} SqString;
```

## 4.2.2 顺序串基本运算的实现

在顺序存储结构中，串的基本运算如下：

**1. 求串的长度 StrLen(s)**

该运算的功能是返回串 s 所包含字符的个数。算法如下：

```
int StrLen(SqString  s)
{
    int i=0;
    int count=0;
    while(s.data[i++]!='\0')
        count++;
    return(count);
}
```

**2. 串的连接 StrCat(&s1,s2)**

该运算的功能是将 s2 连接在 s1 后面形成一个新串。算法如下：

```
SqString StrCat(SqString s1,SqString  s2)
{
```

```
    int i;
    SqString s;
    s.length=s1.length+s2.length;
    for(i=0;i<s1.length;i++)
        s.data[i]=s1.data[i];
    for(i=0;i<=s2.length;i++)               /*从 s1 尾部开始插入 s2*/
        s.data[s1.length+i]=s2.data[i];
    return s;
}
```

### 3. 求子串 StrSub( s,i,j)

该运算的功能是返回从 s 的第 i 个字符开始取长度为 j 的子串。算法如下：

```
SqString StrSub(SqString s,int i,int j)
{
    int k;
    SqString ss;
    ss.length=0;
    if(i<0||i>=s.length)                    /*参数 i 不正确返回空串*/
        return ss;
    if(j<=0||i+j-1>s.length)                /*参数 j 不正确返回空串*/
        return ss;
    for(k=i;k<i+j;k++)                       /*从 i 开始取长度为 j 的子串存入 ss*/
        ss.data[k-i]=s.data[k];
    ss.length=j;
    return ss;
}
```

### 4. 串的比较 StrCmp( s1,s2)

该运算的功能是比较串 s1 和 s2 的大小，当 s1>s2 时，返回值大于 0；当 s1<s2 时，返回值小于 0；当 s1=s2，返回值等于 0。算法如下：

```
int StrCmp(SqString s1,SqString s2)
{
    int i;
    for(i=0;i<s1.length&&i<s2.length;i++)  /*返回第一个不相等字符的 ASCII 码差值*/
        if(s1.data[i]!=s2.data[i]) return (s1.data[i]-s2.data[i]);
    return(s1.data[i]-s2.data[i]);
}
```

### 5. 插入子串 StrIns(&s1,s2,i)

该运算的功能是在串 s1 第 i 个位置插入串 s2，从而形成一个新串。算法如下：

```
SqString StrIns(SqString s1,SqString s2,int i)
{
    int k;
    SqString s;
    s.length=0;
    if((i<0||i>s1.length)||(s1.length+s2.length>MaxSize))
    /*如果位置小于 0 或大于 s1 的总长或两串长度和大于总存储容量，返回空串*/
        return s;
    for(k=0;k<i;k++)                         /*s1 的前 i 个字符放入 s 中*/
        s.data[k]=s1.data[k];
    for(k=0;k<s2.length;k++)                 /*把 s2 放入到 s 中*/
```

```
            s.data[i+k]=s2.data[k];
        for(k=i;k<s1.length;k++)        /*将 s1 中余下的字符放入 s 中*/
            s.data[s2.length+k]=s1.data[k];
        s.length=s1.length+s2.length;
        return s;
}
```

### 6. 删除子串 StrDel(s,i,j)

该运算的功能是从第 i 个位置开始删除长度为 j 的子串后得到一个新串。算法如下：

```
SqString  StrDel(SqString  s,int i,int j)
{
    int k;
    SqString ss;
    ss.length=0;
    if(i<0||i>s.length-1)            /*如果位置不在串内，情况异常，返回空串*/
        return ss;
    for(k=0;k<i;k++)                 /*s 的前 i 个字符放入 s 中*/
        ss.data[k]=s.data[k];
    for(k=i+j;k<s.length;k++,i++)    /*将 s 中 s.length-(i+j)个字符放入 s 中*/
        ss.data[i]=s.data[k];
    ss.length=s.length-j;
    return ss;
}
```

## 4.2.3 常用的字符串处理函数

C/C++语言提供了非常丰富的串处理函数,这些库函数中涉及的串一般都采用顺序存储结构,且可以供用户直接调用。当程序中有相应的功能需要实现时, 可以调用串处理函数,这样可以缩短源程序的长度和提高函数的重用性。调用串处理函数时, 需要在程序开头写上预处理命令 #include <string.h>。下面具体介绍常用的字符串处理函数。

### 1. strcpy()函数

该函数的功能是实现字符串间的赋值和复制, 格式为 strcpy(s1, s2), 即把串 s2 的值复制给串 s1, 其中 s1, s2 分别用来表示存放字符串的数组名或指向字符串的指针。若需要复制 s2 中的 n 个字符到 s1, 则可以使用函数 strncpy( ), 格式为 strncpy(s1, s2, n), s1、s2 表示的含义与前面一样, n 表示要复制的字符个数。函数返回值为第一个串的起始位置。设有 s1="abcdef", s2="12345i", 则执行完 strcpy(s1, s2)后, s1="12345i"。

### 2. strlen()函数

该函数的功能是求串的长度, 格式为 strlen(s), 即求串 s 的长度, 其中 s 用来表示存放字符串的数组名或指向字符串的指针。函数返回值为该串中第一个结束标记前的字符个数。设有 s="abcdef", 则执行完 strlen(s)后, 结果为 6。如果 s="123\045i", 则执行完 strlen(s)后, 结果为 5。

### 3. strcmp()函数

该函数的功能是实现两个字符串的比较, 格式为 strcmp(s1,s2), 即比较串 s1 和串 s2 的大小, 其中 s1、s2 分别用来表示存放字符串的数组名或指向字符串的指针。

该函数执行过程是依次比较对应的字符, 直到遇到第一个不相等的字符结束。函数返回值是第一个不相等的字符所对应的 ASCII 码的差值。若 s1 与 s2 中的字符依次对应相等, 则函数返回值为零，表示 s1 等于 s2；若差值大于 0，则表示 s1 大于 s2；若差值小于 0，则表示 s1 小于 s2。用公式表示如下：

$$\text{strcmp}(s1，s2) \begin{cases} >0 & ，表示 s1 大于 s2 \\ =0 & ，表示 s1 等于 s2 \\ <0 & ，表示 s1 小于 s2 \end{cases}$$

若要比较两个字符串的前 n 个字符是否相等，则使用函数 strncmp( )，格式为 strncmp(s1，s2，n)，s1、s2、n 的含义和比较过程以及函数返回值同前。设有 $s_1$="abcdef"，$s_2$="abcdfe"，则执行完 strcmp(s1，s2)后，结果为–1。因为第一个不等的字符'e'的 ASCII 码比'f'的小 1，所以结果为–1。

### 4．strcat( )函数

该函数的功能是实现两个串的连接，格式为 strcat(s1，s2)，即把串 s2 连接到串 s1 的末尾，其中 s1、s2 分别用来表示存放字符串的数组名或指向字符串的指针。如果需要把 s2 中的 n 个字符连接到 s1 的末尾，则可以使用函数 strncat( )，格式为 strncat(s1，s2，n)，s1、s2 表示的含义与前面一样，n 表示要连接的字符个数。函数返回值为第一个串的起始位置。设有 s1="abcdef"，s2="12345i"，则执行完 strcat(s1，s2)后，s1="abcdef12345i"。

### 5．strupr( )函数

该函数的功能是将串中所有小写字母转换为大写字母，格式为 strupr(s)，即把 s 中的所有小写字母转换为大写字母，其中 s 用来表示存放串的数组名或指向字符串的指针。函数返回值为串的起始位置。假设有 s="12abcDef"，则执行完 strupr(s)后，s="12ABCDEF"。

### 6．strlwr( )函数

该函数的功能是将串中所有大写字母转换为小写字母，格式为 strlwr(s)，即把 s 中的所有大写字母转换为小写字母，其中 s 用来表示存放串的数组名或指向字符串的指针。函数返回值为串的起始位置。设有 s="12aBcDef"，则执行完 strlwr(s)后，s="12abcdef"。

### 7．strchr( )函数

该函数的功能是查找一个字符第一次出现在串中的位置，格式为 strchr(s，ch)，即查找字符 ch 在串 s 中第一次出现的位置，其中 s 用来表示存放串的数组名或指向字符串的指针，ch 用来表示要查找的字符。函数返回值为字符第一次出现在串中的位置，如果不出现则返回空指针（NULL）。设有 s="12abacDef"，ch='a'，则执行完 strchr(s)后，结果为 2。

### 8．strstr( )函数

该函数的功能是查找一个串第一次出现在另一个串中的位置，格式为 strstr(s1，s2)，即查找串 s2 第一次出现在串 s1 中的位置，其中 s1、s2 分别用来表示存放串的数组名或指向串的指针。函数返回值为串 s2 第一次出现在串 s1 中的位置，如果不出现，则返回空指针（NULL）。设有 s1="abcdef"，s2="ab"，则执行完 strstr(s1，s2)后，结果为 0。

### 9．strrev( )函数

该函数的功能是除结束标记外，将串中所有其他字符顺序颠倒过来，即实现字符串的逆序，格式为 strrev(s)，其中 s 用来表示存放串的数组名或指向串的指针。函数返回值为新串的起始位置。设有 s="12abcDef"，则执行完 strrev(s)后，s="feDcba21"。

【例 4.1】设有一个顺序串 s，其字符仅由数字和小写字母组成。设计一个算法将 s 中所有数字字符放在前半部分，所有小写字母字符放在后半部分。

算法分析：根据问题描述，目标串前半部分是数字字符，后半部分是小写字母，因此，可以采取从左向右扫描非数字字符，从右往左扫描非小写字母字符，将扫描得到符合要求的字符之间进行交换，直到所有的字符都扫描结束。

数据组织：顺序串 s 的数据类型定义如下。

```
#define MaxSize  100                    /*串的最大长度*/
typedef struct{
    char  data[MaxSize];               /*存放串中数据元素的一维数组*/
    int length;                        /*存放串的当前长度*/
} SqString;
SqString  s;
```

算法实现：

```
void Move(SqString &s)                 /*s 为引用型参数*/
{   int tmp;
    int i=0,j=s.length-1;
    while (i<j)
    {  while (i<j && s.data[i]>='0' && s.data[i]<='9') /*从左向右找小写字母
                                                      s.data[i]*/
        i++;
       while (i<j && s.data[j]>='a' && s.data[j]<='z')  /*从右向左找数字字符
                                                      s.data[j] */
        j--;
       if (i<j)                        /*交换 s.data[i]和 s.data[j]*/
       {  tmp=s.data[i];
          s.data[i]=s.data[j];
          s.data[j]=tmp;
       }
    }
}
```

# 4.3　串的链式存储结构及其基本运算的实现

顺序串在进行插入和删除操作时需要移动大量的字符，因此，借助一个中间串作为中介串从而避免移动大量的字符。不管采用哪种方法，都存在效率不高或多开辟空间等问题。为了克服顺序串的不足，用单链表的方式存储串。链式存储结构便于插入和删除运算，克服了占用空间大而且操作复杂的缺点。下面讨论串的链式存储结构及其基本运算的实现。

## 4.3.1　串的链式存储结构

采用链式存储结构的串称为链串。由于串的特殊性——每个元素只包含一个字符，因此，每个结点可以存放一个字符或多个字符。

设有字符串"aedfhI"，用链表来表示，其中一种情形如图 4.2 所示。在这个链表中，每个结点包含两个字符。因此，每个结点需要 3 个存储单元，最后一个存储单元存放该结点的下一个结点的地址，如结点（1）中的（2）就表示结点（2）的起始地址，即结点（1）指向结点（2）；结点（2）中的（3）表示结点（3）的起始地址，即结点（2）指向（3）；结点（3）为整个链表的结束，因此，第三个存储单元中的值为 NULL（NULL 表示空指针）。

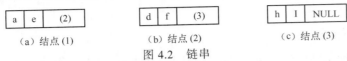

图 4.2　链串

图 4.2 中结点大小为 2，为了方便处理数据，规定链串结点大小为 1。因此，在 C/C++ 语言中链串的数据类型定义如下：

```
typedef struct Lnode
{
    char    data;           /*存放字符*/
    struct  Lnode *next;
}LString;
```

## 4.3.2　链串基本运算的实现

### 1. 求串长 Length(s)

该运算的功能是求链串 s 所包含字符的个数。算法如下：

```
int Length(LString *s)
{
    int i=0;
    LString *p=s->next;              /*此链表为带头结点的单链表*/
    while(p!=NULL)
    {i++;p=p->next;}
    return i;
}
```

### 2. 串连接 Concat(t, s1, s2)

该运算的功能是将串 s1 和串 s2 连接存入串 t，得到一个新串。算法如下：

```
void Concat(LString *&t, LString *s1, LString *s2)
{
    LString *p=s1->next,*q,*r;
    t=(LString *)malloc(sizeof(LString));   /*创建头结点*/
    r=t;
    while(p!=NULL)                    /*把s1中的每个结点依次采用尾插法插入到t*/
    {
        q=(LString *)malloc(sizeof(LString));
        q->data=p->data;
        r->next=q;
        r=q;
        p=p->next;
    }
    p=s2->next;
    while(p!=NULL)                    /*把s2每个结点依次尾插入到t中*/
    {
        q=(LString *)malloc(sizeof(LString));
        q->data=p->data;
        r->next=q;
        r=q;
        p=p->next;
```

```
    }
    r->next=NULL;
}
```

### 3. 求子串 Substr(s,pos, len)

该运算的功能是在串 s 的第 pos 个位置起取长度为 len 的子串。算法如下：

```
LString *Substr(LString *s,int pos,int len)
{
    int k;
    LString *str,*p=s->next,*q,*r;
    str=(LString *)malloc(sizeof(LString));
    r=str;
    if(pos<=0||pos>length(s)||len<0||pos+len-1>length(s))/*参数不正确*/
        return str;
    for(k=1;k<pos;k++)                    /*定位到第 pos 个位置*/
        p=p->next;
    for(k=1;k<=len;k++)                   /*通过 p 取 len 个结点放入 str*/
    {
        q=(LString *)malloc(sizeof(LString));
        q->data=p->data;
        r->next=q;
        r=q;
        p=p->next;
    }
    r->next=NULL;
    return str;
}
```

### 4. 插入子串 Insert(s,pos, t)

该运算的功能是在串 s 的第 pos 个位置上插入子串 t，得到一个新串。算法如下：

```
LString *Insert(LString *s,int pos,LString *t)
{
    int k;
    LString *p,*q;
    p=s->next;
    k=1;
    while(k<pos-1&&p!=NULL)              /*p 定位到第 pos 个结点的前驱结点*/
    {
        p=p->next;
        k++;
    }
    if(p==NULL)
        printf("pos 出错\n");
    else
    {
        q=t;
        while(q->next!=NULL)            /*完成 t 的整体插入到第 pos 个位置*/
        q=q->next;                      /*找到 t 的最后一个结点*/
        q->next=p->next;
        p->next=t->next;
    }
}
```

```
    return s;
}
```

### 5. 删除子串 Delete(s, pos, len)

该运算的功能从串 s 的第 pos 个位置上删除长度为 len 的子串。算法如下：

```
LString * Delete(LString *s, int pos, int len)
{
    int k;
    LString *p,*q,*r;
    p=s->next;q=p;k=0;
    while(p!=NULL&&k<pos-1)        /*定位 p 为第 pos 个结点，q 为 p 的前驱结点*/
    {
        q=p;
        p=p->next;
        k++;
    }
    if(p==NULL)
        printf("pos 出错 \n");
    else
    {
        k=1;
        while(k<len&&p!=NULL)      /*找到从第 pos 个位置开始长度为 len 的子串尾部*/
        {
            p=p->next;
            k++;
        }
        if(p==NULL)
            printf("pos 出错\n");
        else
        {
            r=q->next;             /*r 指向要删除的第一个结点*/
            q->next=p->next;       /*删除子串*/
            p->next=NULL;
            p=r;
          while(r!=NULL)           /*依次释放被删除子串的空间*/
          {
              p=r->next;
              free(r);
              r=p;
          }
        }
    }
    return s;
}
```

【例 4.2】用带头结点的单链表表示链串，每个结点存放一个字符。设计一个算法，求 s 中连续相同字符出现次数的最大值。

算法分析：对链串中的每个字符统计连续出现的次数。连续出现是指 p 与 p 的后继结点的数据域相同；否则不连续。

算法实现：

```
int MaxSub(LString *s)
```

```
{   int n,max=0;
    LString *p=s->next,*q;
    while(p!=NULL)
    {   n=1;
        q=p;p=p->next;
        while(p!=NULL && p->data==q->data)
        {   n++;
            p=p->next;
        }
        if(n>max) max=n;
    }
    return max;
}
```

# 4.4　经典应用实例

　　串在实际计算机处理中的应用，如串的逆置、文本文件中的单词统计以及求串的子串等问题，都要考虑串的存储结构及串的运算。下面介绍两个应用实例：一个是测试串基本操作的子系统，它将串的主要操作串联起来，通过这个例子可以进一步认识串操作的实现过程；另一个是字符串匹配，从母串中删除与子串相同的字符，通过这个例子了解串的模式匹配过程。

## 4.4.1　测试串的基本操作

### 1. 问题描述

　　在该问题中，主要涉及串的一些基本操作，包括输入字符串、显示子串、连接子串、取出子串、插入子串、删除子串和比较串大小。除此之外，还介绍了如何求串长以及查找子串的操作。通过这些操作的测试，进一步认识这些操作的实现过程。

### 2. 数据结构分析

　　字符串的存储结构主要有顺序存储结构和链式存储结构两种。在这个实例中，采用顺序存储结构对字符串进行描述。描述如下：

```
#define MAXN 100
typedef struct
{
    char s[MAXN];
    int len;
}str;
```

具体形式如下：

| s[0] | s[1] | s[2] | … | s[i] | … | s[MAXN-1] | len |
|------|------|------|---|------|---|-----------|-----|

### 3. 实体模拟

　　① 连接子串：设有两个字符串分别为 r1="abcdef"，r2="xyz"，则进行串连接后得到的新串为"abcdefxyz"。

　　② 取出子串：设有字符串为 r3="abcdefxyz"，要求从第 1 个字符'a'开始连续取出 3 个字符，则进行取串操作后得到的新串为"abc"。

③ 插入子串：设有两个字符串分别为 r3="abcdefxyz"，r4="rst"，要求将串 r4 插入到串 r3 的第一个字符前面，则进行插入串操作后得到的新串为"rstabcdefxyz"。

④ 删除子串：设有字符串为 r5="rstabcdefxyz"，要求从第四个字符'a'开始连续删除 6 个字符，则进行删除串操作后得到的新串为"rstxyz"。

⑤ 比较串大小：设有两个字符串分别为 r6="xyz"，r7="rst"，要求比较串 r6 和串 r7 的大小，可以看出这两个串中的第一个字符分别是'x'和'r'，很显然'x'>'r'，则进行比较串操作后得到的结果为"r6 串大"。

#### 4. 算法实现

```c
#include "stdio.h"
#define MAXN 100
typedef struct
{
    char s[MAXN];
    int len;
}str;
/*连接串*/
void concatstr(str *tr1,str *tr2)
{
    int i;
    printf("\n\t\tr1=%s    r2=%s\n",tr1->s,tr2->s);
    if(tr1->len+tr2->len>=MAXN)          /*两个串相加超过最大存储容量*/
        printf("\n\t\t 两个串太长，溢出！");
    else
    {   for(i=0;i<tr2->len;i++)          /*将 tr2 的字符写入 tr1 的末端*/
        tr1->s[tr1->len+i]=tr2->s[i];
        tr1->s[tr1->len+i]='\0';
        tr1->len=tr1->len+tr2->len;
    }
}
/*求子串*/
void substr(str *tr1,int i,int j)        /*从串 tr1 的第 i 个位置取长度为 j 的子串*/
{
    int k;
    str a;
    str *tr2=&a;
    if(i+j-1>tr1->len)                    /*子串位置超出 tr1*/
    {
        printf("\n\t\t 子串超界！\n ");
        return;
    }
    else
    {
        for(k=0;k<j;k++)                  /*将 tr1 第 i 个位置后 j 个字符写入 tr2*/
            tr2->s[k]=tr1->s[i+k-1];
        tr2->len=j;
        tr2->s[tr2->len]='\0';
    }
    printf("\n\t\t 取出字符为: ");
```

```
        puts(tr2->s);
    }
/*串插入*/
str *insstr(str *tr1,str *tr2,int i)            /*在 tr1 的第 i 个位置插入 tr2*/
{
    int k;
    if(i>=tr1->len||tr1->len+tr2->len>MAXN)     /*参数异常情况*/
        printf("\n\t\t 不能插入! \n ");
    else
    {
        for(k=tr1->len-1;k>=i;k--)/*从 tr1 尾部开始至第 i 个位置往后移 len 个字符*/
            tr1->s[k+tr2->len]=tr1->s[k];
        for(k=0;k<tr2->len;k++)
        /*将 tr2 的字符分别写入 tr1 第 i 个位置开始的 len 个空位*/
            tr1->s[i+k]=tr2->s[k];
            tr1->len=tr1->len+tr2->len;
            tr1->s[tr1->len]='\0';
    }
        return tr1;
    }
/*串删除*/
void delstr(str *tr1,int i,int j)            /*在 tr1 的第 i 个位置开始删除 j 个字符*/
{
    int k;
    if(i+j-1>tr1->len)                        /*参数异常情况*/
        printf("\n\t\t 所要删除的子串超串! \n");
    else
    {
        for(k=i+j;k<tr1->len;k++,i++)          /*将 i+j 后面的字符依次往前移 j 个位置*/
        tr1->s[i]=tr1->s[k];
        tr1->s[i]='\0';
    }
}
/* 求串长*/
int lenstr(str *tr1)
{
    int i=0;
    while(tr1->s[i]!='\0')                      /*在遇到结束符前 i 累加*/
        i++;
    return i;
}
    /*创建串*/
    str *createstr(str *tr1)
    {
        gets(tr1->s);
        tr1->len=lenstr(tr1);
        return tr1;
    }
/*比较串*/
int equalstr(str *tr1,str *tr2)
{   int i;
    for(i=0;tr1->s[i]&&tr2->s[i]&&tr1->s[i]==tr2->s[i];i++);
```

```
      /*当 tr1 和 tr2 不相等时，在遇到第一个不相等的字符时就结束*/
      return(tr1->s[i]-tr2->s[i]);
}
```

### 5. 源程序及运行结果

源程序代码：

```
/*此处插入 4 中的算法*/
int main()
{
    str a,b,c,d;
    str *r1=&a,*r2;
    char choice,p;
    int i,j,k,ch=1;
    r1->s[0]='\0';
    while(ch!=0)
    {
        printf("\n");
        printf("\n\t\t\t          串子系统 ");
        printf("\n\t\t\t********************** ");
        printf("\n\t\t\t* 1-----输 入 字 串    *");
        printf("\n\t\t\t* 2-----显 示 字 串    *");
        printf("\n\t\t\t* 3-----连 接 字 串    *");
        printf("\n\t\t\t* 4-----取 出 子 串    *");
        printf("\n\t\t\t* 5-----插 入 子 串    *");
        printf("\n\t\t\t* 6-----删 除 子 串    *");
        printf("\n\t\t\t* 7-----比 较串大小    *");
        printf("\n\t\t\t* 0-----返       回    *");
        printf("\n\t\t\t********************** ");
        printf("\n\t\t\t请选择菜单号（0--7）: ");
        scanf("%c",&choice);
        getchar();
        switch(choice)
        {
            case '1':
            printf("\n\t\t 请输入一个字符串:");
            gets(r1->s);
            r1->len=lenstr(r1);
            break;
            case '2':
                printf("\n\t\t 该串值为:");
                if(r1->s[0]=='\0')
                    printf("空！\n");
                else
                    puts(r1->s);
                 break;
            case '3':
                printf("\n\t\t 请输入所要连接的串:");
                r2=createstr(&b);
                concatstr(r1,r2);
                printf("\n\t\t 连接以后的新串值为: ");
                puts(r1->s);
```

```
                break;
        case '4':
                printf("\n\t\t请输入从第几个字符开始:");
                scanf("%d",&i);
                getchar();
                printf("\n\t\t请输入取出的连续字符数: ");
                scanf("%d",&j);
                getchar();
                substr(r1,i,j);
                break;
        case '5':
                printf("\n\t\t请输入在第几个字符前插入: ");
                scanf("%d",&i);
                getchar();
                printf("\n\t\t请输入所要插入的字符串:");
                r2=createstr(&b);
                insstr(r1,r2,i-1);
                break;
        case '6':
                printf("\n\t\t请输入从第几个字符开始 : ");
                scanf("%d",&i);
                getchar();
                printf("\n\t\t请输入删除的连续字符数:");
                scanf("%d",&j);
                getchar();
                delstr(r1,i-1,j);
                break;
        case '7':
                printf("\n\t\t请输入第一个串:");
                gets(c.s);
                printf("\n\t\t请输入第二个串:");
                gets(d.s);
                k=equalstr(&c,&d);
                if(k>0)
                    printf("\n\t\t第一个串大!\n");
                else if(k<0)
                    printf("\n\t\t第二个串大!\n");
                else
                 printf("\n\t\t两个串一样大! \n");
                break;
                case '0':
                 break;
                default:
                    printf("\n\t\t\t请注意: 输入有误!\n");
                    break;
        }
if(choice!='x'&&choice!='X')
{printf("\n\t\t按回车键继续, 按任意键返回主菜单!");
 p=getchar();
if(p!='\xA')
```

```
        {getchar();break;}
    }
}
return 0;
```

}

程序运行结果如图 4.3 所示。

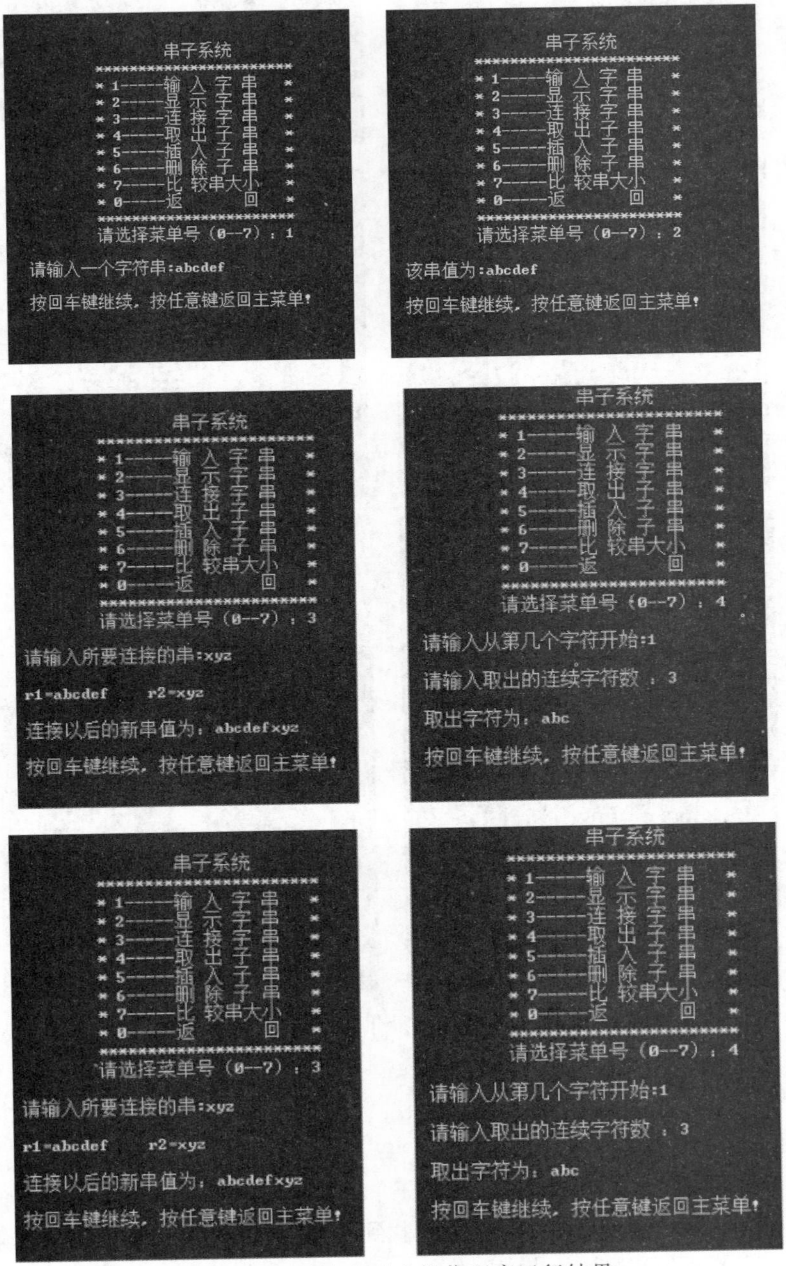

图 4.3 测试串的基本操作程序运行结果

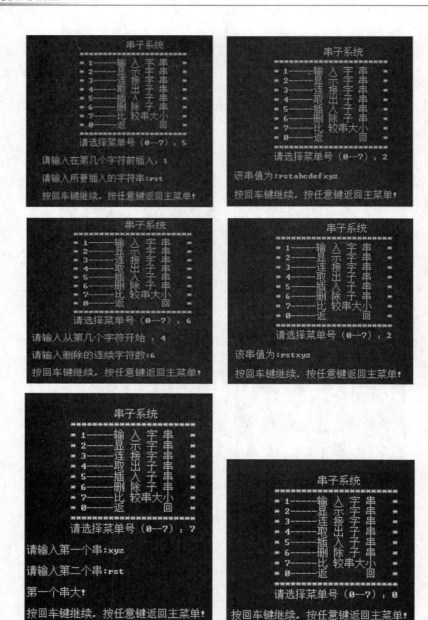

图 4.3　测试串的基本操作程序运行结果（续）

### 4.4.2　模式匹配

#### 1. 问题描述

给定两个串 t1 和 t2，其中串 t2 是串 t1 的子串，要求从串 t1 中删除所有与它的子串 t2 相同的串。在这个问题中，关键过程就是从串 t1 中找到串 t2，删除串 t2，然后继续在串 t1 中的剩余部分查找串 t2，只要找到了这样的串就删除，依此类推，直到删除串中所有的 t2 为止。这个关键过程实质上就是一个模式匹配（Pattern Matching）或串匹配（String Matching）问题。

例如，设有字符串 sm="aedwhgiedxe"，tm="ed"（输入时字符串 sm 和 tm 中不包含'\0'）。第一次查找，得到子串 tm 在 sm 中的起始位置为 1，删除"ed"，删除后，串 sm 为"awhgiedxe"，然后，继续从串的'w'字符开始查找。第二次找到子串在 sm 中的起始位置为 5，删除"ed"后继续查找，直到结束。

### 2. 数据结构分析

本问题中用到的字符串采用顺序存储结构。假设有以下定义：

`char sm[]={"happyhappy"},tm[]={"ap"};`

sm 及 tm 的存储结构分别如图 4.4 和图 4.5 所示。

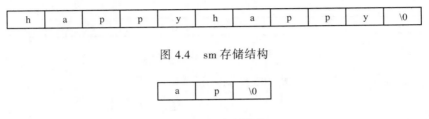

图 4.4　sm 存储结构

图 4.5　tm 存储结构

### 3. 实体模拟

为了描述问题方便，设有两个指示器 i 和 j，i 指向 sm 主串匹配过程中的字符位置，j 为删除子串 tm 的匹配过程中的字符位置。

匹配并删除子串的过程如下：

第一步：i=0，如图 4.6 所示。

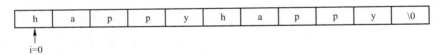

图 4.6　第一步操作结果

第二步：当 i 指向的字符和 j 指向的字符不匹配时，i 就增加 1，直到 i 指向的某一个字符与 j 指向的字符匹配，如图 4.7 所示。

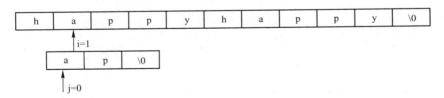

图 4.7　第二步操作结果

第三步：依次将 i 和 j 指向的字符进行比较，若相等，i 和 j 就增加 1，直到比较结束，j 指向子串的字符为'\0'字符串结束标记时，说明匹配成功，此时进行删除子串操作，并填充'\0'，如图 4.8 所示。

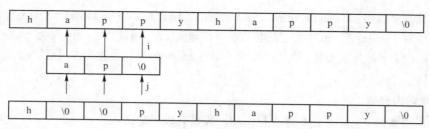

图 4.8  第三步操作结果

第四步：重复上面第二、三步，直到主串扫描结束，如图 4.9 所示。

| h | \0 | \0 | p | y | h | \0 | \0 | p | y | \0 |

图 4.9  第四步操作结果

第五步：把主串中删除子串后剩余的字符输出，输出如下：

hpyhpy

### 4. 算法实现

```c
/*函数的功能是删除子串*/
void  deletechar(char  *s, char  *t)                /*删除 s 中与 t 相同的子串*/
{
    int  i,k,j,start,final;
    i=0;
    while(s[i]!='\0')
    {
        j=0;
        while(*(t+j)!=*(s+i)&&*(s+i)!='\0')        /*找到 s 中与 t 首字符相等的位置*/
        i++;
        k=i;                                        /*k 记录匹配过程中 s 的起始位置*/
        while(*(t+j)==*(s+i)&&*(t+j)!='\0')        /*将 t 与 s 中的字符依次比较*/
        {
            i++;
            j++;
        }
        if(*(t+j)=='\0')                            /*t 匹配成功*/
        {
            final=i-1;
            for(start=k;start<=final;start++)      /*将匹配成功的子串依次赋值'\0'*/
                s[start]='\0';
        }
    }
}
```

### 5. 源程序及运行结果

源程序代码：

```c
#include <string.h>
#include <stdio.h>
/*此处插入 4 中的算法*/
int main( )
{
```

```
char  sm[]={"happyhappy"},tm[]={"ap"};    /*sm 表示母串,tm 表示子串*/
int  len,i;                               /*表示母串的长度*/
printf("请输入主串:");                      /*输入母串和要删除的子串*/
scanf("%s",sm);
printf("请输入要删除的子串: ");
scanf("%s",tm);
len=strlen(sm);                           /*求母串的长度*/
deletechar(&sm[0],&tm[0]);                /*调用函数删除所有的子串*/
printf("删除子串后的主串为:");
for(i=0;i<len;i++)                        /*输出删除所有子串后的新母串*/
    if(sm[i]!='\0')
        putchar(sm[i]);
printf("\n");
return 0;
}
```

程序运行结果如图 4.10 所示。

图 4.10　模式匹配程序运行结果

# 小　结

本章介绍了字符串的基本概念与运算、存储结构和运算实现,重点是存储结构和基本运算。在实际问题中,为了更有效地实现字符串的处理,可以根据需要选择合适的存储结构。在处理过程中,可以借助串的处理函数,缩短程序的长度,从而简化程序设计的过程。最后,通过测试串的基本操作问题和模式匹配问题,介绍了串在实际生活中的应用。

# 知 识 巩 固

**一、填空题**

1. 串的两种最基本的存储方式是_____和_____。

2. 两个串相等的充分必要条件是_____。

3. 空串是_____,其长度等于_____。

4. 空格串是_____,其长度等于_____。

5. 设 s="I AM A TEACHER",其长度是_____。

**二、选择题**

1. 串是(　　　)。

A. 少于一个字母的序列　　　　　　B. 任意个字母的序列

    C. 不少于一个字符的序列　　　　　　　D. 有限个字符的序列

2. 串是一种特殊的线性表，其特殊性体现在（　　　）。

    A. 可以顺序存储　　　　　　　　　　　B. 数据元素是一个字符

    C. 可以链接存储　　　　　　　　　　　D. 数据元素可以是多个字符

3. 下列为空串的是（　　　）。

    A. S="　　　"　　　B. S=" "　　　　　　C. S="φ"　　　　　　　D. S="θ"

4. 设 S1="ABCD"，S2="CD"，则 S2 在 S1 中的位置是（　　　）。

    A. 0　　　　　　　B. 1　　　　　　　　C. 2　　　　　　　　　D. 3

5. 串的长度是（　　　）。

    A. 串中不同字母的个数　　　　　　　　B. 串中不同字符的个数

    C. 串中所含的字符的个数　　　　　　　D. 串中所含字符的个数，且大于 0

6. 设有两个串 p 和 q，求 q 在 p 中首次出现的位置的运算称为（　　　）。

    A. 连接　　　　　　B. 模式匹配　　　　C. 求子串　　　　　　D. 求串长

7. 若串 S="software"，其子串的数目是（　　　）。

    A. 8　　　　　　　B. 37　　　　　　　　C. 36　　　　　　　　D. 9

## 三、简答题

1. 描述以下概念的区别：空格串与空串。

2. 输入一个字符串，统计串中的数字字符和字母字符出现的次数。

## 四、程序填空题

1.下列程序判断字符串 s 是否为回文,对称则返回 1,否则返回 0;如 f("abba")返回 1,f("abab")返回 0。

```
int f(  (1)   )
{ int   i=0,j=0;
    while (s[j]) (2)_____;
    for(j--; i<j &&s[i]==s[j]; i++,j--);
    return((3)_____)
}
```

2. 下列算法实现求采用顺序结构存储的串 s 和串 t 的一个最长公共子串。

```
void maxcomstr(orderstring *s,*t; int index, length)
{
    int i,j,k,length1,con;
    index=0;length=0;i=1;
    while(i<=s.len)
    {  j=1;
        while(j<=t.len)
        { if(s[i]= =t[j])
            { k=1;length1=1;con=1;
                while(con)
                    if  (1)_____  { length1=length1+1;k=k+1; }
                    else  (2)_____;
                if(length1>length) { index=i;length=length1;}
                 (3)_____;
            }
        else  (4)_____;
```

```
        }
    (5) _____
    }
}
```

3. 设有 A="　"，B="mule"，C="old"，D="my"，试计算下列运算的结果（A="　"的"　"含有两个空格）。

（1）strcat(A,B)

（2）strsub(B,3,2)

（3）strlen(D)

（4）strins(D,2,C)

（5）strins(B,1,A)

（6）strdel(B,2,2)

（7）strdel(B,2,0)

# 实 训 演 练

### 一、验证性实验

1. 假设实现串的顺序存储的各种基本运算算法，在文件 SqString.cpp 中编写程序完成以下功能。

（1）建立串 s1="helloworld" 和 s2="abc"。

（2）输出串 s1。

（3）输出串 s1 的长度。

（4）连接串 s1 和 s2 并输出。

（5）在串 s1 的第 3 个位置开始取长度为 5 的子串。

（6）比较串 s1 和 s2 并输出比较结果。

（7）在串 s1 的第 2 个位置插入子串 s2。

（8）在串 s1 的第 5 个位置删除长度为 3 的子串。

2. 假设实现串的链式存储的各种基本运算算法，在文件 LinkString.cpp 中编写程序完成以下功能：

（1）建立串 s1="helloworld" 和 s2="abc"。

（2）输出串 s1。

（3）输出串 s1 的长度。

（4）连接串 s1 和 s2 并输出。

（5）在串 s1 的第 3 个位置开始取长度为 5 的子串。

（6）在串 s1 的第 2 个位置插入子串 s2。

（7）在串 s1 的第 5 个位置删除长度为 3 的子串。

3. 编写程序实现串的模式匹配，实现以下功能：

（1）建立串 s1="abcdefabchi" 和 s2="abc"。

（2）在串 s1 中找到和 s2 相等的子串并删除。

（3）输出删除子串后的串。

## 二、设计性实验

1. 输入一个字符串，将该字符串逆序输出，至少写出两种以上的算法。

2. 写一个算法，要求输出 10 个字符串中的最大者和最小者。

3. 写一个算法，输出由串 1 未出现在串 2 中的字符构成的新串。

## 三、综合性实验

1. 文本串的加密和解密算法实现。

一个文本串可用事先给定的字母映射表进行加密，映射表如下：

| a | b | c | d | e | f | g | h | i | j | k | l | m | n | o | p | q | r | s | t | u | v | w | x | y | z |
|---|---|---|---|---|---|---|---|---|---|---|---|---|---|---|---|---|---|---|---|---|---|---|---|---|---|
| n | g | z | q | t | c | o | b | m | u | h | e | l | k | p | d | a | w | x | f | y | i | v | r | s | j |

编写程序对字符串"hello"先加密输出，再解密输出。

2. 敏感词替换。

编写程序先输入一段含"sex"的字符串，再将串中的"sex"替换成"***"并输出。

# 第 5 章

## 数组和广义表

几乎所有的程序设计语言都提供了数组类型。同时，数组也是一种常用的数据结构，它是线性表的推广。数组各元素具有相同的类型，且数组元素的下标和上标都有规定的上界和下界。有了这些优点，数组这种"特殊"的数据结构处理起来显得更加简单。

本章将从数据结构的角度讨论数组，具体包括数组的存储特点以及特殊的二维数组，如三角矩阵、对称矩阵、稀疏矩阵和带状矩阵的存储和广义表。

| 本章重点 | ☑ 数组的概念 |
|---|---|
|  | ☑ 矩阵的压缩存储结构 |
|  | ☑ 广义表 |
| 本章难点 | ☑ 矩阵的压缩存储结构 |

## 5.1 数 组

在进行算法分析与设计时，经常要对数据定义类型，除了一些简单的类型外，还有许多构造类型，其中最常用的一种构造类型就是数组。下面将从数据结构的角度讨论数组。

### 5.1.1 数组的基本概念

所谓数组，就是一组数据的集合。当然，这些数据并不是杂乱地组织在一起，而必须要求它们有相同的数据类型，这个数据类型称为数组中所有数据的基类型。数组中的所有数据称为数组元素。数组元素一般通过下标来识别，下标的个数取决于数组的维数。常用的数组有一维数组、二维数组，可推广为多维数组。

一维数组是 $n$ 个相同基类型的数据元素构成的有限序列，可以看作一个线性表；二维数组可以看作每个数据元素都是相同基类型的一维数组的一维数组，本质上也是一个线性表，线性表中的每个元素又是一个线性表。推广为多维数组 $n$ 中，可以看作一个由数据元素为 $n-1$ 维数组组成的线性表。因此，$n$ 维数组被认为是扩展的线性表。

多维数组的抽象数据类型描述如下：

```
ADT Array
{数据对象:
        D={a_{j_1,j_2,…,jd} | j_i=1,…,b_i,i=1,2,…,d}
```

数据关系：

R=\{r_1, r_2, \cdots, r_d\}

$r_i=\{<a_{j_1 \cdots j_2 \cdots j_d}, a_{j_1 \cdots j_{i+1} \cdots j_d}>|1{\leq}j_k{\leq}b_k, 1{\leq}k{\leq}d$ 且 $k{\neq}i, 1{\leq}j_i{\leq}b_i-1, i=2, \cdots, d\}$

基本运算：

InitArray(&A)：初始化数组 A。

DestroyArray(&A)：销毁数组 A。

Value(A, &e, index₁,…,indexₙ)：取数组 A 中指定下标分别是 $index_1, \cdots, index_n$ 的元值

Assign(A, e, index1,…,indexₙ)：给数组 A 中下标分别是 $index_1, \cdots, index_n$ 元素赋值 e。

}

## 5.1.2 数组的存储结构

从数组的抽象数据类型描述可以看出，除了初始化和销毁操作外，数组仅有取值操作和赋值操作。由于没有插入/删除操作，所以一旦建立了数组，数组中的元素个数以及元素之间的关系不再发生变化。因此，数组适宜用顺序存储结构来表示。数组的顺序存储结构是将数组的所有元素存储在一片地址连续的存储单元中。

### 1. 一维数组

一维数组只有一个下标，且下标从 0 开始。定义形式如下：

类型　数组名 [MAX]

其中，类型是数组中所包含的元素的基类型，MAX 表示数组的元素个数。定义了一个数组后，数组元素个数就由 MAX 决定。

例如，int a[10]表示定义了一个元素个数为 10 的一维数组，基类型为整型，下标从 0 到 9，这些数组元素分别为 a[0]，a[1]，…，a[9]。存储该数组时，系统为其分配一片连续的存储单元。假设该片存储单元的起始地址为 $\alpha$，每个元素占 d 个字节，则这 10 个元素的地址依次为：$\alpha$，$\alpha+1{\times}d$，$\alpha+2{\times}d$，…，$\alpha+9{\times}d$，且该单元中存储的数组元素为 a[0]，a[1]，…，a[9]，如图 5.1 所示。

| 地址 | $\alpha$ | $\alpha+1{\times}d$ | $\alpha+2{\times}d$ | ... | $\alpha+9{\times}d$ |
|------|------|------|------|------|------|
| 名称 | a[0] | a[1] | a[2] | ... | a[9] |

图 5.1　一维数组 a[10]的存储结构

因此，对于 C/C++语言来说，数组 a[M]是由元素 a[0]，a[1]，a[2]，…，a[M-1]组成的有限序列，设该数组的存储单元的起始地址为 $\alpha$，每个元素占 d 个字节，则第 i 个元素 a[i]的地址表示为 $A_{(a[i])}=A_{(a[0])}+i{\times}d$，或者 $A_{(a[i])}=\alpha+i{\times}d$，或者 $A_{(a[i])}=A_{(a[i-1])}+1{\times}d$。

### 2. 二维数组

二维数组有两个下标，定义的一般形式为：

类型　数组名 [MAX1] [MAX2]

其中，MAX1 和 MAX2 分别指该二维数组的行数和列数。数组中的元素个数由行数和列数的乘积决定，数组中的元素由行下标和列下标共同决定。

例如，int a[3][3]，对于这个二维数组，总共有 9 个元素，分别为 a[0][0]、a[0][1]、a[0][2]、a[1][0]、a[1][1]、a[1][2]、a[2][0]、a[2][1]、a[2][2]，前一个下标称为行下标，后一个下标称为列下标。

二维数组中的元素在存储时有两种方式：行优先（Row-Major）和列优先（Column-Major）。行优先是指从第 0 行的元素开始，按列下标从小到大依次存储，然后存储第 1 行的元素，依此类

推，直到所有行的元素都存储完为止。列优先是指从第 0 列的元素开始，按行下标从小到大依次存储，然后存储第 1 列的元素，依此类推，直到所有列的元素都存储完为止。一般情况下，系统是按行优先方式进行。

假设有数组 a[2][3]，行优先存储和列优先存储的存储形式分别如图 5.2（a）和图 5.2（b）所示。

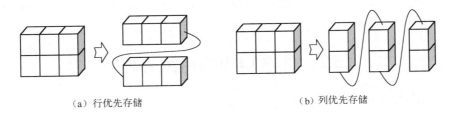

（a）行优先存储　　　　　　　　　　　　（b）列优先存储

图 5.2　二维数组 a[2][3]的存储形式

设已经定义二维数组 a[M₁][M₂]，且该片存储单元的起始地址为 $\alpha$，每个元素占 d 个字节，若按照行优先存储方式，则元素 a[i][j]的地址为：

$$A_{(a[i][j])}= \alpha+i\times M_2\times d+j\times d$$

若按照列优先存储方式，则元素 a[i][j]的地址为：

$$A_{(a[i][j])}= \alpha+j\times M_1\times d+i\times d$$

实际上，二维数组可以看作一维数组，根据二维数组元素的行下标和列下标计算出这个元素是一维数组中的第几个元素。例如，上面的元素 a[1][2]就对应着一维数组中的第 5 个元素。任何一个二维数组元素 a[i][j]都对应着一维数组的第 i×m+j 个元素，其中 m 表示二维数组的列数。在科学计算中，二维数组通常用来表示矩阵结构。

### 3. 多维数组

多维数组有多个下标，下标分别从 0 开始，每一个元素由多个下标共同决定，元素个数等于每个维度值的乘积。在存储时，一般按照最低维度优先的顺序进行，即按第一维优先的顺序进行。若有多维数组定义为：

$$类型 a[M_1][M_2]...[M_{n-1}][M_n]$$

其中，$M_1$，$M_2$，$\cdots$，$M_{n-1}$，$M_n$ 是已定义的常数，类型是指多维数组元素的基类型。假设数组的存储单元的起始地址为 $\alpha$，每个元素占 d 个字节，数组为 a[M₁][M₂]···[Mₙ]，元素 a[i₁][i₂]...[iₙ]的地址计算公式为：

$$A_{(a[i_1][i2]...[i_n])}= \alpha+i_1\times M_2\times M_3\times...\times M_n\times d+i_2\times M_3,...,M_n\times d+...+i_{n-1}\times M_n\times d+i_n\times d$$

$$=\alpha+d\times\left(\sum_{j=1}^{n-1}i_j\times\prod_{k=j+1}^{n}M_k+i_n\right)$$

其中，元素 a[i₀][i₁][i₂]...[iₙ₋₁]对应着一维数组的第$(...((i_0M_1+i_1)M_2+i_2)M_3+\cdots)M_{n-1}+i_{n-1}$个元素。

假设三维数组定义为 int a[M₀][M₁][M₂]，可以得出该数组中的每个元素有 3 个下标，元素个数为 $M_0\times M_1\times M_2$。每一个元素有 3 个下标如 a[1][2][1]，第一个元素为 a[0][0][0]，最后一个元素为 a[M₀−1][M₁−1][M₂−1]，且元素 a[i][j][k]对应着一维数组的第(iM₀+j) M₁+k 个元素。在存储时，可以看成 $M_0$ 个阶为 $M_1\times M_2$ 的二维数组所组成，首先按行序列存储第一个下标为 0 的 $M_1\times M_2$ 个元素，第一个下标为 1 的 $M_1\times M_2$ 个元素，最后按行序列存储第一个下标为（M₀−1）的 $M_1\times M_2$ 个元素。其中，任意一个元素的地址为（数组存储单元的起始地址为 $\alpha$，每个元素占 d 个字节）：

$$A_{(a[i][j][k])} = \alpha + (i \times M_1 \times M_2 + j \times M_2 + k) \times d$$

【例 5.1】设有一个 C/C++二维数组 A[m][n]，假设 A[0][0]存放位置在 644，A[2][2]存放位置在 676，每个元素占 1 个字符，问 A[3][3]存放在什么位置？

解：数组 A 的下标从 0 开始，C/C++二维数组采用按行优先存储方式。元素 $a_{i,j}$ 的存储地址 LOC($a_{i,j}$)=LOC($a_{0,0}$)+[$i \times n$+$j$]×$k$。依题意有 LOC(A[2][2])=644+2n+2=676，得到 n=15。所以 LOC(A[3][3])=644+3n+3=692。

# 5.2　特殊矩阵的压缩存储

矩阵在科学计算中是一种最有用的数学工具之一，在高级程序设计语言中，通常用二维数组来表示矩阵。但是，在实际使用中，有可能要处理高阶矩阵，这样元素个数就非常多，有时甚至会出现大量的特殊元素如 0 或其他相同的数。若仍然用常规方法存储，需要存储重复的非零元素或零元素，将造成存储空间的大量浪费。为了充分利用空间，将采取压缩存储。压缩存储是指只存储非特殊元素或者只存储一次特殊元素（如果是 0，则不予考虑）。这样，有了压缩存储，就可以对 0 值元素不输入、不存储、不处理或对相同的元素只存储一次，这样大大提高了空间的利用率。对于矩阵中非零元素或零元素的分布有一定规律的矩阵或零元素大量出现的矩阵统称为特殊矩阵，这种压缩存储的优点就显得尤为突出。

下面主要介绍常见的特殊矩阵的压缩存储。

## 5.2.1　三角矩阵

三角矩阵是指在 $n \times n$ 的矩阵中，以主对角线（从左上角到右下角）为划分，主对角线以下（不包括对角线）的所有元素为 0（或常数），则为上三角矩阵；主对角线以上（不包括对角线）的所有元素为 0（或常数），则为下三角矩阵。图 5.3 所示为上三角矩阵，图 5.4 所示为下三角矩阵。

$$\begin{bmatrix} 2 & 3 & 9 \\ 0 & 4 & 6 \\ 0 & 0 & 20 \end{bmatrix} \qquad \begin{bmatrix} 2 & 0 & 0 \\ 3 & 4 & 0 \\ 9 & 6 & 20 \end{bmatrix}$$

图 5.3　上三角矩阵　　　　　　　图 5.4　下三角矩阵

可见，三角矩阵中有许多元素是相同的，这些相同的元素称为特殊元素，它们可能是 0，也可能是其他非零的常数。在存储这些特殊元素时，为了节省存储单元，可以使它们占用一个存储空间。除特殊元素之外，其他的元素个数为 $n(n+1)/2$。

在三角矩阵中，若特殊元素为 0，则可以不存储，这样就可以压缩成用一维数组 $m[n(n+1)/2]$ 进行存放；若特殊元素为非 0 的常数，则可以多开辟一个空间，就可以压缩成用一维数组 $m[n(n+1)/2+1]$ 进行存放。由此可见，压缩存储方式可以大大节省内存空间。为了处理方便，一般把特殊元素作为数组元素的最后一个元素。

压缩存储后，用一维数组存放二维数组中的元素，也就是说，把二维数组中的元素放到一维数组中，但是由于它们的表示方式不一样，这就需要解决它们之间一一对应的问题。

（1）在上三角矩阵中，主对角线的第 $k$ 行共有 $n-k$ 个元素，按行优先存放的顺序存放上三角矩阵中的元素 $a_{ij}$ 时，$a_{ij}$ 之前的前 $i-1$ 行共有 $i(2n-i+1)/2$ 个元素，在第 $i$ 行上，$a_{ij}$ 是该行的第 $j-i$

个元素，这样用来存放上三角矩阵的一维数组元素 m[k]与矩阵中的元素 $a_{ij}$ 之间的对应关系为 $k=i(2n-i+1)/2+j-i$ （$i \leqslant j$），如果特殊元素为非零，则它对应 $k=n(n+1)/2$。

（2）在下三角矩阵中，m[k]与它的元素 $a_{ij}$ 之间的对应关系为 $k=i(i+1)/2+j$ （$i \geqslant j$），如果特殊元素为非零，则 $k=n(n+1)/2$。

以第一个上三角矩阵为例，可以算出用长度为 6 的一维数组来存放非零元素即 m[6]，它存放的元素依次为 2、3、9、4、6、20，其中 m[4]=6，可以用上面公式验证，因为元素 6 在矩阵中是第 1 行第 2 列上的元素，将 i=1，j=2 代入公式有 k=4。

给定一个上三角矩阵，其对应的存放该上三角矩阵的一维数组的算法如下：

```
#define  MAX  10                      /*矩阵的行数和列数*/
#define  N    MAX*(MAX+1)/2           /*矩阵中元素的个数*/
/*数组 m 是用来存放矩阵中的非零元素*/
void Diacompat(int  a[MAX][MAX],int m[N])
{
    int  i,j,k=0;
    for(i=0;i<MAX;i++)
      for(j=i;j<MAX;j++)
      {  m[k]=a[i][j];
         k++;}
}
```

该算法的几点说明：

① 本算法适用于上三角矩阵。

② 上三角矩阵的特殊元素为零。

③ MAX 表示上三角矩阵的阶数。

④ N 表示一维数组的维数。

上三角矩阵算法经过修改后，得到下三角矩阵算法如下：

```
#define  MAX  10                      /*矩阵的行数和列数*/
#define  N    MAX*(MAX+1)/2           /*矩阵上三角元素的个数*/
/*数组 m 是用来存放矩阵中的非零元素*/
void Diacompat1(int a[MAX][MAX], int m[N])
{
    int  i,j,k=0;
    for(i=0;i<MAX;i++)
    for(j=0;j<=i;j++)
    {  m[k]=a[i][j];
       k++;}
}
```

## 5.2.2 对称矩阵

对称矩阵是指矩阵中的元素关于主对角线对称，即一个 $n$ 阶矩阵 $A$ 中的元素满足 $a_{ij}=a_{ji}$（$0 \leqslant i$，$j \leqslant n-1$），如图 5.5 所示。

$$\begin{bmatrix} 2 & 3 & 9 \\ 3 & 4 & 6 \\ 9 & 6 & 20 \end{bmatrix}$$

图 5.5 对称矩阵

在对称矩阵中，有将近一半的元素是重复的。因此，为了节省内存空间，只需要为每一对对称元素分配一个存储空间，即将 $n$ 阶矩阵中的 $n^2$ 个元素压缩存储到一维数组 m[n(n+1)/2]中。存储时，只要存放主对角线及主对角线以上的元素，也可以存储主对角线及主角线以下的元素。

（1）假设只存储主对角线以下的元素（包括主对角线）。根据前面的分析可得，用来存放对称矩阵的一维数组元素 $m[k]$ 与矩阵中的元素 $a_{ij}$ 之间的对应关系为 $k=i(i+1)/2+j(i \geq j)$。

（2）若 $a_{i,j}$ 是上三角部分的元素（包括主对角线），有 $i \leq j$。其值等于 $a_{j,i}$，而元素 $a_{j,i}$ 就属于情况（1）。所以，它放在 $m[K]$ 中下标为 $j(j+1)/2+i$。此时有 $k=j(j+1)/2+i$。

综上可得，对称矩阵元素 aij 与用来存放对称矩阵的一维数组元素 $m[K]$ 之间的关系如下：

$$K= \begin{cases} i(i+1)/2+j & , i \geq j \\ (j+1)/2+i & , i \leq j \end{cases}$$

这种压缩存储方法几乎节省了一半的存储空间，而且对对称矩阵来说仍然具有随机存取特性。

### 5.2.3 带状矩阵

带状矩阵又称对角矩阵，是指非零元素位于主角线和它的上、下各 $b$ 条对角线上，其他元素全为零。其中，$b$ 称为半带宽，$2b+1$ 称为带状矩阵的带宽。图 5.6 所示的矩阵即是一个带状矩阵，它的半带宽为 1，带宽为 3。在该矩阵中，所有非零元素都集中在以主对角线为中心的带状区域中，即除了主对角线和它的上下方若干条对角线的元素外，所有其他元素都为零（或同一个常数 $c$）。

$$\begin{bmatrix} 1 & 6 & 0 & 0 \\ 2 & 8 & 7 & 0 \\ 0 & 2 & 9 & 8 \\ 0 & 0 & 3 & 1 \end{bmatrix}$$

图 5.6 带状矩阵

在存储图 5.7（a）所示的带状矩阵时采用压缩存储，压缩方法有以下两种：

（1）将带状矩阵 $A$ 压缩到一个 $n$ 行 $w$ 列的二维数组 $B$ 中（$n$ 表示矩阵阶数，$w$ 表示矩阵带宽），如图 5.7（b）所示，当某行非零元素的个数小于带宽 $w$ 时，先存放非零元素后补零，使得元素个数为 $w$。那么 $a_{ij}$ 映射为 $b_{i'j'}$，映射关系为：

$$i'=i, \quad j'= \begin{cases} j & , i < w \\ j-i+w-1 & , i \geq w \end{cases}$$

（2）将带状矩阵 $A$ 压缩到向量 $c$ 中，以行为主序，顺序存储其非零元素，如图 5.7（c）所示，按其压缩规律，找到相应的映象函数。如当 $w=3$ 时，映象函数为 $k=2 \times i+j-3$。

$$A=\begin{bmatrix} a_{11} & a_{12} & 0 & 0 & 0 \\ a_{21} & a_{22} & a_{23} & 0 & 0 \\ 0 & a_{32} & a_{33} & a_{34} & 0 \\ 0 & 0 & a_{43} & a_{44} & a_{45} \\ 0 & 0 & 0 & a_{54} & a_{55} \end{bmatrix} \qquad B=\begin{bmatrix} a_{11} & a_{12} & 0 \\ a_{21} & a_{22} & a_{23} \\ a_{32} & a_{33} & a_{34} \\ a_{43} & a_{44} & a_{45} \\ a_{54} & a_{55} \end{bmatrix}$$

（a）$w=3$ 的 5 阶带状矩阵 　　　　　（b）压缩为 5×3 的矩阵

| | 0 | 1 | 2 | 3 | 4 | 5 | 6 | 7 | 8 | 9 | 10 | 11 | 12 |
|---|---|---|---|---|---|---|---|---|---|---|---|---|---|
| $c=$ | $a_{11}$ | $a_{12}$ | $a_{21}$ | $a_{22}$ | $a_{23}$ | $a_{32}$ | $a_{33}$ | $a_{34}$ | $a_{43}$ | $a_{44}$ | $a_{45}$ | $a_{54}$ | $a_{55}$ |

（c）压缩为向量

图 5.7 带状矩阵及压缩存储

### 5.2.4 稀疏矩阵

设矩阵 $A$ 是一个 $n \times m$ 的矩阵中有 $s$ 个非零元素，设 $\delta=s/(n \times m)$，称 $\delta$ 为稀疏因子，如果某

一矩阵的稀疏因子 $\delta$ 满足 $\delta \leqslant 0.05$ 时称为稀疏矩阵。可见，稀疏矩阵是指矩阵中非零元素的个数远远小于零元素的个数，且这样的矩阵阶数往往比较大。为了节约存储空间，零元素可以不考虑存储，只存储稀疏矩阵中的非零元素。考虑到稀疏矩阵的特殊性，一般使用两种方法进行存储：一种是压缩存放到一维数组（又称扩充的三元组表）；另一种是采用十字链表进行存储。

### 1. 扩充的三元组表存储稀疏矩阵

使用扩充的三元组表存储稀疏矩阵，这个扩充的三元组表可以看作是二维数组，也可以是一维数组。假设是二维数组，需要决定这个二维数组的行数和列数。根据存储稀疏矩阵的特点，列数是一个常值 3，这 3 列中包含的元素从左到右依次是稀疏矩阵的非零元素的行数、列数和非零元素的值，而行数则由稀疏矩阵中的非零元素的个数决定，存储顺序按照行优先的顺序进行。因此，稀疏矩阵中的元素可以压缩存储到二维数组 $m[n][3]$ 中（$m$ 表示数组名，$n$ 表示稀疏矩阵中非零元素的个数）。

【例 5.2】图 5.8 所示的矩阵就是一个稀疏矩阵，求其压缩存储后的三元组表。

在这个稀疏矩阵中，共有 25 个元素，其中零元素有 17 个，非零元素有 8 个。因此，可以用一个二维数组 a[8][3] 存放此稀疏矩阵中的非零元素。例如，在此稀疏矩阵中，第 0 行第 1 列的元素为非零元素 1，因此，该二维数组中第 0 行元素的三元组的值分别是 0、1、1，分别对应着 a[0][0]、a[0][1]、a[0][2]。最终得到的扩充三元组表如图 5.9 所示。

$$\begin{bmatrix} 0 & 1 & 0 & 5 & 0 \\ 5 & 0 & 0 & 0 & 0 \\ 0 & 2 & 0 & 2 & 0 \\ 6 & 0 & 0 & 0 & 3 \\ 0 & 0 & 0 & 0 & 4 \end{bmatrix}$$

图 5.8　稀疏矩阵

| 0 | 1 | 1 |
| --- | --- | --- |
| 0 | 3 | 5 |
| 1 | 0 | 5 |
| 2 | 1 | 2 |
| 2 | 3 | 2 |
| 3 | 0 | 6 |
| 3 | 4 | 3 |
| 4 | 4 | 4 |

图 5.9　扩充三元组表

给定一个稀疏矩阵，得到其建立扩充三元组表的一般算法如下：

```
#define  MAX  10
#define  N    100
void diacompat3(int  a[MAX][MAX], int  m[N][3])
{
    int  i,j,k=0,n=-1;
    for(i=0;i<MAX;i++)          /*将每一个非零元素按行、列、值存入数组中*/
    for(j=0;j<MAX;j++)
    if(a[i][j]!=0)  {n++;m[n][0]=i;m[n][1]=j;m[n][2]=a[i][j];}
}
```

### 2. 十字链表存储稀疏矩阵

用三元组存储稀疏矩阵，可以节省存储空间，但是如果在矩阵运算过程中，非零元素的个数有变化，那么必将引起数组中元素的过多移动。为了克服这个缺点，介绍另一种存储方法——十字链表存储稀疏矩阵。

在使用十字链表存储稀疏矩阵时，一般是采用一个结点表示稀疏矩阵的一个非零元素，该结点由 5 个域组成，其中 3 个字段 row、col 和 val 及两个指针 right 和 down。结构如图 5.10

| row | col | val |
| --- | --- | --- |
| down | | right |

图 5.10　十字链表中的结点结构

所示。

其中，字段 row、col 和 val 分别存放非零元素的行号、列号和非零元素的值，每一行的非零元素结点按其列号从小到大顺序由 right 域链成一个带表头结点的循环行链表，每一列中的非零元素按其行号从小到大顺序由 down 域链成一个带表头结点的循环列链表。行链表、列链表的头结点的 row 域和 col 域置 0。每一列链表的表头结点的 down 域指向该列链表的第一个元素结点，每一行链表的表头结点的 right 域指向该行表的第一个元素结点。总头结点的 row 和 col 域存储原矩阵的行数和列数。

图 5.8 所示的稀疏矩阵用十字链表表示如图 5.11 所示。其中左上角的结点包含 3 个值域，这 3 个值域分别代表该稀疏矩阵的行数、列数以及非零元素的个数分别为 5、5、8。

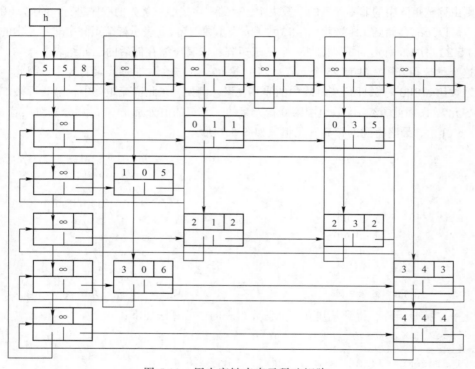

图 5.11　用十字链表表示稀疏矩阵

【例 5.3】设计一个算法实现稀疏矩阵的转置。

算法分析：用三元组表示该稀疏矩阵，且采取行优先的顺序存储该稀疏矩阵中的元素。一个 $m \times n$ 的矩阵 $A$，它的转置 $B$ 是一个 $n \times m$ 的矩阵，且 $b[i][j]=a[j][i]$，$0 \leqslant i < n$，$0 \leqslant j < m$，即 $B$ 的行是 $A$ 的列，$B$ 的列是 $A$ 的行。

设稀疏矩阵 $A$ 是按行优先顺序压缩存储在三元组表 a.data 中，若仅仅是简单地交换 a.data 中 $i$ 和 $j$ 的内容，得到三元组表 b.data，b.data 将是一个按列优先顺序存储的稀疏矩阵 $B$，要得到按行优先顺序存储的 b.data，就必须重新排列三元组表 b.data 中元素的顺序。因此，求转置矩阵的基本算法思想如下：

① 按稀疏矩阵 $A$ 的三元组表 a.data 中的列次序依次找到相应的三元组存入 b.data 中。

② 每次找到转置后矩阵的一个三元组，需要从头至尾扫描整个三元组表 a.data。找到之后自

然就成为按行优先的转置矩阵的压缩存储表示。

数据组织：通过算法分析得知，稀疏矩阵用三元组表来表示。三元组表每个结点数据类型定义如下：

```
#define MAX_SIZE 101
typedef int Datatype;
typedef struct
{   int   row;                              /*行下标*/
    int   col;                              /*列下标*/
    DataType value;                         /*元素值*/
}Triple ;
```

三元组顺序表数据类型定义如下：

```
typedef struct
{   int   rn;                               /* 行数*/
    int   cn;                               /*列数*/
    int   tn;                               /*非 0 元素个数*/
    Triple   data[MAX_SIZE+1] ;             /*data[0]未用*/
}TSMatrix;
```

算法实现：

```
void TransMatrix(TSMatrix a , TSMatrix b)
{
    int p,q,col;
    /*置三元组表 b.data 的行、列数和非 0 元素个数 */
    b.rn=a.cn;  b.cn=a.rn;  b.tn=a.tn;
    if(b.tn==0)    printf(" The Matrix A=0\n" );
    else
    {   q=1;
        for(col=1; col<=a.cn; col++)        /*每循环一次找到转置后的一个三元组*/
          for(p=1 ;p<a.tn; p++)             /*循环次数是非 0 元素个数*/
              if(a.data[p].col==col)
              {  b.data[q].row=a.data[p].col;
                 b.data[q].col=a.data[p].row;
                 b.data[q].value=a.data[p].value;
                 q++;
              }
    }
}
```

算法的时间复杂度为 $O(cn \times tn)$，即与矩阵的列数和非 0 元素的个数的乘积成正比。

# 5.3 广 义 表

广义表是线性表的一种推广，它被广泛应用于人工智能等领域的表处理语言 LISP 中。在 LISP 中，广义表是一种最基本的数据结构。用 LISP 语言编写的程序也表示为一系列的广义表。本节讨论广义表的概念、存储结构和两个典型的运算。

## 5.3.1 广义表的概念

广义表是线性表的推广，也称列表（Lists）。广义表是 $n$ 个元素的有限序列，记作

$$A=(a_0,a_1,\ldots,a_{n-1})$$

其中，$A$ 是表名；$n$ 是广义表的长度；$a_i$ 是广义表的元素，它可以是单个元素，也可以是广义表。

原子：如果 $a_i$ 是单个元素，则称为原子，用小写字母表示。

子表：如果 $a_i$ 是广义表，则称为子表，用大写字母表示。

表头（Head）：非空广义表的第一个元素 $a_0$，记为 head($A$)=$a_0$。

表尾（Tail）：除了表头的其余元素组成的表，记为 tail($A$)=（$a_1,a_2,\cdots,a_{n-1}$）。

深度：广义表中括号嵌套的最大层数。

例如：

① $B=(e)$：只含一个原子，长度为 1，深度为 1。

② $C=(a,(b,\ c,\ d))$：有一个原子，一个子表，长度为 2，深度为 2。

③ $D=(B,C)$：两个元素都是列表，长度为 2，深度为 3。

④ $E=(a,E)$ 是一个递归表，长度为 2，深度无限，相当于 $E=(a,(a,(a,(a,\cdots))))$。

⑤ 设广义表 $A=(a,b,c)$，$B=(A,(c,d))$，$C=(a,(B,A),\ (e,f))$，则

head($A$)=$a$，tail($B$)=(($c,d$))

head(head(head(tail($C$))))= head(head(head((($B,A$),($e,f$)))))

$\qquad\qquad\qquad$ = head(head(($B,A$)))=head($B$)=head(($A,(c,d)$))=$A$

## 5.3.2 广义表的存储结构

广义表的存储空间难以确定，常采用链式存储。链接结构中的结点表示如下：

| tag | dlink/data | link |
|-----|-----------|------|

其中，tag 是标识字段，若结点表示一个原子，则 tag=0，且第二个字段为 data，它表示原子的名称；若结点表示一个广义表，则 tag=1，且第二个字段为 dlink，它是指向子表的指针。link 字段是指向下一个结点的指针，若没有下一个结点，则置 link 为空（NULL，记为^）。

在 C/C++语言中，广义表的数据类型定义如下：

```
#include <stdio.h>
struct node
{
    int tag;
    union
    {
        struct node *dlink;
        char data;
    }dd;
    struct node *link;
};
typedef struct node NODE;
```

【例 5.4】设有以下广义表

$$A=(a,(b,c))$$

$$B=(A,A,())$$

其用链接结构表示如图 5.12 所示。

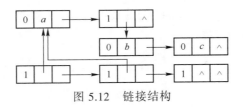

图 5.12　链接结构

### 5.3.3　广义表的运算

#### 1. 产生广义表的副本

相关代码：

```
NODE *copy( NODE p)
{
    NODE *q;
    if(p==NULL)return (NULL);
    q=(NODE*)malloc(sizeof(NODE));
    q->tag=p->tag;
    if(p->tag)                              /*如果结点为广义表，将子表复制*/
       q->dd.dlink=copy(p->dd.dlink);
     else                                   /*如果结点为原子，则直接复制元素值*/
       q->dd.data=p->dd.data;
    q->link=copy(p->link);                  /*将 p 的下一结点继续复制*/
    return(q);
  }
```

#### 2. 判断两个广义表是否相同

相关代码：

```
int equal(NODE s,NODE t)
{
    int x;
    if(s==NULL&&t==NULL)return (1);         /*相同返回 1*/
    if(s!=NULL&&t!=NULL)
    if(s->tag==t->tag)                      /*如果元素相同，则继续比较*/
    {
      if(!s->tag)                           /*如果元素为原子，比较原子值*/
        if(s->dd.data==t->dd.data)
           x=1;
        else
           x=0;
        else
           x=equal(s->dd.dlink,t->dd.dlink);/*如果元素为广义表，继续比较子表*/
      if(x)return(equal(s->link,t->link));
    }
    return(0);                              /*不相同返回 0*/
}
```

## 5.4　经典应用实例

在程序设计语言中，数组是一种使用非常普遍的数据结构。下面介绍两个应用实例：其中一个实例为利用二维数组表示矩阵，在矩阵中寻找鞍点；另一个实例为求两个稀疏矩阵的和，利用十字链表的存储方式实现两个矩阵相加。

### 5.4.1 矩阵鞍点

#### 1. 问题描述

若有矩阵 $A(m×n)$ 中的某一元素 $A[i][j]$，此元素满足以下特点：是第 $i$ 行所有元素中的最大值，且是第 $j$ 列所有元素中的最小值，则称该元素为该矩阵的一个鞍点。现在给定一个矩阵，要求编写一个函数，确定该矩阵中是否存在鞍点，如果存在鞍点则确定鞍点在矩阵中的位置。这就是矩阵鞍点（Matrix Saddle Point）问题。

#### 2. 数据结构分析

矩阵鞍点问题中主要涉及的数据是一般的矩阵结构，因此，根据矩阵的特点，选择用二维数组来存放矩阵。该二维数组的定义如下：

```
#define MAX 100
int a[MAX][MAX];
```

其中，MAX 表示该矩阵的最大行数和列数。

#### 3. 实体模拟

假设有矩阵 a[3][4] 和 b[3][4]，如图 5.13 所示。

$$\begin{bmatrix} 1 & 2 & 3 & 4 \\ 12 & 43 & 56 & 33 \\ 24 & 57 & 44 & 67 \end{bmatrix} \quad \begin{bmatrix} 1 & 2 & 3 & 8 \\ 4 & 5 & 7 & 4 \\ 9 & 10 & 11 & 12 \end{bmatrix}$$

(a) a[3][4]　　　　　　(b) b[3][4]

图 5.13　矩阵

扫描图 5.13（a）所示矩阵中的每个元素可以得出，第 0 行第 3 列的元素值 4 是本行中最大的元素，同时它还是第 3 列中最小的元素，因此该元素为鞍点。

扫描图 5.13（b）所示矩阵中的每个元素可以得出，该矩阵中没有鞍点。

#### 4. 算法实现

```
#define MAX 100
int value[3]={-1};
void MSP(int a[MAX][MAX],int m,int n)
{
int i,j,max,maxj,flag=1,k;
for(i=0;i<m;i++)
{
    max=a[i][0];            /*首先设第 i 行的第 0 个元素为最大值*/
    maxj=0;                 /*设最大值的列下标为 0*/
    for(j=0;j<n;j++)
    /*如果第 i 行中的第 j 个元素比当前的最大值还大，就把它赋给 max，同时记录下其列下标 j，
把它赋给 maxj*/
    if(a[i][j]>max)
    {
        max=a[i][j];
        maxj=j;
    }
```

```
for(k=0;k<m;k++)
/*判断第 maxj 列中的各个元素是否有比当前的最大值还要小的，如果 flag 变为 0，跳出循环*/
if(max>a[k][maxj])
{
    flag=0;
    break;
}
if(flag)    /*如果 flag 没变仍然为 1，则说明元素在该列中为最小值，将它打印输出*/
{
    value[0]=i,value[1]=maxj,value[2]=max;
    break;
}
}
}
```

## 5. 源程序及运行结果

源程序代码：

```
#include "stdio.h"
/*此处插入 4 中的算法*/
int main()
{
    int a[MAX][MAX],m,n,i,j,max,maxj,flag,k;
    printf("请输入行数列数(以空格分隔：)\n");
    scanf("%d %d",&m,&n);
    printf("请输入%d 个数:\n",m*n);
    for(i=0;i<m;i++)
        for(j=0;j<n;j++)
            scanf("%d",&a[i][j]);
    printf("输出矩阵：\n");
    for(i=0;i<m;i++)
    { for(j=0;j<n;j++)
            printf("%5d",a[i][j]);
        printf("\n");
    }
    MSP(a, m, n);                   /*算法调用*/
    if(value[0]!=-1)
    {   printf("矩阵中有鞍点!\n");
        printf("鞍点是元素 a[%d][%d]=%d\n",value[0],value[1],value[2]);
    }
    else
        printf("矩阵中没有鞍点!\n");
    return 0;
}
```

程序运行结果如图 5.14 所示。

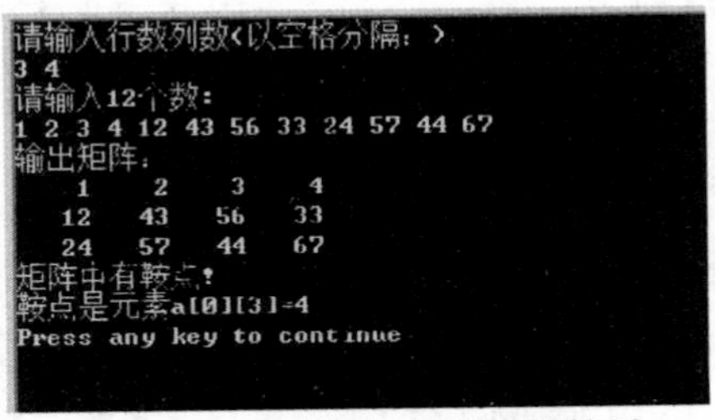

图 5.14　矩阵鞍点程序运行结果

### 5.4.2 稀疏矩阵相加

#### 1. 问题描述

已知两个稀疏矩阵 $A$ 和 $B$，计算 $C=A+B$。求 $C$ 的过程就是稀疏矩阵相加（Sparse Matrix Addition）问题。

#### 2. 数据结构分析

矩阵的存储方法有多种，如二维数组、扩充三元组和十字链表等。但是，在本实例中，由于矩阵是特殊矩阵——稀疏矩阵，因此，用十字链表分别表示矩阵 $A$、$B$ 和 $C$。

#### 3. 实体模拟

设稀疏矩阵 $A$、$B$ 分别如图 5.15 所示。

$$\begin{bmatrix} 12 & 14 & 0 & 0 \\ 0 & 0 & 0 & 0 \\ 34 & 23 & 45 & 0 \\ 0 & 56 & 0 & 78 \\ 0 & 0 & 0 & 0 \end{bmatrix} \qquad \begin{bmatrix} 2 & 0 & 0 & 0 \\ 0 & 3 & 0 & 0 \\ 4 & 0 & 0 & 0 \\ 0 & 0 & 0 & 0 \\ 0 & 0 & 0 & 0 \end{bmatrix}$$

（a）矩阵 $A$　　　　（b）矩阵 $B$

图 5.15　矩阵

根据矩阵加法的原则：对应的行和列的元素对应相加。用十字链表表示的稀疏矩阵 $A$ 和 $B$，在相加的过程中，$C$ 中的非零元素 $c_{ij}$ 有可能会出现以下几种情况：

① $a_{ij}+b_{ij}$。

② $a_{ij}$（$b_{ij}=0$）。

③ $b_{ij}$（$a_{ij}=0$）。

因此，当 $B$ 加到 $A$ 上时，对 $A$ 十字链表的当前结点来说，对应下列 4 种情况：改变结点的值（$a_{ij}+b_{ij}\neq0$），不变（$b_{ij}=0$），插入一个新结点（$a_{ij}=0$），删除一个结点（$a_{ij}+b_{ij}=0$）。整个运算从矩阵的第一行起逐行进行。对每一行都从行表的头结点出发，分别找到 $A$ 和 $B$ 在该行中的第一个非零元素结点后开始比较，然后按 4 种不同情况分别进行处理。

$$\begin{bmatrix} 14 & 14 & 0 & 0 \\ 0 & 3 & 0 & 0 \\ 38 & 23 & 45 & 0 \\ 0 & 56 & 0 & 78 \\ 0 & 0 & 0 & 0 \end{bmatrix}$$

最终，这两个矩阵相加的结果 $C$ 如图 5.16 所示。

图 5.16　运算结果矩阵 $C$

#### 4. 算法实现

```c
#include "stdlib.h"
struct node
{
    int row,col,val;                    /*分别表示行号、列号和值*/
    struct node *right,*down;           /*表示此结点的行下一结点和列下一结点*/
};
typedef struct node NODE;
NODE *a,*b,*c;
/* 初始化十字链表，建立 m 行 n 列的零矩阵的十字链表*/
NODE *create_null_mat(int m,int n)
{NODE *h,*p,*q;
  int  k;
  h=(NODE *)malloc(sizeof(NODE));       /*申请一个总表头结点*/
  h->row=m;
```

```
    h->col=n;
    h->val=0;
    h->right=h;
    h->down=h;
    p=h;
    for(k=0;k<m;k++)          /*申请 m 个行表头并且把它们链接起来，形成一个环行链表*/
    {
        q=(NODE *)malloc(sizeof(NODE));
        q->col=10000;          /*在行表头的列域放上 10000，表示一个很大的数*/
        q->right=q;
        q->down=p->down;
        p->down=q;
        p=q;
    }
    p=h;
    for(k=0;k<n;k++)          /*申请 n 个列表头并且把它们链接起来，形成一个环行链表*/
    {
        q=(NODE *)malloc(sizeof(NODE));
        q->row=10000;          /*在列表头的行域放上 10000，表示一个很大的数*/
        q->down=q;
        q->right=p->right;
        p->right=q;
        p=q;
    }
    return (h);
}
/*寻找行号为 i 的链表的最后一个非零元素*/
NODE *search_row_last(NODE *a,int i)
{
    NODE *p,*h;
    int k;
    p=a;                                        /*p 指向总表头*/
    for(k=0;k<=i;k++) p=p->down;                /*p 指向第 i 行的行表头*/
    h=p;
    while(p->right!=h) p=p->right;              /*p 指向第 i 行的最后一个非零元素*/
    return (p);
}
/*寻找列号为 j 的链表的最后一个非零元素*/
NODE *search_col_last(NODE *a,int j)
{
    NODE *p,*h;
    int k;
    p=a;                                        /*p 指向总表头*/
    for(k=0;k<=j;k++)p=p->right;                /*p 指向第 j 列的列表头*/
    h=p;
    while(p->down!=h) p=p->down;                /*p 指向第 j 列的最后一个非零元素*/
    return (p);
}
/*把值为 value 的结点插入在行号为 row、列号为 col 的链表的交叉点上*/
void insert_node(NODE *a,int row,int col,int value)
{
    NODE *p,*q,*r;
    p=search_row_last(a,row);
```

```
        q=search_col_last(a,col);
        r=(NODE *)malloc(sizeof(NODE));
        r->row=row;
        r->col=col;
        r->val=value;
        r->right=p->right;
        p->right=r;
        r->down=q->down;
        q->down=r;
        a->val++;                            /*结点个数加 1*/
}
/*建立十字链表，输入的是表示稀疏矩阵的三元组数组*/
NODE *create_mat()
{
    int m,n,t,i,j,k,v;
    NODE *h;
    printf("input 3-tuples:\n");
    printf("%3d:",0);
    scanf("%d,%d,%d",&m,&n,&t);       /*输入稀疏矩阵的行数、列数和非零元素的个数 */
    h=create_null_mat(m,n);
    for(k=1;k<=t;k++)                  /*依次插入非零元素到对应的十字链表中*/
    {
        printf("%3d:",k);
        scanf("%d,%d,%d",&i,&j,&v);
        insert_node(h,i,j,v);
    }
    return (h);
}
/*十字链表 a 和十字链表 b 表示的稀疏矩阵相加*/
NODE *mat_add(NODE *a,NODE *b)
{
    NODE *c,*p,*q,*u,*v;
    c=create_null_mat(a->row,a->col);    /*初始化十字链表*/
    p=a->down;                           /*p 指向 a 第一行*/
    u=b->down;                           /*p 指向 b 第一行*/
    while(p!=a)                          /*对 p 每一行进行相加处理*/
    {
      q=p->right;
      v=u->right;
      while(q!=p||v!=u)                  /*对 q 和 v 的每一列进行相加处理*/
      {
        if(q->col==v->col)              /*如果 q 和 v 的列数相同则值相加*/
      {   if(q->val+v->val!=0)          /*如果和非零，则插入此结点*/
            insert_node(c,q->row,q->col,q->val+v->val);
          q=q->right;
          v=v->right;
      }
        else
         if(q->col<v->col)              /*如果 q 列数更小，直接将 q 结点插入*/
         {
            insert_node(c,q->row,q->col,q->val);
            q=q->right;
         }
```

```
      else                     /*如果 v 列数更小，直接将 v 结点插入*/
          {
              insert_node(c,v->row,v->col,v->val);
              v=v->right;
          }
       }
      p=p->down;
      u=u->down;
    }
    return(c);
}
/*十字链表表示的稀疏矩阵输出为三元组表示的稀疏矩阵*/
visit(NODE *c)
{
    int i;
    NODE *s,*t;
    printf("output 3-tuples:\n");
    printf("%3d:",0);
    printf("%d,%d,%d\n",c->row,c->col,c->val);
    s=c->down;
    i=1;
    while(s!=c)                        /*输出每一行的值*/
    {
        t=s->right;
        while(t!=s)                    /*遍历每一列输出*/
        {
            printf("%3d:%d,%d,%d\n",i,t->row,t->col,t->val);
            i++;
            t=t->right;
        }
        s=s->down;
    }
}
```

### 5. 源程序及运行结果

源程序代码：

```
#include "stdio.h"
/*此处插入 4 中的算法*/
int main()
{
    NODE *x,*y,*z;
    printf("创建 A 矩阵十字链表:\n");
    x=create_mat();
    printf("创建 B 矩阵十字链表:\n");
    y=create_mat();
    printf("输出结果矩阵:\n");
    z=mat_add(x,y);
    visit(z);  /*算法调用*/
    return 0;
}
```

程序运行结果如图 5.17 所示。

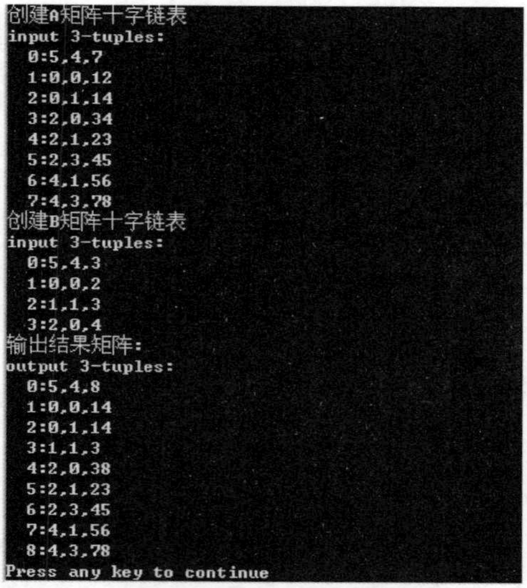

图 5.17　稀疏矩阵相加程序运行结果

# 小　结

本章讨论了与数组有关的内容。数组是线性表的推广，一维数组可看作一种定长的线性表，而多维数组可以看作由多个定长的线性表组成的。二维数组最常用，它对应着一种结构，即矩阵。实际使用过程中，用到的矩阵往往很大，而且有时会出现一些特殊矩阵。这一章讨论了常用的三角矩阵、对称矩阵、稀疏矩阵和带状矩阵，由于它们的数据元素的特殊性，详细讨论了如何进行压缩存储。这是本章的重点，也是难点，应该掌握。同时，介绍了与广义表有关的概念、存储结构和运算。最后，通过矩阵鞍点问题和稀疏矩阵相加问题，介绍了数组在实际生活中的应用。

# 知 识 巩 固

## 一、填空题

1. 二维数组 M 的每个元素是 6 个字符组成的串，行下标 i 的范围从 0 到 8，列下标 j 的范围从 1 到 10，则存放 M 至少需要_____个字节；M 的第 8 列和第 5 行共占_____个字节。

2. 稀疏矩阵一般的压缩存储方法有两种：_____和_____。

## 二、选择题

1. 数组 A 中，每个元素的长度为 3 字节，行下标 i 从 1 到 8，列下标 j 从 1 到 10，从首地址 SA 开始连续存放的存储器内，该数组按行存放，元素 A[8][5] 的起始地址为（　　　）。

　　A．SA + 141　　　　　B．SA + 144　　　　　C．SA + 222　　　　　D．SA + 225

2. 数组 A 中，每个元素的长度为 3 字节，行下标 i 从 1 到 8，列下标 j 从 1 到 10，从首地址 SA 开始连续存放的存储器内，该数组按行存放，元素 A[5][8] 的起始地址为（　　　）。

　　A．SA + 141　　　　　B．SA + 180　　　　　C．SA + 222　　　　　D．SA + 225

3. 若声明一个浮点数数组如下：float　average[]=new float[30];，假设该数组的内存起始位置为 200，则 average[15]的内存地址是（　　　　）。

    A．214　　　　　　B．215　　　　　　C．260　　　　　　D．256

4．设二维数组 A[1···m,1···n]按行存储在数组 B 中，则二维数组元素 A[i,j]在一维数组 B 中的下标为（　　　　）。

    A．n*(i−1)+j　　　B．n*(i−1)+j−1　　　C．i*(j−1)　　　D．j*m+i−1

5．有一个 100×90 的稀疏矩阵，非 0 元素有 10 个，设每个整型数占 2 字节，则用三元组表示该矩阵时，所需的字节数是（　　　　）。

    A．20　　　　　　B．66　　　　　　C．18 000　　　　　D．33

6．数组 A[0···4，−1···3，5···7]中含有的元素个数是（　　　　）。

    A．55　　　　　　B．45　　　　　　C．36　　　　　　D．16

7．对矩阵进行压缩存储是为了（　　　　）。

    A．方便运算　　　B．方便存储　　　C．提高运算速度　　　D．减少存储空间

8．设有一个 10 阶的对称矩阵 $A$，采用压缩存储方式，以行序为主存储，$a_{11}$ 为第一个元素，其存储地址为 1，每个元素占 1 个地址空间，则 $a_{85}$ 的地址为（　　　　）。

    A．13　　　　　　B．33　　　　　　C．18　　　　　　D．40

9．稀疏矩阵一般的压缩存储方式有两种，即（　　　　）。

    A．二维数组和三维数组　　　　　　B．三元组和散列

    C．三元组和十字链表　　　　　　　D．散列和十字链表

### 三、简答题

如果用低下标优先存储整数数组 A[2][4][5]，假设每个整数占 2 字节，第一个元素的字节地址是 100，试给出下列元素的存储地址：A[0][3][2]、A[1][2][3]、A[1][1][4]、A[1][3][2]。

# 实 训 演 练

### 一、验证性实验

1．编写程序输入一个上三角矩阵，将其存入一维数组中并输出。

2．编写程序输入一个下三角矩阵，将其存入一维数组中并输出。

3．编写程序输入一个稀疏矩阵，用扩充的三元组存储并输出。

4．编写程序建立两个广义表 s1 和 s2，要求实现以下功能：

（1）产生广义表 s1 的副本并输出。

（2）判断 s1 和 s2 是否相同。

### 二、设计性实验

1．求下列数列的前 20 项的和。

   1，3，5，7，…

2．写一个算法，实现矩阵的转置。

### 三、综合性实验

编写程序建立两个对称矩阵 $A$ 和 $B$，求 $A$ 和 $B$ 的乘积。

# 第 6 章

# 递 归

递归是一种编写程序的方法，不是一种数据结构。在树和图等非线性结构中需要大量用到递归算法。用递归算法写出来的程序结构清晰，容易理解，因此，递归算法也是计算机编程过程中用到的一种非常重要的思想。

为了全面地了解递归算法，为后续内容打好基础，本章讨论递归的基本概念、递归模型的建立以及如何根据递归模型编写程序，同时讨论递归与非递归之间的关系和执行过程。

| 本章重点 | ☑ 递归的定义 |
|---------|------------|
|         | ☑ 递归模型的建立 |
|         | ☑ 递归与非递归的转换 |
| 本章难点 | ☑ 递归的执行过程 |

## 6.1 递 归

递归是计算机中一种非常重要的思维方法。本节主要讨论递归的定义以及递归的使用场合。

### 6.1.1 递归的定义

递归是指一个函数直接或间接地调用自身。若直接调用自身称为直接递归；若通过其他函数间接地调用自身称为间接递归。其实在算法设计中，任何间接递归过程都可以转换为直接递归过程。

如果一个递归函数中的递归调用是最后一条执行语句，称这种递归为尾递归。尾递归只是一个变形的循环，可以用循环来代替。在含有循环结构的程序设计语言中，不推荐使用尾递归。

【例 6.1】有如图 6.1、图 6.2 所示的函数调用关系：

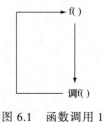

图 6.1 函数调用 1

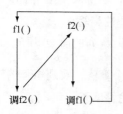

图 6.2 函数调用 2

分析：图 6.1 函数调用是 f()函数调用自身是直接递归；图 6.2 是函数 f1()调用了函数 f2()，而 f2()又调用了 f1()，称为间接递归。

【例 6.2】有以下函数：

```
int G(int n)
{
    if(n==1||n==2) return (1);
    else return(G(n-1)+G(n-2));
}
```

分析：函数 G()中调用了自身，称为直接递归，且调用自身的函数语句作为最后一条执行语句，因此又称尾递归。

通过以上分析可以发现递归函数体结构简单、清晰、可读性强，其实执行过程比较复杂，占用内存空间较多，执行效率低，不容易优化。

一般来说，能用递归思想求解的问题至少满足以下两个条件：

① 结束条件：如例 6.2 函数中的 n==1||n==2。

② 递推公式：G(n)=G(n-1)+G(n-2)。

## 6.1.2 递归的使用

递归思想往往适用于解决含有以下性质的问题。

### 1. 数据的定义是递归定义

【例 6.3】Fibonacci 函数的定义如下：

$$\text{Fibonacci}(n)=\begin{cases} 1 & ,n=1 \\ 1 & ,n=1 \\ \text{Fibonacci}(n\text{-}1)+\text{Fibonacci}(n\text{-}2) & ,n>2 \end{cases}$$

【例 6.4】求解 $n$ 的阶乘定义如下：

$$f(n)=\begin{cases} 1 & ,n=1 \\ n*f(n\text{-}1) & ,n>1 \end{cases}$$

分析：以上两个函数定义中既有结束条件又有递推公式，可以用递归算法来实现。

### 2. 解决问题的方法蕴含了递归特点

【例 6.5】Hanoi 问题。

分析：这是一个经典游戏——汉诺塔游戏。该游戏是指有三根柱子 A、B、C，其中在 A 上有 $n$ 个盘，盘从上而下依次变大，如图 6.3 所示。游戏的目标是将 A 上所有盘通过 B 全部移动到 C 上，游戏规则是每次只能移动一个盘，且在把盘放到相应柱子上时也必须保证从上而下依次变大。

解决这个问题采取的方法为：首先将 A 柱上的 $n$-1 个盘借助 C 柱移动到 B 柱，然后将最底层的盘直接移动到 C 柱，最后将 $n$-1 个盘借助 A 柱由 B 柱移动到 C 柱。

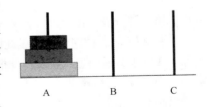

图 6.3　Hanoi 问题

该方法适用于用递归思想解决。设 Hanoi(n,A,B,C)表示将 $n$ 个盘从 A 柱借助 B 柱移动 C 柱上，其解决方法用递归表示如下：

$$Hanoi(n,A,B,C)=\begin{cases}Hanoi(n\text{-}1,A,C,B) & ,n>1 \\ move(n,A,C) & ,n=1 \\ Hanoi(n\text{-}1,B,A,C) & ,n>1\end{cases}$$

### 3. 数据结构的定义是递归定义

【例6.6】单链表的定义。

```
typedef struct node{
    DataType data;
    struct node *next;
}LinkList;
```

分析：结构体 struct node 的数据定义中用到了 struct node 自身，这种定义形式的数据结构称为递归数据结构。对于这种递归数据结构，其运算操作就可以采用递归方法来实现。例如，输出不带头结点的单链表中的所有结点的递归算法如下：

```
void Print(LinkList *L)
{
    if(L==NULL) return;
    else{printf("%d",L->data);
        Print(L->next);
    }
}
```

## 6.2　递归算法的设计

微课视频

递归算法的
设计

### 6.2.1　递归模型的建立

递归模型是递归问题的抽象，也是编写递归算法的基础。对于给定的具有递归特点的问题，能够正确地提炼出递归模型是编写算法的关键步骤。一般来说，一个递归模型至少包含递归出口和递归体两部分，递归出口决定递归何时结束，递归体决定了递归思想的核心。因此，递归模型的通式描述如下：

$$f(s_n)=\begin{cases}a & （1） \\ f(s_{n-1},c_i) & （2）\end{cases}$$

其中，第一部分表示递归出口，又称结束条件；第二部分表示递归体，又称递推公式。通过递推公式，将规模为 $S_n$ 的问题分解成规模为 $Sn-1$ 的问题，$C_i$ 表示可以直接求解（用非递归方法）的问题。实际上，递归思想就是一种把直接不好求解的"大问题"转化成规模更小的"小问题"来解决，"小问题"都解决了，"大问题"也就解决了。在转化过程中，"大问题"与"小问题"的解决思路必须相似。

【例6.7】求解 $n!$ 的递归模型如下：

$$f(n)=\begin{cases}1 & ,n=1 \\ n*f(n-1) & ,n>1\end{cases}$$

分析：通过建立的递归模型，求解 f(6) 的过程如图 6.4 所示。

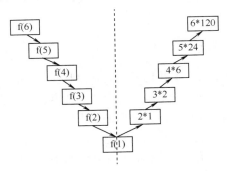

图 6.4　求解 f(6) 的基本过程

这个求解过程把递归执行分为两个过程：第一个过程是虚线左侧部分，从 f(6) 一直变化到 f(1)，从求解的问题一直递推到递归出口 f(1)；然后进入第二个过程，即虚线右侧部分，这个过程称为回归或求值，根据 f(1)=1 返回求 f(2)=2*1=2，依次类推，f(3)=3*2=6，f(4)=4*6=24，直到 f(6)=6*120=720。

### 6.2.2　递归算法的设计

递归算法设计的基本步骤是首先确定问题的递归模型，然后用 C/C++ 语言将递归模型编写成函数。因此，确定递归模型是关键。如何确定一个问题的递归模型呢？基本步骤如下：

① 对原问题 $f(s_n)$ 进行分析，假设出合理的小问题 $f(s_{n-1})$。

② 给出 $f(s_n)$ 与 $f(s_{n-1})$ 之间的关系，确定递归体。

③ 根据特定情况［如 $f(1)$ 或 $f(0)$］下的解，确定递归出口。

【例 6.8】采用递归算法实现求 $1+2+3+\cdots+n$ 的和。

分析：假设 sum($n$) 是求表达式 $1+2+3+\cdots+n$ 的值，那么 sum($n-1$) 是求表达式 $1+2+3+\cdots+n-1$ 的值，因此，sum($n$)=$n$+ sum($n-1$)。该问题的递归模型为：

$$\text{sum}(n) = \begin{cases} 1 & (n=1) \\ n+\text{sum}(n-1) & (n>1) \end{cases}$$

根据递归模型，就可以编写函数。从递归模型可以看到，其实是一个根据条件进行执行的过程。因此，只需要使用 if 语句就可以描述该递归模型。递归函数如下：

```
int sum(int n)
{
    if(n==1) return 1;
    else return n+sum(n-1);
}
```

【例 6.9】采用递归算法实现 Hanoi 问题。

分析：6.1.2 节已经建立了 Hanoi 问题的模型。递归函数如下：

```
void Hanoi(int n ,int A,int B,int C)
{
    if(n==1) {printf("%d 从%d 移动%d\n",n,A,C); }
    else{Hanoi(n-1,A,C,B);
        printf("%d 从%d 移动%d\n",n,A,C);
```

```
        Hanoi(n-1,B,A,C);
    }
}
```

### 6.2.3　递归算法的性能分析

通过前面内容的介绍发现，如果解决的问题具有递归性质，就尽量采用递归思维方式思考问题求解方法从而提炼递归模型，一些看似复杂的问题也就容易解决了，而且用递归思想写出来的递归算法的可读性强，结构简单明朗。这是递归的最大优点。

递归算法在执行时分为两个过程：首先不断把大问题分解成小问题直至递归出口；然后不断根据求解结果返回至未执行完的语句继续执行直至最终结果。在这个返回过程中，需要不断找到原来的现场信息，这就需要在分解过程中保存现场信息。因此，在执行过程中，需要开辟一定的存储空间来保存现场信息。如果问题规模较大，分解和返回求值的过程也较复杂。从这一点来看，递归执行需要额外时间和空间的开销。

# 6.3　递 归 和 栈

### 6.3.1　递归调用与栈

递归是函数自身调用自身的过程，递归函数的执行包含递推和回归两个过程。递推过程中，需要把每次调用函数的返回地址和被调用函数的参数值保存下来，以便回归时能够及时返回。用来存放这些信息的存储单元称为栈。每次调用函数一次，就把这些信息进栈，每次执行返回操作时就出栈一次，把栈中相应的信息返回到对应的参数。下面以求 f(3) 为例分析其进栈和出栈情况。根据例 6.7 递归模型得出递归函数为：

```
int f(int n)
{
    if(n==1)                /*语句 1*/
        return 1;           /*语句 2*/
    else                    /*语句 3*/
        return n*f(n-1);    /*语句 4*/
}
```

调用 f(3) 时，把返回地址 d0（设为 d0）以及参数 3 进栈，然后进入函数体执行语句 1、3、4，当执行语句 4 中的 f(2)（f(n-1)）时，必须中断当前执行的程序，转去调用 f(2)，记录下其返回地址 d1（设为 d1）；调用 f(2) 时，把返回地址 d1 以及参数 2 进栈，然后进入函数体执行语句 1、3、4，当执行语句 4 中的 f(1)（f(n-1)）时，必须中断当前执行的程序，转去调用 f(1)，记录下其返回地址 d2（设为 d2）；调用 f(1) 时，把返回地址 d2 以及参数 1 进栈，然后进入函数体执行语句 1、2，返回 1 并出栈一次；执行 f(2)，执行语句 4，返回 2 并出栈一次；执行 f(3)，执行语句 4，返回 6 并出栈一次，此时栈空，返回 6 并转向 d0。f(3) 的进栈和出栈过程如表 6.1 所示。

表 6.1　f(3) 的进栈和出栈过程

| 序　号 | 调用/执行函数 | 进栈/出栈 | 执 行 语 句 | 是否有返回值 |
| --- | --- | --- | --- | --- |
| 1 | 调用 f(3) | 进栈(d0,3) | 1、3、4 | 无 |
| 2 | 调用 f(2) | 进栈(d1,2) | 1、3、4 | 无 |

续表

| 序 号 | 调用/执行函数 | 进栈/出栈 | 执 行 语 句 | 是否有返回值 |
|---|---|---|---|---|
| 3 | 调用 f(1) | 进栈(d2,1) | 1、3、4 | 无 |
| 4 | 执行 f(1) | 出栈(d2,1) | 1、2 | 1 |
| 5 | 执行 f(2) | 出栈(d1,2) | 4 | 2 |
| 6 | 执行 f(3) | 出栈(d0,3) | 4 | 6 |

### 6.3.2 递归到非递归的转换

一般情况下，尾递归算法可以直接利用循环结构直接转化为非递归算法。这种递归算法在求值过程中，无须回溯。对于不是尾递归的复杂递归算法，不能直接求值，必须进行回溯，这时需要借助栈来模拟递归过程，并实现向非递归的转换。

【例 6.10】采用递归和非递归算法实现求 Fibonacci 数列第 n 项的值。

分析：Fibonacci 数列递归模型如下。

$$Fibonacci(n)=\begin{cases} 1 & ,n=1 \\ 1 & ,n=2 \\ Fibonacci(n\text{-}1)+Fibonacci(n\text{-}2) & ,n>2 \end{cases}$$

根据递归模型，其递归算法为：

```
long Fibonacci1(int n)
{
    if(n==1||n==2) return 1;
        else return Fibonacci(n-1)+Fibonacci(n-2);
}
```

可以看出，该递归函数是尾递归，因此，可以直接用循环结构将此递归转换成非递归算法。非递归算法如下：

```
long Fibonacci2(int n)
{
    int f1=1,f2=1,i;
    if(n==1||n==2) return 1;
    else for(i=3;i<=n;i++)
    {   s=f1+f2;
        f1=f2;
        f2=s;
    }
    return s;
}
```

【例 6.11】采用非递归算法实现求 Hanoi 问题。

算法分析：在前面的章节中，已经建立了该问题对应的递归模型，并用递归函数加以实现。该递归函数不属于尾递归，而是属于复杂问题的递归算法，不能直接使用循环结构进行转换。根据函数调用与栈的关系，对于复杂问题的递归算法转化为非递归算法的过程，借助栈来完成，需要进栈和出栈。

首先将任务 Hanoi(n,A,B,C)进栈，栈不为空时循环执行下列动作：出栈一个任务 Hanoi(n,A,B,C)，如果它是可直接移动的，就移动盘；否则设置返回点，该任务转化为 Hanoi(n−1,A,C,B)、move(n,A,C)、Hanoi(n−1,B,A,C)，将这些任务按 Hanoi(n−1,B,A,C)、move(n,A,C)、Hanoi(n−1,A,C,B) 的顺序依次进栈保存，其中 move(n,A,B)可以直接移动。

算法实现：

```c
#define maxsize   100
typedef struct
{
    int n,flag;                    /*n 为圆盘个数，flag 为是否可直接移动盘片的标志*/
    char A,B,C;                    /*3 个底座*/
}elemtype;                         /*栈中元素的类型*/
typedef struct
{
    elemtype data[maxsize];
    int top;
}stacktype;                        /*栈的类型*/
void Hanoi(int n,char A,char B,char C)
{
    stacktype *s;
    elemtype e,e1,e2,e3;
    Initstack(s);                  /*初始化栈*/
    e.n=n;e.A=A;e.B=B;e.C=C;e.flag=0; /*处理 Hanoi(n,A,B,C)*/
    Push(s,e);
    while(!StackEmpty(s))          /*栈不为空时循环*/
    {
        Pop(s,e);                  /*元素出栈*/
        if(e.flag==0)              /*当不能直接移动盘时*/
        {
            e1.n=e.n-1;e1.A=e.B;e1.B=e.A;e1.C=e.C;/*处理 Hanoi(n-1,B,A,C)*/
            if(e1.n==1)
                e1.flag=1;
            else
                e1.flag=0;
            Push(s,e1);
            e2.n=e.n;e2.A=e.A;e2.B=e.B;e2.C=e.C;/*处理 move(n,A,C)*/
            e2.flag=1;
            Push(s,e2);
            e3.n=e.n-1;e3.A=e.A;e3.B=e.C;e3.C=e.B;/*处理 Hanoi(n-1,A,C,B)*/
            if(e3.n==1)
                e3.flag=1;
            else
                e3.flag=0;
            Push(s,e3);
        }
        else
            printf("\t移动盘%d从%c到%c\n",e.n,e.A,e.C);
    }
}
```

# 6.4   经典应用实例

递归的用途非常广泛，凡是符合递归条件的问题都可以用递归来解决。本节采用递归方法实现迷宫问题。

### 1. 问题描述

迷宫问题是取自心理学的一个古典实验。在该实验中，把一只老鼠从一个无顶大盒子的门放入，在盒中设置了许多墙，对行进方向形成了多处阻挡。盒子仅有一个出口，在出口处放置一块奶酪，吸引老鼠在迷宫中寻找道路以到达出口。对同一只老鼠重复进行上述实验，一直到老鼠从入口到出口，而不走错一步。老鼠经多次试验终于得到它学习走迷宫的路线。这就是著名的迷宫问题。

本题的迷宫问题要求在给定的迷宫中找出从入口到出口的所有路径。

### 2. 数据结构分析

设迷宫为 m 行 n 列，利用 mg[m][n] 来表示一个迷宫，maze[i][j]=0 或 1；其中 0 表示通路，1 表示不通，当从某点向下试探时，中间点有 4 个方向可以试探，而 4 个角点有 2 个方向，其他边缘点有 3 个方向，为使问题简单化，用 mg[m+2][n+2] 来表示迷宫，而迷宫的四周的值全部为 1。

用 path 变量保存一条迷宫路径，需要保存路径上的每个位置（i,j）以及路径的长度。因此，其类型定义如下：

```
typedef struct
{   int i;
    int j;
}Box;
typedef struct
{
    Box data[MaxSize];
    int length;
}pathtype;
```

### 3. 实体模拟

见第 3 章经典应用实例。

### 4. 递归分析

设 Allpath(x,y,xe,ye,path) 为求从 (x,y) 到 (xe,ye) 的迷宫路径 path，当从 (x,y) 出发找到一个相邻且可走的方块 (i,j) 后，问题就变成了 Allpath(i,j,xe,ye,path)，求从 (i,j) 到 (xe,ye) 的迷宫路径 path。根据描述，建立递归模型。

① 当 (x,y)==(xe,ye) 时：

Allpath(x,y,xe,ye,path)=将 (x,y) 加到路径 path 中，输出 path 中的迷宫路径。

② 当 (x,y)≠(xe,ye) 且可走时：

Allpath(x,y,xe,ye,path)=尝试 4 个方向每一个相邻方块 (i,j)。

● 将 (x,y) 加到路径 path 中。

● mg[x][y]=-1。

● Allpath(i,j,xe,ye,path)。

③ 当 (x,y)≠(xe,ye) 且不可走时：

Allpath(x,y,xe,ye,path)=不做任何事情。

### 5. 递归函数

```
void Allpath(int x,int y,int xe,int ye,PathType path)
{
    int di,k,i,j;
```

```
if(x==xe && y==ye)        /*找到了出口,输出路径*/
{
    path.data[path.length].i=x;
    path.data[path.length].j=y;
    path.length++;
    printf("迷宫路径%d如下:\n",++count);
    for(k=0;k<path.length;k++)
        printf("\t(%d,%d)",path.data[k].i,path.data[k].j);
    printf("\n");
}
else                          /*(x,y)不是出口*/
{
    if(mg[x][y]==0)         /*(x,y)是一个可走方块*/
    {
        di=0;
        while(di<4)       /*找(x,y)的一个相邻方块(i,j)*/
        {
            switch(di)
            {
                case 0:i=x-1; j=y;   break;
                case 1:i=x;   j=y+1; break;
                case 2:i=x+1; j=y;   break;
                case 3:i=x;   j=y-1; break;
            }
            path.data[path.length].i=x;
            path.data[path.length].j=y;
            path.length++;
            mg[x][y]=-1;
            Allpath(i,j,xe,ye,path);
            path.length--;
            mg[x][y]=0;
            di++;
        }
    }
}
}
```

# 小　结

递归是一种非常重要的技术，采用递归技术设计出来的程序，具有结构清晰、可读性好、易于理解等优点，但递归程序比非递归程序在空间需求和时间需求上都要求更高，因此非递归方式实现问题的算法执行效率更高且更节省存储空间。这一章主要介绍了递归的定义、递归模型的建立、递归函数的执行过程及递归函数转换成非递归函数的方法，最后通过迷宫问题介绍了递归在实际生活中的应用。

# 知 识 巩 固

## 一、填空题

1. 一个递归模型至少包括_____和_____两部分。

2. 直接递归是指一个函数对_____的调用。

### 二、选择题

1. 下列选项中（　　　）不是递归的优点。

　　A. 结构清晰　　　　B. 执行效率高　　　　C. 可读性强　　　　D. 易于理解

2. 递归向非递归的转换借助（　　　）实现。

　　A. 数组　　　　　　B. 队列　　　　　　　C. 栈　　　　　　　D. 单链表

### 三、简答题

简述简单递归函数向非递归函数转换的方法。

# 实 训 演 练

### 一、验证性实验

1. 编写程序，分别采用递归和非递归两种方法求 Fibonacci 数值。

2. 编写程序，分别采用递归和非递归两种方法实现汉诺塔问题。

### 二、设计性实验

1. 已知整型数组{45 87 23 46 19 80 103 28 55 93}，设计一个递归算法，实现数组的逆序输出，即输出顺序为{93 55 28 103 80 19 46 23 87 45}。

2. 编写一个递归函数，求两个正整数 $m$ 和 $n$ 的最大公约数，其中最大公约数 gcd(m,n)的求解公式为：

$$\gcd(m,n) = \begin{cases} m & ,n = 0 \\ \gcd(n,m\%n) & ,其他 \end{cases}$$

### 三、综合性实验

八皇后问题是一个以国际象棋为背景的问题：如何能够在 8×8 的国际象棋棋盘上放置 8 个皇后，使得任何一个皇后都无法直接吃掉其他皇后？

为了达到此目的，任两个皇后都不能处于同一条横行、纵行或斜线上。

采用递归的方法编写程序实现以上八皇后问题。

# 第 7 章

# 树

　　线性表、栈、队列、串、数组和广义表等数据结构表达和处理的数据是以线性结构为组织形式。在计算机应用的各种不同领域中，存在着大量需要用更复杂的非线性结构表示的数据。因此，必须研究非线性结构的数据结构。树状结构就是这些更复杂的结构中最重要也是最常用的一类。

　　本章主要讨论树、二叉树、哈夫曼树及它们的存储结构和运算。

| | |
|---|---|
| **本章重点** | ☑ 树的概念和存储结构<br>☑ 二叉树的概念及存储结构<br>☑ 二叉树的遍历及算法<br>☑ 树、森林和二叉树之间的转换<br>☑ 哈夫曼树的概念及应用 |
| **本章难点** | ☑ 二叉树的遍历算法<br>☑ 二叉树的构造 |

## 7.1　树的定义及基本概念

　　树结构是一种重要的非线性数据结构，在客观世界中广泛存在，如人类社会的族谱和各种社会组织机构都可用树来形象地表示。下面主要讨论树的定义和树的存储结构。

### 7.1.1　树的定义

　　人类社会中家族成员之间的血缘关系可以表示成一个树结构。图 7.1（a）是描述"老王"家族的成员及血缘关系的层次结构。其中，"老王"有两个孩子（儿子或女儿）"王一"和"王二"。"王一"有两个孩子"王一一"和"王一二"。"王二"有一个孩子"王二一"。

　　图 7.1（a）看上去很像生活中一棵倒置的树，"树结构"这个名称由此得来。

　　由图 7.1 看出，"老王"家族可以分为三部分："老王"自己；"王一"家族［见图 7.1（b）］；"王二"家族［见图 7.1（c）］。而"王一"家族和"王二"家族同样可以按上述方法进行分解。可以看出，由这种分解得到的"小家族"仍保持树状结构。

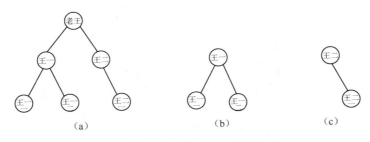

图 7.1 描述家族成员关系的树结构

树（Tree）是 $n$（$n \geq 0$）个结点的有穷集合，满足以下条件：

① 有且只有一个称为根的结点；

② 其余结点分为 $m$（$m \geq 0$）个互不相交的非空集合 $T_1$，$T_2$，$\cdots$，$T_m$，这些集合中的每一个结点又是一棵树，称为根的子树。这些集合 $T_1$，$T_2$，$\cdots$，$T_m$ 之间是互斥集合，即各子树之间相互独立。树一般分为两种结构，分别是自上而下和自下而上结构。一般情况下，采用自上而下结构表示树。

图 7.2 所示的结构就是一棵树。

树的抽象数据类型描述如下：

**ADT Tree**

{数据对象：

    D={$a_i$ | 1≤i≤n,n≥0，$a_i$ 为定义的数据元素}

数据关系：

    R={< $a_i$，$a_j$> | $a_i$，$a_j$∈D，1≤i,j≤n,其中有且仅有一个结点没有前驱结点，其余每个结点只有一个前驱结点，但可以有零个或多个后继结点}

基本运算：

    InitTree(&t)：构造一棵空树 t。

    TreeHeight(t)：求树 t 的高度。

    Parent(t,p)：求树 t 中结点 p 的双亲结点。

    Brother(t,p)：求树 t 中结点 p 的兄弟结点。

    DestroyTree(&t)：销毁树 t，释放 t 所占的空间。

}

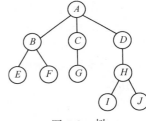

图 7.2 树

## 7.1.2 树的逻辑表示

树的逻辑表示方法有很多种，每一种方法都能表达结点之间的层次关系。下面介绍 3 种常用树的逻辑表示方法。

### 1. 树状表示法

用圆圈表示树中的结点，圆圈内的符号表示结点的数据信息，结点之间的关系用直线从上向下连接起来。图 7.2 采用的方法就是树的树状表示法。

### 2. 文氏图表示法

每棵树用一个圆圈来表示，圆圈内包含该棵树的根结点和子树对应的圆圈。同一个根结点所包含的子树对应的圆圈是不能相交的。依此类推，直到所有的结点没有子树为止。图 7.2 所示的树对应的文氏图表示法如图 7.3 所示。

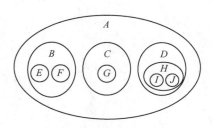

图 7.3　文氏图表示法

### 3. 括号表示法

每棵树的根结点对应一个结点直接写出，后面跟一对括号，括号内写上该根结点的子结点，子结点之间用逗号分开，然后每个结点又可以作为根结点，按照上述规则继续写出其对应的子结点，直到所有结点都列出为止。图 7.2 所示的树对应的括号表示法为 $A(B(E,F),C(G),D(H(I,J)))$。

## 7.1.3　树的基本概念

树有很多专用概念，下面以图 7.2 为例介绍树的常用概念。

① 根结点：树中最顶端的数据元素。图 7.2 中的根结点为 $A$。

② 结点：树中每一个数据元素，如 $A$、$B$、$C$、$D$、$E$、$F$、$G$、$H$、$I$ 和 $J$。

③ 结点的度：结点所拥有子树的数目，度数为 1 的结点称为单分支结点，度数为 2 的结点称为双分支结点。例如，结点 $A$ 的度为 3，结点 $B$ 和 $H$ 的度为 2，结点 $C$ 和 $D$ 的度为 1，其余结点的度为 0。

④ 终端结点（又称叶子结点）：度为 0 的结点。例如，结点 $E$、$F$、$G$、$I$、$J$ 的度为 0，它们都是叶子结点。

⑤ 非终端结点：度不为 0 的结点。例如，结点 $A$、$B$、$C$、$D$、$H$ 的度不为 0，它们都是非终端结点。

⑥ 结点的层数：树中每个结点处于一定的层次，规定树中根结点的层数为 1，根结点子树的层数为 2，依此类推。例如，结点 $A$ 的层数为 1，结点 $B$、$C$、$D$ 的层数为 2，结点 $E$、$F$、$G$、$H$ 的层数为 3。

⑦ 树的度：树中所有结点的度的最大值，通常将度为 $m$ 的树称为 $m$ 次树。图 7.2 所示树的度为 3。

⑧ 树的深度：树中所有结点的层数的最大值，又称为树的高度。图 7.2 所示树的深度为 4。

⑨ 路径和路径长度：对于树中任意两个结点 $a_i$、$a_j$，若树中存在一个结点序列（$a_i,a_{i1},a_{i2},…,a_{in},a_j$），使得序列中除 $a_i$ 以外的任一结点都是其在序列中的前一个结点的后继结点，则称该结点序列为由 $a_i$ 到 $a_j$ 的一条路径。路径长度是该路径上分支数目，即经过的结点数目减 1。图 7.2 所示的结点 $A$ 到结点 $I$ 的路径为（$A$，$D$，$H$，$I$），路径长度为 3。

⑩ 有序树与无序树：若树中每棵子树从左向右的排列有一定的顺序（不得互换），则称为有序树，否则称为无序树。

⑪ 森林：由 $m$（$m≥0$）棵互不相交的树组成的集合。

⑫ 孩子结点、双亲结点：称一棵树的根结点为它的所有子树的双亲结点（又称前驱结点），称子树的根结点是它的双亲的孩子结点（又称后继结点）。例如，结点 $A$ 是结点 $B$、$C$、$D$ 的双亲，

结点 $B$、$C$、$D$ 是结点 $A$ 的孩子。

⑬ 子孙结点：以某结点为根的子树中的所有结点都称为该结点的子孙结点。例如，结点 $H$、$I$、$J$ 称为结点 $D$ 的子孙。

⑭ 祖先结点：从根结点到该结点路径上的所有结点。例如，从 $A$ 结点到 $I$ 结点经过 $A$、$D$、$H$ 三个结点，所以，结点 $I$ 的祖先有结点 $A$、$D$、$H$。

⑮ 兄弟结点：树中具有相同双亲的结点互为兄弟结点。例如，$B$、$C$、$D$ 三个结点的双亲都是结点 $A$，所以结点 $B$、$C$、$D$ 是兄弟。

⑯ 堂兄弟结点：双亲在同一层的结点互为堂兄弟结点。例如，结点 $F$、$G$、$H$ 的双亲在同一层上，因此它们是堂兄弟。

### 7.1.4 树的基本性质

树有许多基本概念，这些概念之间存在一定的关系，下面讨论树的基本性质能反映这些概念之间的关系。

**性质 1** 树中的结点数等于所有结点的度数之和加 1。

证明：树的分支数即为该结点的度数，因此，树中的所有结点度数之和等于除根结点外的结点数，也就是说树中的结点数等于所有结点度数之和加 1（根结点）。

**性质 2** 度为 $m$ 的树的第 $i$ 层至多有 $m^{i-1}$ 个结点。（$i \geq 1$）

证明：用数学归纳法证明。

① 当 $i=1$ 时结点数为 1，此时该树只有根结点。

② 假设当 $i=k$ 时，结论成立，即第 $i$ 层至多有 $m^{k-1}$ 个结点。

③ 当 $i=k+1$ 时，层数增加了 1，而 $i=k$ 时第 $i$ 层至多有 $m^{k-1}$ 个结点，因为树的度数为 $m$，因此这 $m^{k-1}$ 个结点的每个结点至多有 $m$ 个结点，即第 $i=k+1$ 层至多结点数为 $m^{k-1} \times m = m^{(k+1-1)}$。

综上所述，度为 $m$ 的树的第 $i$ 层至多有 $m^{i-1}$ 个结点。（$i \geq 1$）

思考：

① 高度为 $h$ 的 $m$ 次树最多有多少个结点？

② 具有 $n$ 个结点的 $m$ 次树的最小高度是多少？

### 7.1.5 树的基本运算

树是一种非线性结构，结点之间的关系比线性结构中的结点之间的关系要复杂得多，因此，树的运算更加复杂。树的基本运算如下：

① 查找：寻找满足某种特定条件的结点，如寻找一个结点的子结点或双亲结点。

② 插入或删除：在树中插入某个结点的子结点或删除符合条件的结点。

③ 遍历：访问树中的结点。

树的遍历运算是指按照某种指定的顺序访问树中的所有结点且只访问一次。树的遍历方式有先序遍历、后序遍历和层次遍历。

先序遍历是指先访问树的根结点，然后按照从左到右的顺序先序遍历根结点的每一棵子树。后序遍历是指先按照从左到右的顺序后序遍历根结点的每一棵子树，然后访问树的根结点。层次遍历是指从根结点开始按照从上到下、从左到右的顺序访问树中的每一个结点。

### 7.1.6 树的存储结构

树是一种非线性结构，因此，不能简单地用一维数组或单链表来存储树中的各个结点。为了更好地存储树，必须把树中各结点之间存在的双亲、孩子、兄弟等关系反映在存储结构中，才能如实地表示一棵树。下面以存储图 7.4 所示的树为例介绍树的存储结构。

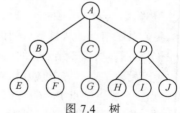

图 7.4　树

#### 1. 树的顺序存储结构

树的顺序存储结构是指用数组来存储树中的结点，每个结点存储的信息有该结点的值及该结点的孩子结点，如无孩子结点该值置为-1。存储结点的顺序按照层次遍历得到的结点顺序。因此，树的顺序存储结构的类型及变量定义如下：

```
#define  N  10        /*树的结点个数*/
#define  M  3         /*树的度数*/
typedef  struct  sb   /*树的结点存储定义*/
{ char  data;
  int  child[M];
} node;
node  tree[N];
```

在此类型和变量定义下，图 7.4 所示的树的顺序存储结构如图 7.5 所示（-1 表示不存在孩子结点）。

| tree | data | child[0] | child[1] | child[2] |
|------|------|----------|----------|----------|
| 0 | A | 1 | 2 | 3 |
| 1 | B | 4 | 5 | -1 |
| 2 | C | 6 | -1 | -1 |
| 3 | D | 7 | 8 | 9 |
| 4 | E | -1 | -1 | -1 |
| 5 | F | -1 | -1 | -1 |
| 6 | G | -1 | -1 | -1 |
| 7 | H | -1 | -1 | -1 |
| 8 | I | -1 | -1 | -1 |
| 9 | J | -1 | -1 | -1 |

图 7.5　树的顺序存储结构

#### 2. 树的链式存储结构

利用顺序存储结构表示树，其操作方式简单，但较浪费内存，如图 7.5 中有大量的-1；利用链式存储结构表示树，较为节省空间，但因每个结点的结构不同，所以当要进行插入和删除操作时，其流程非常复杂。改进的方法是使每个结点都有相同的结构，便可简化插入和删除操作流程。因此，树的链式存储结构类型及变量定义如下：

```
#define  M  3    /*树的度数*/
typedef
struct  link
{ char  data;
  struct  link  *child[M];
}linknode;
linknode  *T;
```

在此类型和变量定义下，图 7.4 所示的树的链式存储结构结果如图 7.6 所示。

通过该树的链式存储结构发现，许多结点只用了少数的分支，空间浪费较大。二叉树的结构便是为了克服上述缺点而提出的一种应用广泛的结构。

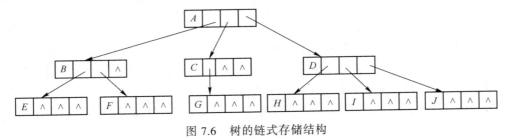

图 7.6　树的链式存储结构

# 7.2　二叉树的定义及基本性质

在树的应用中，二叉树显得尤为重要。因为处理树的很多算法中，当把树转换成二叉树时算法都变得非常简单，因此，了解和掌握二叉树是解决树结构问题的基础。下面主要讨论二叉树的定义及基本性质。

## 7.2.1　二叉树的定义

二叉树（Binary Tree）是由结点的有限集合构成的，这个有限集合或者为空集合，或者由一个根结点及两棵不相交的树组成，这两棵不相交的树分别称作这个根结点的左子树与右子树。

这是一个递归定义。二叉树可以是空集合，因此根结点可以有空的左子树或右子树，或者左右子树都为空。图 7.7 所示为二叉树的 5 种基本形态。

（a）空二叉树　（b）只含根结点的二叉树　（c）只有非空左子树的二叉树　（d）只有非空右子树的二叉树　（e）同时有非空左右子树的二叉树

图 7.7　二叉树的五种基本形态

二叉树的表示法和树的表示法一样，树的所有概念定义都适用于二叉树。

## 7.2.2　二叉树的性质

二叉树具有 5 个重要的性质。了解这些性质，对于更好地设计二叉树的存储及操作算法具有很大的益处。

**性质 3**　在二叉树的第 $i$ 层上最多有 $2^{i-1}$（$i \geqslant 1$）个结点。

证明：用数学归纳法证明。

① 当 $i=1$ 时，二叉树第一层上只有一个结点，因此，结论成立。

② 设当 $i=k$ 时，结论成立，即第 $k$ 层上至多有 $2^{k-1}$ 个结点。

③ 当 $i=k+1$ 时，由于在二叉树中每个结点至多有两个孩子，且第 $k+1$ 层上每个结点是第 $k$

层上某个结点的孩子，从而第 $k+1$ 层上所含结点数≤2×第 $k$ 层上所含结点数≤$2 \times 2^{k-1}=2^{(k+1-1)}$，从而结论成立。

除用数学归纳法证明外，根据树的基本性质 2 直接推导出该结论。

**性质 4** 深度为 $k$ 的二叉树中至多有 $2^k-1$（$k \geqslant 1$）个结点。

证明：由性质 3 可得出，$1 \sim k$ 层最多的结点数分别为：$2^0, 2^1 \cdots, 2^{k-1}$。这是一个以 2 为公比的等比数列，因此，深度为 $k$ 的二叉树最多有 $2^0+2^1+\cdots+2^{k-1}=2^k-1$个结点，由此结论成立。

**性质 5** 对于任意一棵非空二叉树，有 $n_0 = n_2 + 1$。（其中，$n_k$ 表示二叉树中度为 $k$ 的结点个数。）

证明：设该二叉树有 $n$ 个结点，有 $b$ 个分支数。

因为在二叉树中，所有结点的度均小于或等于 2，所以结点总数为：

$$n = n_0 + n_1 + n_2 \tag{7-1}$$

同时，在二叉树中，除根结点以外，每个结点都有一个从上向下的分支指向，所以，总的结点个数 $n$ 与分支数 $b$ 之间的关系为 $b=n-1$。又因为在二叉树中，度为 1 的结点产生 1 个分支，度为 2 的结点产生 2 个分支，所以分支数 $b$ 可以表示为 $b = n_1 + 2n_2$。由以上两个式子得：

$$n = n_1 + 2n_2 + 1 \tag{7-2}$$

由式（7-1）与式（7-2）解出：$n_0 = n_2 + 1$。故结论成立。

利用上述性质，进一步介绍满二叉树与完全二叉树的定义。这两种二叉树是两种特殊形态的二叉树。

当一棵二叉树含有最多的结点数时，称为满二叉树（Full Binary Tree）。假设其深度为 $k$，则含有 $2^k-1$个结点。从中可看出，满二叉树的特点是：每一层上的结点个数都达到最大值。图 7.8（a）所示为一棵深度 $k=4$ 的满二叉树。

二叉树中，最多只有最下面两层的结点的度数可以小于 2，且最底一层的叶子结点都依次排列在该层的左边，这样的二叉树称为完全二叉树（Complete Binary Tree）。从定义可以看出，完全二叉树的条件比满二叉树弱。图 7.8（b）所示的就是两棵深度为 4 的完全二叉树。

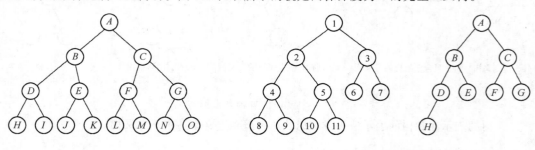

(a) 满二叉树    (b) 完全二叉树

图 7.8　满二叉树和完全二叉树

从以上定义可以看出，任何一棵满二叉树都是完全二叉树，因此，完全二叉树所具有的性质，满二叉树也同样具有。

**性质 6** 具有 $n$ 个结点的完全二叉树的深度为 $\lfloor \log_2 n \rfloor +1$。

证明：设完全二叉树的深度为 $h$，则有

$$2^{h-1}-1 < n \leqslant 2^h-1$$

推出

$$2^{h-1} \leqslant n < 2^h$$

取对数

$$h-1 \leqslant \log_2 n < h$$

因 $h$ 只能取整数，因此 $h = \lfloor \log_2 n \rfloor + 1$。

**性质 7** 如果将一棵有 $n$ 个结点的完全二叉树自顶向下、同一层自左向右连续给结点编号为 $1, 2, \cdots, n-1, n$，然后按此结点编号将树中各结点顺序地存放于一个一维数组中，并简称编号为 $i$ 的结点为结点 $i$（$1 \leqslant i \leqslant n$），则有以下关系：

① 若 $i = 1$，则 $i$ 无双亲。

② 若 $i > 1$，则 $i$ 的双亲为 $\lfloor i/2 \rfloor$。

③ 若 $2 \times i \leqslant n$，则 $i$ 的左子女为 $2i$；否则，$i$ 无左子女，必定是叶子结点，二叉树中 $i > \lfloor n/2 \rfloor$ 的结点必定是叶子结点。

④ 若 $2i+1 \leqslant n$，则 $i$ 的右子女为 $2i+1$，否则，$i$ 无右子女。

⑤ 若 $i$ 为奇数，且 $i$ 不为 1，则其左兄弟为 $i-1$，否则无左兄弟。

⑥ 若 $i$ 为偶数，且小于 $n$，则其右兄弟为 $i+1$，否则无右兄弟。

⑦ $i$ 所在层次为 $\lfloor \log_2 i \rfloor + 1$。

这个性质非常有用，在完全二叉树中，利用它能够很方便地寻找某个结点的孩子或双亲。

### 7.2.3 树、森林与二叉树的转换

前面讨论了树及二叉树的基本概念及基本性质发现树或森林与二叉树之间有着密切的关系。这种关系表现在树或森林与二叉树之间有一个自然的一一对应关系。任何森林或树可唯一对应到一棵二叉树；反之，任何一棵二叉树也能唯一地对应到森林或树。下面介绍它们之间的转换规则。

微课视频

二叉树、森林之间的转换

**1. 树转换为二叉树**

树中每个结点可能有多个孩子，但二叉树中每个结点最多只能有两个孩子。而且，对于一棵无序树，树中结点的各孩子的次序是无关紧要的，而二叉树中结点的左、右孩子结点是有区别的。为了避免混淆，约定树中每一个结点的孩子结点按从左到右的顺序编号，把树作为有序树看待。因此，如果需要把树转化为二叉树，就必须找到一种结点与结点之间至多用两个量说明的关系，这种关系体现在树中，每个结点最多只有一个最左边的孩子（长子）和一个右邻的兄弟。按照这种关系就可以很自然地将树转换成对应的二叉树。

树转换成对应的二叉树的步骤如下：

① 加线：在树中所有相邻兄弟之间加一条连线。

② 删线：对树中的每个结点，只保留其与第一个孩子结点之间的连线，删去其与其他孩子结点之间的连线。

③ 旋转：以树的根结点为轴心，将整棵树顺时针旋转一定的角度，使之结构层次分明。

从转换过程可以看出，树中的任意一个结点都对应于二叉树中的一个结点。树中某结点的第一个孩子在二叉树中是相应结点的左孩子，树中某结点的右兄弟在二叉树中是相应结点的右孩子。也就是说，在二叉树中，左分支上的各结点在原来的树中是父子关系，而右分支上的各结点在原来的树中是兄弟关系。由于树的根结点没有兄弟，所以转换后的二叉树的根结点的右孩子必然为空。

可以证明，树转换后得到的二叉树是唯一的。

图 7.9 所示一棵树及其对应得到的二叉树转换过程。

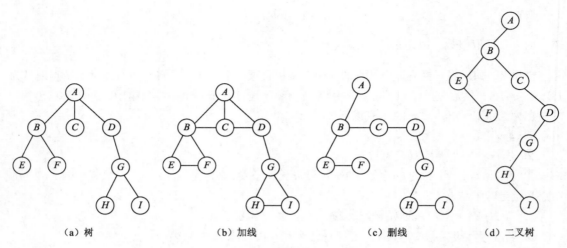

图 7.9 将一棵树转化为二叉树

**2. 森林转换为二叉树**

森林是若干棵树的集合。树可以转换为二叉树，森林同样可以转换为二叉树。将森林转换为二叉树的步骤如下：

① 依次将森林中的每棵树转换为二叉树。

② 第一棵二叉树不动，从第二棵二叉树开始，依次把二叉树的根结点作为前一棵二叉树根结点的右孩子，当所有二叉树连在一起后，所得到的二叉树就是由森林转换得到的二叉树。

图 7.10（a）所示为森林，其转换成二叉树的过程如图 7.10（b）和图 7.10（c）所示。图 7.10（b）是将森林中的三棵树分别转换成对应的二叉树，图 7.10（c）是将得到的三棵二叉树变成一棵更大的二叉树。

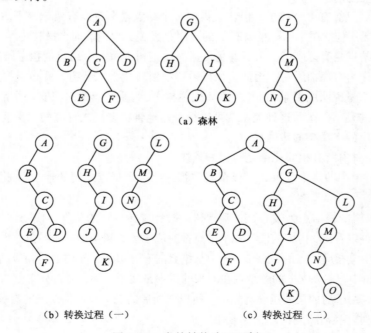

图 7.10 森林转换为二叉树

### 3. 二叉树转换为树

二叉树还原为树其实就是树转换为二叉树的逆过程。将一棵二叉树还原为树，具体方法如下：

① 加线：若某结点是其双亲的左孩子，则把该结点的右孩子、右孩子的右孩子、……都与该结点的双亲结点用线连起来。

② 删线：删掉原二叉树中所有双亲结点与右孩子结点的连线。

③ 旋转：整理由①、②两步所得到的树，以树的根结点为轴心，将整棵树逆时针旋转一定的角度，使之结构层次分明。

【例 7.1】图 7.11（a）所示为一棵二叉树，在二叉树中结点 A 的左孩子为结点 B，结点 B 的右孩子为结点 D，结点 D 的右孩子为结点 H，故结点 A 在树中依次有孩子 B、D、H。转换过程如图 7.11 所示。

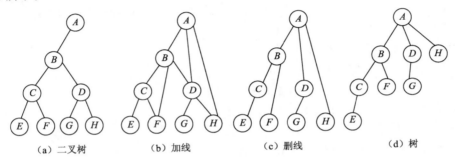

图 7.11　二叉树转化为树

### 4. 二叉树转换为森林

将普通的二叉树转换为森林的步骤如下：

① 把根结点右链上的所有结点之间的双亲与右孩子关系的连线删除，得到若干棵以右链上的结点为根结点的二叉树。

② 把每棵二叉树转化为树。

③ 整理第②步得到的树，使之规范，从而得到森林。

【例 7.2】图 7.12（a）所示为一棵二叉树，根据第①步，得到图 7.12（b）所示分离的二叉树，通过二叉树转换成树的操作，得到图 7.12（c）所示的树，这些树就构成了森林。

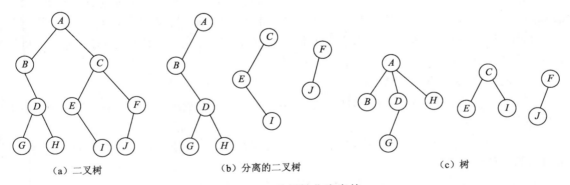

图 7.12　二叉树转化为森林

### 5. 树和森林的遍历

（1）树的遍历

在对树的操作过程中，有时要访问树中的每个结点，这种操作称为树的遍历。树的遍历方法有两种：前序遍历和后序遍历。

若树 $T$ 非空，则树 $T$ 的前序遍历步骤如下：

① 访问根结点 $T$。

② 依次前序遍历根 $T$ 的各子树 $T_1$，$T_2$，…，$T_k$。

若树 $T$ 非空，则树 $T$ 的后序遍历步骤如下：

① 依次后序遍历根 $T$ 的各子树 $T_1$，$T_2$，…，$T_k$。

② 访问根结点 $T$。

（2）森林的遍历

在对森林的操作过程中，有时也要访问森林中的每个结点，这种操作称为森林的遍历。森林的遍历方法有两种：前序遍历和后序遍历。

若森林非空，前序遍历森林的步骤如下：

① 访问森林中第一棵树的根结点。

② 前序遍历第一棵树中根结点的各子树。

③ 前序遍历除第一棵树外其他树构成的森林。

若森林非空，后序遍历森林的步骤如下；

① 后序遍历森林中第一棵树的根结点的各子树；

② 访问第一棵树的根结点；

③ 后序遍历除第一棵树外其他树构成的森林。

# 7.3 二叉树的存储结构

二叉树一般采用两种存储结构：顺序存储结构与链式存储结构。下面介绍这两种存储结构的存储方式。

## 7.3.1 二叉树的顺序存储结构

二叉树的顺序存储结构就是用一组连续的存储单元来存放二叉树的数据元素。存放时，不但存放每个结点信息还要能清楚地反映结点之间的逻辑关系。这就需要确定好树中各元素的存放次序。下面从两种不同的情况分析二叉树的顺序存储结构，它们是完全二叉树的顺序存储结构和非完全二叉树的顺序存储结构。

### 1. 完全二叉树的顺序存储结构

完全二叉树的顺序存储结构的存储形式为：用一组连续的存储单元按照完全二叉树结点编号的顺序存放结点的内容。

图 7.13 所示是一棵完全二叉树及其相应的存储结构。其中，数组中第 0 个单元可以根据需要留作放置其他信息。

在 C/C++语言中，这种存储形式的数据类型及变量定义如下：

```
#define N  8        /*树的结点个数*/
```

```
char  T[N+1];              /*二叉树存储数组 T*/
```

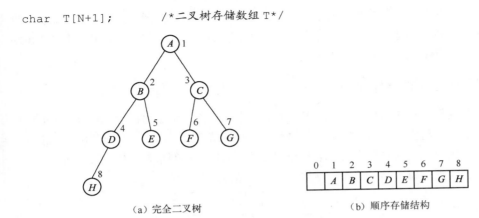

（a）完全二叉树　　　　　　　　（b）顺序存储结构

图 7.13　完全二叉树的顺序存储结构

这种存储结构的特点是空间利用率高，寻找孩子和双亲比较容易。下面给出完全二叉树在这种存储形式下的基本运算算法。

① 构造一棵完全二叉树：

```
void Creattree(char T[],int n)
{
    int  k;
    for(k=1;k<=n;k++)  T[k]=getchar();
}
```

② 获取给定结点的左孩子。$T$ 是完全二叉树，$m$ 是某个结点的编号。若 $m$ 结点存在左孩子，将通过函数返回左孩子结点在一维数组中的位置，否则返回 0。

```
int  Leftchild(char T[],int n,int m)
{
    if(2*m<=n) return (2*m);
    else return (0);}
```

**2. 非完全二叉树的顺序存储**

对于非完全二叉树，其顺序存储的基本思路如下：

① 将非完全二叉树完全化，即少一个结点就加一个虚结点（结点用*表示），这样就将非完全二叉树变为完全二叉树。

② 对这棵完全二叉树按照完全二叉树的顺序存储方法进行顺序存储。

【例 7.3】图 7.14（a）是一棵二叉树，按照第一步，得到一棵完全二叉树，如图 7.14（b）所示。最后得到的顺序存储结构如图 7.14（c）所示，其中"*"表示虚结点。

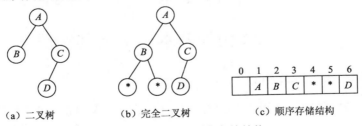

（a）二叉树　　　　　（b）完全二叉树　　　　　（c）顺序存储结构

图 7.14　二叉树的顺序存储结构

很显然，完全二叉树更适合使用顺序存储结构，不但能最大地节省存储空间，还能借助数组的下标特点确定元素在二叉树中的位置以及结点之间的关系。对于一般二叉树，如果比较接近完全二叉树的形态，可增加适当结点变成完全二叉树后使用顺序存储结构。但如果要增加较多结点才能变成二叉树，势必造成一定空间的浪费。

### 7.3.2　二叉树的链式存储结构

在完全二叉树顺序存储结构中，利用编号表示结点的位置及结点的孩子或双亲的关系。对于非完全二叉树，需要将空缺的结点用虚结点填补，若空缺结点多，将造成空间利用率的下降。利用链式存储结构就可以克服这种不足。下面介绍二叉树的链式存储中常用的二叉链表。

为了表示二叉树中每个结点的完整结构，二叉树结点的基本结构如下：

| lchild | data | rchild |
|---|---|---|

其中，lchild 和 rchild 分别是指向结点的左孩子与右孩子的指针变量，data 存放结点值。二叉树的链式存储的类型及变量定义如下：

```
#define  null   0
#define  len  sizeof(bintree)
typedef  struct  node
{   char  data;
    struct  node  *lchild,*rchild;
}bintree;
bintree  *T;
```

图 7.15 所示为一棵二叉树及相应的链式存储结构。

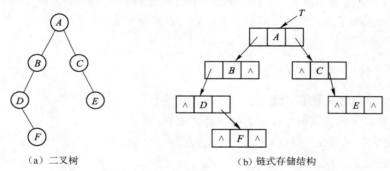

（a）二叉树　　　　　　　　　（b）链式存储结构

图 7.15　二叉树及链式存储结构

这种存储结构的特点是寻找孩子结点方便，寻找双亲结点比较困难。因此，若要频繁地寻找双亲结点，可以在每个结点中加一个指向双亲的指针域。

## 7.4　二叉树的基本运算及其实现

### 7.4.1　二叉树的基本运算概述

为了描述二叉树时方便，采用链式存储结构进行存储。二叉树是一种重要的数据结构，常见的基本操作如下。

① Creattree(&t)：构造二叉树 t。

② Destroybtree(&t)：销毁二叉树 t。

③ Locate(t,x)：在二叉树 t 中查找值为 x 的结点。

④ Leftchild(t)：返回二叉树 t 的左孩子。

⑤ Rightchild(t)：返回二叉树 t 的右孩子。

⑥ Depth(t)：求二叉树 t 的深度。

## 7.4.2　二叉树的基本运算实现

二叉树的链式存储结构用 C/C++语言描述如下：

```
#define  null   0
#define  len  sizeof(bintree)
typedef  struct  node
{ char  data;
   struct  node  *lchild,*rchild;
}bintree;
bintree  *T;
```

下面讨论在链式存储结构下二叉树的基本运算算法。

### 1. 构造二叉树（Creattree）

为了能在计算机中实现二叉树的各种运算，首先必须构造二叉树。构造二叉树的二叉链表方法很多，这里介绍一个基于前序遍历的输入二叉树结点的生成算法。算法的输入是二叉树的前序遍历序列，同时，必须在其中加入虚结点以显示空指针位置。如图 7.12 所示二叉树，其输入的序列是：ABD***CEF**G***回车。其中，"*"字符表示虚结点，相应的构造算法如下：

```
void Creattree(bintree  *&root)
{
    char  ch;
    ch=getchar();
    if(ch=='*')  root=NULL;
    else
    {
        root=(bintree *)malloc(len);      /*生成结点*/
        root->data=ch;
        Creattree(root->lchild);          /*构造左子树*/
        Creattree(root->rchild);          /*构造右子树*/
    }
}
```

调用该算法时，应将待建立的二叉链表的根指针的地址作为实参。例如，设 T 是一个指针（即它的类型为 bintree * T;），则调用 Creattree(T)后，T 就指向了已构造好的二叉链表的根结点。

### 2. 销毁二叉树 Destroybtree(t)

若二叉树非空，设 f(t)的功能是释放二叉树 t 中的所有结点分配的空间。销毁二叉树算法的递归模型如下：

$$t \text{ 非空时 } f(t) \equiv f(t\text{->}lchild),f(t\text{->}rchild),f(t)$$

对应的递归算法如下：

```
void Destroybtree(bintree  *&t)
{if(t!=NULL)
    { Destroybtree(t->lchild);
```

```
        Destroybtree(t->rchild);
        free(t);
    }
}
```

### 3. 在二叉树 t 中查找值为 x 的结点 Locate(t,x)

若二叉树非空，设 f(t,x) 的功能是在二叉树 t 中查找值为 x 的结点，找到返回其地址，否则返回 NULL。其递归模型如下：

```
f(t,x)=NULL                  /*若 t==NULL;*/
f(t,x)=t                     /*若 t->data==x;说明已找到*/
f(t,x)=p=f(t->lchild,x)      /*若在左子树找到, p=f(t->lchild,x)且 p!=NULL;*/
f(t,x)=f(t->rchild,x)        /*若 p==NULL;*/
```

对应的递归算法如下：

```
bintree *Locate(bintree *t,char x)
{   if(t==NULL)
        return NULL;
    else if(t->data==x) return(t);
    else
    {p=Locate(t->lchild,x);
        if(p!=NULL) return p;
        else return  Locate(t->rlchild,x);
    }
}
```

### 4. 返回二叉树 t 的左孩子 Leftchild(t) 和右孩子 Rightchild(t)

```
bintree *Leftchild(bintree *t)
{   return(t->lchild);
}
 bintree *Rightchild(bintree *t)
{   return(t->rchild);
}
```

### 5. 求二叉树 t 的深度 Depth(t)

求二叉树 t 的深度的递归模型为：

```
f(t)=0                      /*t==NULL;*/
f(t,x)=Max(f(t->lchild),f(t->rchild))+1
```

对应的递归算法如下：

```
int Depth(bintree *t)
{
    if(t==NULL) return 0;
    else{h1=Depth(t->lchild);
        h2=Depth(t->rchild);
        return (h1>h2?(h1+1):(h2+1));
    }
}
```

# 7.5  二叉树的遍历

二叉树重要的操作之一是遍历，包括前序遍历、中序遍历和后序遍历以及层次遍历，采用递归和非递归的方式实现二叉树的遍历算法。下面主要讨论二叉树的遍历和算法实现。

### 7.5.1　二叉树遍历的概念

所谓遍历是指按某种顺序，沿着某条搜索路线，依次对树中每个结点均做一次且只做一次访问。

二叉树的遍历方式分为两大类：一类是按根、左子树和右子树三部分的不同顺序依次进行访问；另一类是按层次进行访问。

**1. 根、左子树和右子树访问**

二叉树由根、左子树和右子树三部分组成。若用 T 代表根，L 代表左子树，R 代表右子树，则遍历二叉树的顺序存在 6 种可能情况：TLR、TRL、LTR、RTL、LRT、RLT。其中，TRL、RTL 和 RLT 均是先访问右子树后访问左子树，这与人们日常生活中先左后右的习惯不同，往往不予采用。其他 3 种顺序 TLR、LTR 和 LRT，根据访问根次序的不同，分别被称为前序遍历、中序遍历和后序遍历。

（1）前序遍历

若二叉树为空，则结束遍历操作，否则按如下步骤访问：

第一步：访问根结点。

第二步：前序遍历根结点的左子树。

第三步：前序遍历根结点的右子树。

（2）中序遍历

若二叉树为空，则结束遍历操作，否则按如下步骤访问：

第一步：中序遍历根结点的左子树。

第二步：访问根结点。

第三步：中序遍历根结点的右子树。

（3）后序遍历

若二叉树为空，则结束遍历操作，否则按如下步骤访问：

第一步：后序遍历根结点的左子树。

第二步：后序遍历根结点的右子树。

第三步：访问根结点。

图 7.16 所示为一棵二叉树及其 3 种遍历得到的相应序列。

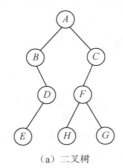

（a）二叉树

前序遍历序列：*ABDECFHG*
中序遍历序列：*BEDAHFGC*
后序遍历序列：*EDBHGFCA*

（b）3种不同遍历得到的序列

图 7.16　二叉树的三种遍历序列

### 2. 层次遍历二叉树

二叉树具有层次结构，因此，也可以按照结点的层次顺序访问它们。具体的实现方法为：从上层到下层，每一层从左到右依次访问每个结点。图 7.17 给出了一棵二叉树及其按层次访问其中每个结点的遍历序列。

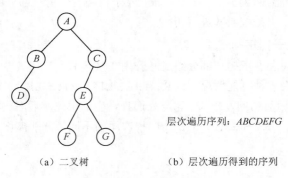

层次遍历序列：*ABCDEFG*

（a）二叉树　　　　　　　（b）层次遍历得到的序列

图 7.17　按层次遍历二叉树

## 7.5.2　二叉树遍历算法

二叉树的链式存储结构的数据类型用 C/C++语言定义如下：

```
#define  null   0
#define  len  sizeof(bintree)
typedef  struct  node
{  char  data;
    struct  node  *lchild,*rchild;
}bintree;
bintree  *T;
```

下面讨论在链式存储结构下二叉树的遍历算法。

### 1. 二叉树的前序遍历递归算法

```
void  Preorder(bintree *T)
{  if(T)
    {  printf("%c",T->data);          /*访问根结点*/
       Preorder(T->lchild);           /*前序遍历左子树*/
       Preorder(T->rchild);           /*前序遍历右子树*/
    }
}
```

### 2. 二叉树的中序遍历递归算法

```
void  Inorder(bintree *T)
{  if(T)
    {  Inorder(T->lchild);            /*中序遍历左子树*/
       printf("%c",T->data);          /*访问根结点*/
       Inorder(T->rchild);            /*中序遍历右子树*/
    }
}
```

### 3. 二叉树的后序遍历递归算法

```
void  Postorder(bintree *T)
{  if(T)
```

```
    {   Postorder(T->lchild);           /*后序遍历左子树*/
        Postorder(T->rchild);           /*后序遍历右子树*/
        printf("%c",T->data);           /*访问根结点*/
    }
}
```

### 4. 二叉树的层次遍历非递归算法

二叉树的层次遍历非递归算法的基本思想利用了队列先进先出的基本特性。具体步骤如下：

第一步：将二叉树根结点的地址入队。

第二步：若队列不空，则将出队元素放到 p 中，访问 p 所指的结点。

第三步：若 p 所指结点的左孩子不为空，则左孩子的地址入队。

第四步：若 p 所指结点的右孩子不为空，则右孩子的地址入队。

第五步：返回第二步，直到队列为空。

具体算法为：

```
void Levelorder(bintree *T)
{   bintree  *p,*Q[100];                /*Q 为一个存放地址的队列*/
    int front,rear;                     /*front、rear 为队列头与尾*/
    front=rear=1;Q[1]=T;
    while(front<=rear)
    {   p=Q[front];front++;             /*当队列不为空时，输出队首元素*/
        printf("%c",p->data);
        if(p->lchild)                   /*将左孩子的元素依次存入队列*/
        {   rear++;Q[rear]=p->lchild;}
        if(p->rchild)                   /*将右孩子的元素依次存入队列*/
        {   rear++;Q[rear]=p->rchild;}
    }
}
```

## 7.5.3  二叉树遍历算法的应用

### 1. 在二叉树中查找值为 x 的结点

按照二叉树前序遍历的方法，在二叉树中查找值为 x 的结点，首先将 x 与 t 的根结点的值进行比较，若相等，则返回指向根结点的指针；否则，进入 t 的左子树查找，若查找仍未成功，则进入 t 的右子树查找；查找过程中如找到值为 x 的结点，则返回；否则意味着 t 中无值为 x 结点。

在左子树和右子树中查找过程与整棵二叉树中查找的过程完全相同，只是处理的对象范围不同，因此可以通过递归方式加以实现，相应的算法如下：

```
bintree *Locate(bintree *t,char x)
{
    bintree *p;
    if(t==NULL) return NULL;            /*如果树为空，则返回空值*/
    else
        if(t->data==x) return t;        /*如果根结点的值为 x，则返回根结点*/
    else
    {   p=Locate(t->lchild,x);          /*继续查找左子树*/
        if(p)  return p;
        else return Locate(t->rchild,x); /*左子树没找到则查找右子树*/
    }
}
```

### 2. 判断二叉树是否等价

判断两棵给定的二叉树 t1 和 t2 是否等价的条件是：当且仅当其根结点的值相等且其左右子树对应等价。若 t1 与 t2 等价时，该运算算法返回值为 1，否则返回值为 0。

判断两棵二叉树的左子树是否等价及判断两棵二叉树的右子树是否等价的过程与判断两棵二叉树是否等价的过程完全相同，只是处理的对象范围不同，因此使用递归方法，算法如下：

```
int Isequal(bintree *t1,bintree *t2)
{
    int e;
    e=0;
    if(t1==NULL&&t2==NULL) e=1;
    else
      if(t1!=NULL&&t2!=NULL)
        if(t1.data==t2.data)
          if(Isequal(t1.lchild,t2.lchild)
            e=Isequal(t1.rchild,t2.rchild);
    return(e);
}
```

## 7.6　二叉树的构造

前面讨论了二叉树的前序、中序和后序遍历算法。那么反过来，如果知道一棵二叉树的前序、中序、后序遍历序列的其中一项或几项，能否构造一棵二叉树？下面具体介绍二叉树的构造方法。

如图 7.18～图 7.20 所示，对于给定的一棵二叉树，具有唯一的前序、中序和后序序列，但不同的二叉树可能具有相同的前序、中序或后序序列。

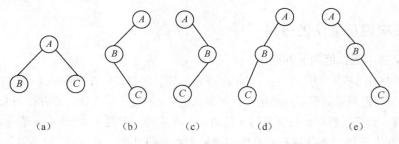

图 7.18　前序序列为 *ABC* 的五棵二叉树

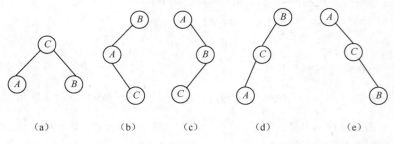

图 7.19　中序序列为 *ACB* 的五棵二叉树

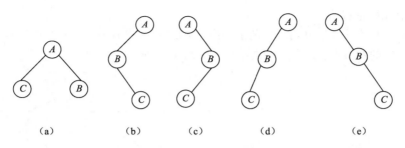

图 7.20 后序序列为 *CBA* 的五棵二叉树

图 7.18～图 7.20 可见，前序序列为 *ABC* 的二叉树有 5 棵，中序序列为 *ACB* 的二叉树有 5 棵，后序序列为 *CBA* 的二叉树有 5 棵，因此仅凭一个序列无法确定一棵二叉树的结构。要确定一棵二叉树的结构，至少需要知道两种不同遍历得到的序列，当然，并不是任意两种遍历序列都能确定一棵二叉树。结论是根据前序和中序序列或者中序和后序序列可以唯一确定一棵二叉树。

### 1. 根据前序序列和中序序列构造二叉树

如果知道一棵二叉树的前序序列和中序序列，就能确定一棵二叉树。

【例 7.4】已知前序序列为 *ABDGCEF*，中序序列为 *DGBAECF*，构造二叉树的过程如下：

① 前序遍历顺序为"根—左—右"，因此二叉树的根结点必定是前序序列的第一个结点 *A*，如图 7.21 所示。

图 7.21 根据前序序列确定根结点为 *A*

② 中序遍历顺序为"左—根—右"，在确定了根结点为 *A* 后，从中序序列可以判断出 *A* 结点的左子树结点序列为 *A* 左边的结点，其中序序列为 *DGB*；右子树结点序列为 *A* 右边的结点，其中序序列为 *ECF*，如图 7.22 所示。

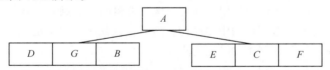

图 7.22 根据根结点 *A* 确定左右子树结点中序序列

③ 在确定了左右子树的结点后，可对应查找前序序列，可看出 *A* 结点左子树的前序序列为 *BDG*，右子树的前序序列为 *CEF*，如图 7.23 所示。

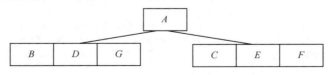

图 7.23 *A* 左右子树的前序序列

④ 构造第三层左子树，从左子树的前序序列 *BDG* 可得出左子树的根结点为 *B*，从左子树中序序列 *DGB* 可得 *DG* 为 *B* 的左子树结点，如图 7.24 所示。

⑤ 构造第四层左子树，从 *B* 的左子树前序序列 *DG* 可知 *D* 为 *B* 的左子树根结点；从 *B* 的左子树中序序列 *DG* 可知 *G* 为 *D* 的右结点，如图 7.25 所示。

⑥ *G* 结点无已左右结点。

⑦ 构造第三层右子树，从右子树的前序序列 *CEF* 可得出右子树的根结点为 *C*，从中序序列 *ECF* 可得 *E* 为 *C* 的左结点，*F* 为 *C* 的右结点，如图 7.26 所示。

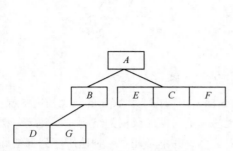

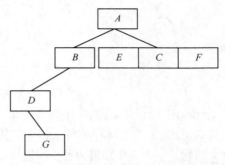

图 7.24　第三层左右子树的中序序列　　　　　图 7.25　构造第四层左右子树

⑧ *C* 的子树 *E* 和 *F* 在中序序列中已无左右结点，*C* 的左右子树构造完成。整个二叉树构造完成，如图 7.27 所示。

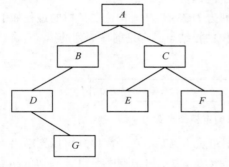

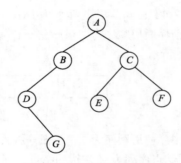

图 7.26　第三层左右子树的前序序列　　　　　图 7.27　二叉树构造完成

从上述过程可知，前序序列的作用是确定一棵二叉树的根结点（其第一个元素即为根结点），中序序列的作用是确定左、右子树的中序序列，然后根据前序序列确定左、右子树的前序序列，递归构造左、右子树，直到序列中的结点为空。

根据上述二叉树的构造过程，实现由前序序列和中序序列构造二叉树的算法如下：

```
bintree *Creatbintree1(char *pre,char *in,int n)
/*pre 为前序序列，in 为中序序列，n 为二叉树的结点个数*/
{   bintree *b;
    char *p;
    int k;
    if(n<=0) return NULL;              /*如果序列中的结点个数为零，则返回空*/
    b=(bintree *)malloc(sizeof(bintree)); /*创建二叉树结点*/
    b->data=*pre;                     /*前序序列首结点为二叉树根结点*/
    p=in;
    while(*p!=*pre&&p<in+n)            /*在中序序列中找等于*pre首字符的位置*/
        p++;
    k=p-in;                           /*确定根结点在 in 中的位置*/
    b->lchild=Creatbintree1(pre+1,in,k);        /*递归构造左子树*/
    b->rchild=Creatbintree1(pre+k+1,p+1,n-k-1); /*递归构造右子树*/
    return b;
}
```

### 2. 根据中序序列和后序序列构造二叉树

如果知道一棵二叉树的中序序列和后序序列，也能确定一棵二叉树。

【例 7.5】已知中序序列为 *DGBAECF*，后序序列为 *GDBEFCA*，构造二叉树的过程如下：

① 后序遍历顺序为"左 – 右 – 根"，因此二叉树的根结点必定是后序序列的最后一个结点 *A*，如图 7.28 所示。

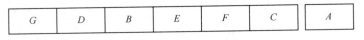

图 7.28　根据后序序列确定根结点为 *A*

② 中序遍历顺序为"左—根—右"，在确定了根结点为 *A* 后，从中序序列可以判断出 *A* 结点的左子树结点为序列中 *A* 左边的结点，其中序序列为 *DGB*；右子树结点为序列中 *A* 右边的结点，其中序序列为 *ECF*，如图 7.29 所示。

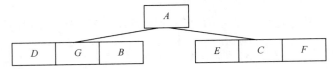

图 7.29　根据根结点 *A* 确定左右子树结点中序序列

③ 在确定了左右子树的结点后，可对应查找后序序列，可看出 *A* 结点左子树的后序序列为 *GDB*，右子树的后序序列为 *EFC*，如图 7.30 所示。

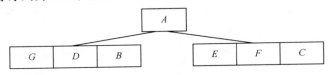

图 7.30　左右子树的后序序列

④ 构造第三层子树，从左子树的后序序列 *GDB* 可得出左子树的根结点为 *B*，从中序序列 *DGB* 可得 *DG* 为 *B* 的左子树结点，如图 7.31 所示。

从右子树的后序序列 *EFC* 可得出右子树的根结点为 *C*，从中序序列 *ECF* 可得 *E* 为 *C* 的左结点，*F* 为 *C* 的右结点，如图 7.32 所示。

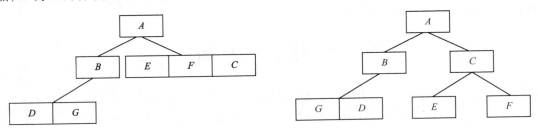

图 7.31　第三层左右子树的中序序列　　　　图 7.32　第三层左右子树的后序序列

⑤ 构造第四层子树，从 *B* 的左子树后序序列 *GD* 可知 *D* 为 *B* 的左子树根结点；从 *B* 的左子树中序序列 *DG* 可知 *G* 为 *D* 的右结点。如图 7.33 所示。

此时 *C* 的子树 *E* 和 *F* 在中序序列中已无左右结点，*C* 的右子树构造完成。

⑥ *G* 结点无已左右结点，整个二叉树构造完成，如图 7.34 所示。

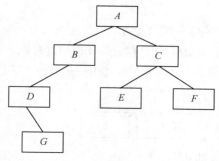

图 7.33　构造第四层左右子树

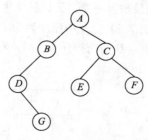

图 7.34　二叉树构造完成

从上述过程可知，后序序列的作用是确定一棵二叉树的根结点（其最后一个元素即为根结点），中序序列的作用是确定左、右子树的中序序列，然后根据后序序列确定左、右子树的后序序列，递归构造左、右子树，直到序列中的结点为空。

根据上述二叉树的构造过程，实现由中序序列和后序序列构造二叉树的算法如下：

```
bintree  *Creatbintree2(char *post,char *in,int n)
/*post 为后序序列，in 为中序序列，n 为二叉树的结点个数*/
{    bintree *b;
     char r,*p;
     int k;
     if(n<=0) return NULL;              /*如果序列中的结点个数为零，则返回空*/
     r=*(post+n-1);
     b=(bintree *)malloc(sizeof(bintree));       /*创建二叉树结点*/
     b->data=r;                      /*后序序列最后一个结点为二叉树根结点*/
     p=in;
     while(*p!=*<post+n-1)&&p<in+n) /*在中序序列中找等于*(post+n-1)首字符的位置*/
        p++;
     k=p-in;                          /*确定根结点在 in 中的位置*/
     b->lchild=Creatbintree2(post,in,k);        /*递归构造左子树*/
     b->rchild=Creatbintree2(post+k,p+1,n-k-1);   /*递归构造右子树*/
     return b;
}
```

综上所述，只要知道前序序列和中序序列或者中序序列和后序序列，就能构造一棵二叉树。如果只知道前序序列和后序序列，只能得到根结点，得不到左右子树的结点，因此，仅给出前序序列和后序序列是无法构造二叉树的。

# 7.7　哈夫曼树

哈夫曼树是二叉树的典型应用之一，它的用途非常广泛。例如，可以通过它实现信息的译码，进行信息译码的过程就是利用哈夫曼算法构造出一棵哈夫曼树（这里称为译码树）。下面主要讨论哈夫曼树的概念、构造和应用。

## 7.7.1　哈夫曼树及其构造

哈夫曼（Huffman）树又称最优二叉树，是一种带权路径长度最短的树。构造这种树的算法最早是由哈夫曼于 1952 年提出的，这种树在信息检索中非常有用。

## 1. 基本术语

（1）路径和路径长度

若一棵树中存在着一个结点序列 $k_1$，$k_2$，…，$k_j$，使得 $k_i$ 是 $k_{i+1}$ 的双亲（$1 \leqslant i \leqslant j$），则称该结点序列是从 $k_1$ 到 $k_j$ 的路径，从 $k_1$ 到 $k_j$ 所经过的分支数称为这两个结点之间的路径长度。

（2）结点的权和带权路径长度

树中的结点赋予的一定意义的数值称为该结点的权，这个结点又称带权结点。从根结点到该结点之间的路径长度与该结点上权的乘积称为该结点的带权路径长度（Weighted Path Length）。

（3）树的带权路径长度

树的带权路径长度是指树中所有叶子结点的带权路径长度之和，记为：

$$\text{WPL} = \sum_{i=1}^{n} W_i l_i$$

其中，$n$ 表示叶子结点个数，$W_i$ 与 $l_i$ 分别表示叶子结点 $k_i$ 的权和根结点到 $k_i$ 的路径长度。

（4）哈夫曼树

哈夫曼树是指 $n$ 个带权叶子结点构成的所有二叉树中，带权路径长度 WPL 最小的二叉树。

【例 7.6】设有 6 个叶子结点，它们的权值分别为 3、6、9、10、7、11，构造了如图 7.35 所示的三棵二叉树（还有更多二叉树）。

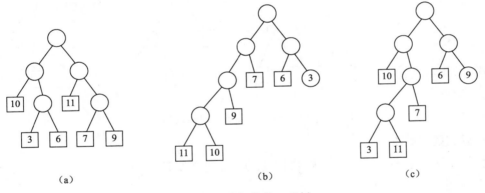

| (a) | (b) | (c) |

图 7.35　带权值的二叉树

根据上述定义计算这三棵二叉树的带权路径长度分别为：

WPLa=10×2+3×3+6×3+11×2+7×3+9×3=117

WPLb=11×4+10×4+9×3+7×2+6×2+3×2=143

WPLc=10×2+3×4+11×4+7×3+6×2+9×2=127

从这三棵树中可以看出：对于同一组权值，带权的路径长度与树形及每个权值在树中的叶子结点的位置有关。其中，第一棵树的权值最小，称为哈夫曼树。若将这棵哈夫曼树中同一层的两个叶子结点交换，带权的路径长度不变，这说明哈夫曼树并不是唯一的。

根据哈夫曼树的定义以及树的相关性质，可以得出以下结论：

① 叶子上的权值均相同时，完全二叉树一定是最优二叉树，否则完全二叉树不一定是最优二叉树。

② 最优二叉树中，权越大的叶子结点离根越近。

③ 最优二叉树的形态不唯一,但 WPL 最小。

### 2. 构造哈夫曼树

构造哈夫曼树的具体步骤如下:

① 将给定的 $n$ 个权值 $\{w_1, w_2, \cdots, w_n\}$ 作为 $n$ 个根结点的权值构造一个具有 $n$ 棵二叉树的森林 $F = \{T_1, T_2, \cdots, T_n\}$,其中每棵二叉树 $T_i$($1 \leqslant i \leqslant n$)都只有一个权值为 $w_i$ 的根结点,其左、右子树均为空。

② 在森林 $F$ 中选出两棵根结点的权值最小和次小的树作为一棵新树的左、右子树,且置新树的根结点的权值为其左、右子树上根结点的权值之和。

③ 从 $F$ 中删除这两棵树,同时把新树根结点加入 $F$ 中。

④ 重复②和③,直到 $F$ 中只有一棵树为止。

**性质 8** 对于具有 $n_0$ 个叶子结点的哈夫曼树,共有 $2n_0-1$ 个结点。

证明:根据哈夫曼树的构造过程可知,哈夫曼树中不存在度数为 1 的结点,所以 $n_1=0$,由性质 5 可知 $n_0 = n_2 +1$ 则 $n_2=n_0-1$,则 $n=n_0+n_1+n_2=n_0+n_0-1=2n_0-1$。

【**例 7.7**】设一组权值为 $\{7,5,2,4\}$,图 7.36 所示为利用这组权值构造哈夫曼树的过程。

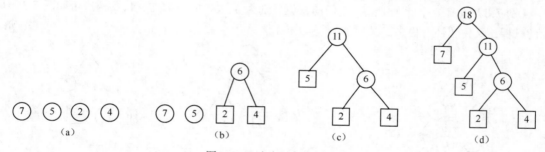

图 7.36 哈夫曼树的构造

### 3. 哈夫曼树算法

为了实现哈夫曼树的算法,哈夫曼树的数据类型定义如下:

```
typedef struct Node
{
    int weight;
    int parent,lchild,rchild;
}HTNode;
```

用顺序存储结构 HT[] 存储哈夫曼树,根据性质 8 具有 $n_0$ 个叶子结点的哈夫曼树共有 $2n_0-1$ 个结点,因此,HT 中的结点为 HT[0]~HT[$2n_0-2$],其中 HT[0]~HT[$n_0-1$]存储叶子结点。

根据哈夫曼树的构造步骤,算法如下:

```
void CreateHT(HTNode HT[],int n0)
{
    int i,j,min1,min2,lnode,rnode;
    for(i=0;i<2*n0-1;i++)              /*所有结点初始化*/
    {
        HT[i].parent=-1;
        HT[i].lchild=-1;
        HT[i].rchild=-1;
    }
```

```
for(i=n0;i<2*n0-1;i++)              /*构造 n0-1 个结点*/
{
    min1=min2=32767;
    lnode=rnode=-1;
    for(j=0;j<=i-1;j++)             /*选取最小和次小两个权值*/
    {
        if(HT[j].parent==-1&&HT[j].weight<min1){
            min2=min1;
            rnode=lnode;
            min1=HT[j].weight;
            lnode=j;
        }
        else
            if(HT[j].parent==-1&&HT[j].weight<min2){
                min2=HT[j].weight;
                rnode=j;
            }
    }
    HT[lnode].parent=i;
    HT[rnode].parent=i;
    HT[i].weight=HT[lnode].weight+HT[rnode].weight;
    HT[i].lchild=lnode;
    HT[i].rchild=rnode;
}
}
```

## 7.7.2　哈夫曼树的应用

### 1. 判定问题

在问题的处理过程中，需要进行大量的条件判断，这些判断结构的设计直接影响程序的执行效率。例如，编制一个程序，将百分制转换成 5 个等级输出。可能绝大部分读者都认为这个程序很简单，并且短时间内就可以用下列形式编写出来：

```
if(x<60) printf ("不及格");
else  if(x<70) printf("及格");
else  if(x<80) printf("中等");
else  if(x<90) printf("良好");
else  printf("优秀");
```

这个判定过程可以用图 7.37（a）所示的二叉树表示。

若上述程序需要反复使用，而且每次输入数据量很大，则应考虑上述程序段的质量问题，即其运算所需的时间。在实际使用时，学生的成绩在 5 个等级上的分布是不均匀的，设其分布规律如表 7.1 所示。

表 7.1　成绩分布表

| 分数段 | 0 ~ 59 | 60 ~ 69 | 70 ~ 79 | 80 ~ 89 | 90 ~ 100 |
|---|---|---|---|---|---|
| 比例数 | 0.05 | 0.15 | 0.40 | 0.30 | 0.10 |

由表 7.1 可见，80% 以上的数据需进行三次或三次以上的比较才能得出结果。假定以 5、15、

40、30 和 10 为权，构造一棵有五个叶子结点的哈夫曼树，则可得图 7.37（b）所示的判定过程。它可使大部分数据经过较少的比较次数，即得到结果。但由于判定框都有两次比较，将这两次比较分开，得到图 7.37（c）所示的判定树，按此判定树可写出相应的程序。假设有 10 000 个输入数据，按图 7.37（a）所示的判定过程进行运算，则总共需要进行 31 500 次比较；而按图 7.37（c）的判定过程进行运算，总共仅需 22 000 次比较。

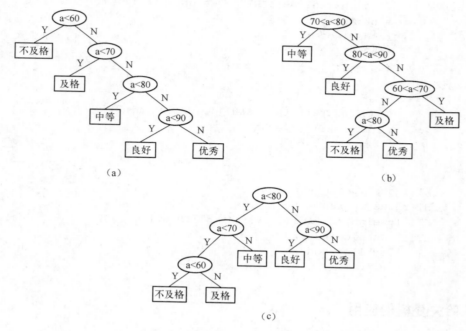

图 7.37　转换五级分制的判断过程

### 2. 编码问题

在现代信息系统中，信息的传输和存储需要将不同的信息形式进行二进制编码，即用不同排列的 0、1 二进制编码表示各种信息。例如，为了节约存储空间及提高传输效率，在进行编码时，必须满足以下两个原则：

① 编码与译码必须具有唯一性。

② 二进制编码应尽可能短。

哈夫曼编码的设计步骤如下：

根据以上原则，对哈夫曼树进行二进制编码，从根结点到叶子结点所经过的二进制编码序列，称为该结点的哈夫曼编码。

① 利用字符集中每个字符的使用频率作为权构造一棵哈夫曼树。

② 从根结点开始，为到每个叶子结点路径上的左分支赋予 0，右分支赋予 1，并从根到叶子方向形成该叶子结点的编码。

例如，传递的电文是 ABACCDA，它仅由 A、B、C、D 四种不同字符组成，其频率依次为 {3，1，2，1}。以此为例设计的哈夫曼编码如图 7.38 所示。

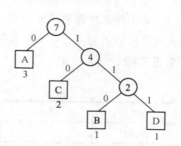

图 7.38　设计哈夫曼编码示意图

根据示意图,每个字符的编码规律如下:

| 字符 | 字符的使用频率 | 编码 |
|------|----------------|------|
| A | 3 | 0 |
| B | 1 | 110 |
| C | 2 | 10 |
| D | 1 | 111 |

因此,要传递的电文 ABACCDA 的编码为 0110010101110。

# 7.8 经典应用实例

树与现实生活密切相关,下面介绍树的应用实例。一个实例是二叉树的一些基本操作,包括计算叶子结点的数目、计算二叉树的高度,以及交换二叉树的左右子树。另一个应用实例是信息编码,例如,进行快速远距离通信的手段之一——电报,需要将传送的文字转换成由二进制的字符组成的字符串。

## 7.8.1 二叉树的操作

### 1. 问题描述

在有关求解二叉树的问题中,经常会对二叉树进行各种不同的操作,本小节介绍其中 3 种常见的操作。

① 计算二叉树的叶子结点数目。计算叶子结点的数目必须对二叉树中的每一个结点进行访问,看其左、右孩子是否均为空,若是则为叶子结点,这样就需要对二叉树进行遍历,所以只要在二叉树遍历算法的基础上加以改进即可。

② 交换二叉树的左右子树。该操作需要使用二叉树的遍历。二叉树的遍历有 3 种方法,这里更适合使用二叉树的后序遍历。因为使用前序或中序遍历可能会使已交换的左、右子树被重新交换回来。

③ 求二叉树的深度。二叉树的深度为左子树的深度加 1 或为右子树的深度加 1,通常情况下,选择深度大的子树进行加 1 的操作。这个过程使用后序遍历。

### 2. 数据结构分析

```
typedef struct  node
{   char  data;
    struct  node  *lchild,*rchild;
}bintree;      /*二叉树的链式存储类型*/
```

### 3. 实体模拟

求图 7.9(b)所示二叉树的深度过程如下:

```
h=hight(A)=hight(B)+1
⇒hight(B)=hight(C)+1
⇒hight(C)=hight(D)+1
⇒hight(D)=hight(G)+1
⇒hight(G)=hight(H)+1
⇒hight(H)=hight(I)+1
⇒hight(I)=hight(null)+1
```

```
hight(null)=0
⇒hight(I)=0+1
⇒hight(H)=1+1=2
⇒hight(G)=hight(H)+1=2+1=3
⇒hight(D)=hight(G)+1=3+1=4
⇒hight(C)=hight(D)+1=4+1=5
⇒hight(B)=hight(C)+1=5+1=6
⇒h=hight(A)=hight(B)+1=6+1=7
```

## 4. 算法实现

```
#include "stdio.h"
#include <malloc.h>
#define  null  0
#define  len  sizeof(bintree)
typedef struct node
{   char data;
    struct node *lchild,*rchild;
}bintree;                              /*二叉树的链式存储类型*/
int count=0;
/*计算一棵二叉树的叶子结点数目*/
void leafbintree( bintree *T)
{  if(T)
   {  if(T->lchild==null && T->rchild==null) count++;
   /*如果结点的左右孩子都为空，则为叶子结点*/
      leafbintree(T->lchild);          /*计算左子树的叶子结点数*/
      leafbintree(T->rchild);          /*计算右子树的叶子结点数*/
   }
}
/*求二叉树的深度*/
 int hight(bintree *T)
 { int  h1,h2;                         /*h1,h2分别用来存放左和右子树的深度*/
   if(T==null) return (0);
       else
       {  h1=hight(T->lchild);         /*计算左子树的深度*/
          h2=hight(T->rchild);         /*计算右子树的深度*/
          if(h1>=h2) return(h1+1);     /*树的深度为左右子树中更大的深度加1*/
          else return (h2+1);
       }
   }
/*交换二叉树的左右子树*/
void  changleftright(bintree *T)
 { bintree *p;
   if(T)                               /*递归交换左右子树*/
   { changleftright(T->lchild);
     changleftright(T->rchild);
     p=T->lchild;T->lchild=T->rchild;T->rchild=p;
   }
 }
/*创建二叉树*/
void creattree( bintree  **root)
```

```
{
    char  ch;
    ch=getchar();
    if(ch=='.')
        *root=null;
    else                                        /*以前序遍历方式创建二叉树*/
    {
        *root=(bintree *) malloc(len);
        (*root)->data=ch;
        creattree(&(*root)->lchild );
        creattree(&(*root)->rchild );
    }
}
/*二叉树的前序遍历递归算法*/
void preorder (bintree *T)
{   if(T)
    {   printf("%c",T->data);
        preorder(T->lchild);
        preorder(T->rchild);
    }
}
/*二叉树的中序遍历递归算法*/
void inorder(bintree *T)
{  if(T)
    {   inorder(T->lchild);
        printf("%c",T->data);
        inorder(T->rchild) ;
    }
}
```

## 5. 源程序及运行结果

源程序代码:

```
/*此处插入 4 中的算法*/
int  main()
{
    bintree *T; int  h;
    printf("\n 输入二叉树为: ");
    creattree(&T);
    leafbintree(T);
    printf("\n 该二叉树的叶子数目为:%d\n",count);
    h=hight(T);
    printf("\n 该二叉树的深度为:%d\n",h);
    changleftright(T);
    printf("\n 输出交换该二叉树的左，右子树后的二叉树的前序遍历为: ");
    preorder (T);
    printf("\n 输出交换该二叉树的左，右子树后的二叉树的中序遍历为: ");
    inorder (T);
    printf("\n");
    return 0;
}
```

输入图 7.39 所示的二叉树，左右子树交换之后得到的二叉树如图 7.40 所示，运行结果如图 7.41 所示。

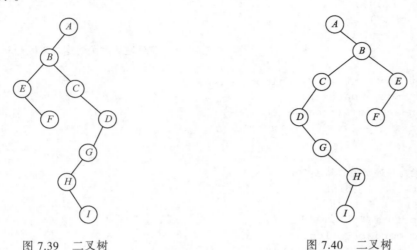

图 7.39　二叉树

图 7.40　二叉树

```
输入二叉树为：ABE.F..C.DGH.I.....

该二叉树的叶子数目为:2

该二叉树的深度为:7

输出交换该二叉树的左，右子树后的二叉树的前序遍历为：ABCDGHIEF
输出交换该二叉树的左，右子树后的二叉树的中序遍历为：ADGIHCBFE
Press any key to continue
```

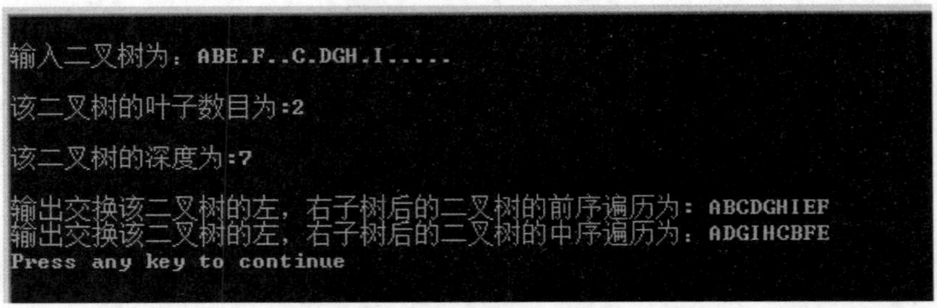

图 7.41　二叉树操作程序运行结果

## 7.8.2　信息编码

### 1. 问题描述

在电报通信中，电文是以二进制的 0、1 序列传送的。在发送端，需要将电文中的文字转化为对应的字符，然后转化为二进制的 0、1 序列（编码），在接收端则要将收到的 0、1 串转化为对应的字符序列（译码）。这就是传输系统中常见的信息编码（Information Code）问题。

### 2. 数据结构分析

信息编码使用哈夫曼编码。在这个问题中，涉及的数据有输入的字符串和转化后的字符串，同时，还要根据输入的字符串出现的频率构造哈夫曼树，从而将字符转化为对应的二进制序列。

数据类型定义如下：

```
typedef struct HTNode
{
    int weight;
    int parent,lchild,rchild;
}HTNode;
char a[100];                          /*存放输入的字符串*/
char b[100];                          /*存放转化后的字符串*/
```

```
int c[100];                          /*存放 b 中对应字符的出现频率*/
int n;                               /*总字符的个数*/
HTNode  HT[100];                     /*哈夫曼树*/
char HC[20][100];                    /*编码数组*/
```

### 3. 实体模拟

从键盘输入字符串"casbcatbsatbat"，输出它们的哈夫曼编码。模拟过程如下：

（1）统计字符

统计字符串中有多少个不同的字符以及每个字符的使用频率，如表 7.2 所示。

表 7.2 统计字符

| 字 符 | 字符的使用频率 |
|---|---|
| c | 2 |
| a | 4 |
| s | 2 |
| b | 3 |
| t | 3 |
| 不同的字符 | $n$=5 |

（2）构造哈夫曼树

以权值{2，4，2，3，3}构造哈夫曼树，该哈夫曼树中有 $m=2\times n-1=9$ 个结点。

每个结点中有双亲、左孩子、权值、右孩子 4 个信息。用一维数组存放哈夫曼树，如图 7.42 所示。

<table>
<tr><td colspan="3">双亲</td></tr>
<tr><td>左孩子</td><td>权值</td><td>右孩子</td></tr>
</table>

图 7.42 存放哈夫曼树的一维数组

第一步：哈夫曼树的初始化，如图 7.43 所示。

<table>
<tr><td colspan="3">1</td><td colspan="3">2</td><td colspan="3">3</td><td colspan="3">4</td><td colspan="3">5</td><td colspan="3">6</td><td colspan="3">7</td><td colspan="3">8</td><td colspan="3">9</td></tr>
<tr><td colspan="3">0</td><td colspan="3">0</td><td colspan="3">0</td><td colspan="3">0</td><td colspan="3">0</td><td colspan="3">0</td><td colspan="3">0</td><td colspan="3">0</td><td colspan="3">0</td></tr>
<tr><td>0</td><td>2</td><td>0</td><td>0</td><td>4</td><td>0</td><td>0</td><td>2</td><td>0</td><td>0</td><td>3</td><td>0</td><td>0</td><td>3</td><td>0</td><td>0</td><td>0</td><td>0</td><td>0</td><td>0</td><td>0</td><td>0</td><td>0</td><td>0</td><td>0</td><td>0</td><td>0</td></tr>
</table>

图 7.43 初始化

其中，双亲为 0 表示无双亲，左孩子为 0 表示无左孩子，右孩子为 0 表示无右孩子。

第二步：生成第 $k=n+1=6$ 个结点到第 $m=2\times n-1=9$ 结点。

① 生成第 6 个结点：先求出第 1 个结点到第 5 个结点中无双亲结点中权值最小和次小的两个结点 s1=1，s2=3，将 s1、s2 合并为一个结点成为第 6 个结点。这样 s1、s2 的双亲结点为 6，第 6 个结点左右孩子编号分别为 1 和 3，如图 7.44 所示。

<table>
<tr><td colspan="3">1</td><td colspan="3">2</td><td colspan="3">3</td><td colspan="3">4</td><td colspan="3">5</td><td colspan="3">6</td><td colspan="3">7</td><td colspan="3">8</td><td colspan="3">9</td></tr>
<tr><td colspan="3">6</td><td colspan="3">0</td><td colspan="3">6</td><td colspan="3">0</td><td colspan="3">0</td><td colspan="3">0</td><td colspan="3">0</td><td colspan="3">0</td><td colspan="3">0</td></tr>
<tr><td>0</td><td>2</td><td>0</td><td>0</td><td>4</td><td>0</td><td>0</td><td>2</td><td>0</td><td>0</td><td>3</td><td>0</td><td>0</td><td>3</td><td>0</td><td>1</td><td>4</td><td>3</td><td>0</td><td>0</td><td>0</td><td>0</td><td>0</td><td>0</td><td>0</td><td>0</td><td>0</td></tr>
</table>

图 7.44 生成第 6 个结点

② 生成第 7 个结点：先求出第 1 个结点到第 6 个结点中无双亲结点中权值最小和次小的两

个结点 s1=4、s2=5，将 s1、s2 合并为一个结点成为第 7 个结点。这样 s1、s2 的双亲结点为 7，第 7 个结点的左右孩子编号分别为 4 和 5，如图 7.45 所示。

| 1 | 2 | 3 | 4 | 5 | 6 | 7 | 8 | 9 |
|---|---|---|---|---|---|---|---|---|
| 6 | 0 | 6 | 7 | 7 | 0 | 0 | 0 | 0 |

| 0 | 2 | 0 | 0 | 4 | 0 | 0 | 2 | 0 | 0 | 3 | 0 | 0 | 3 | 0 | 1 | 4 | 3 | 4 | 6 | 5 | 0 | 0 | 0 | 0 | 0 | 0 |
|---|---|---|---|---|---|---|---|---|---|---|---|---|---|---|---|---|---|---|---|---|---|---|---|---|---|---|

图 7.45　生成第 7 个结点

③ 生成第 8 个结点：先求出第 1 个结点到第 7 个结点中无双亲结点中权值最小和次小的两个结点 s1=2、s2=6，将 s1、s2 合并为一个结点成为第 8 个结点。这样 s1、s2 结点的双亲结点为 8，第 8 个结点的左右孩子编号分别为 2 和 6，如图 7.46 所示。

| 1 | 2 | 3 | 4 | 5 | 6 | 7 | 8 | 9 |
|---|---|---|---|---|---|---|---|---|
| 6 | 8 | 6 | 7 | 7 | 8 | 0 | 0 | 0 |

| 0 | 2 | 0 | 0 | 4 | 0 | 0 | 2 | 0 | 0 | 3 | 0 | 0 | 3 | 0 | 1 | 4 | 3 | 4 | 6 | 5 | 2 | 8 | 6 | 0 | 0 | 0 |
|---|---|---|---|---|---|---|---|---|---|---|---|---|---|---|---|---|---|---|---|---|---|---|---|---|---|---|

图 7.46　生成第 8 个结点

④ 生成第 9 个结点：先求出第 1 个结点到第 8 个结点中无双亲结点中权值最小和次小的两个结点 s1=7、s2=8，将 s1、s2 合并为一个结点成为第 9 个结点。这样 s1、s2 结点的双亲结点为 9，第 9 个结点的左右孩子编号分别为 7 和 8，如图 7.47 所示。

| 1 | 2 | 3 | 4 | 5 | 6 | 7 | 8 | 9 |
|---|---|---|---|---|---|---|---|---|
| 6 | 8 | 6 | 7 | 7 | 8 | 9 | 9 | 0 |

| 0 | 2 | 0 | 0 | 4 | 0 | 0 | 2 | 0 | 0 | 3 | 0 | 0 | 3 | 0 | 1 | 4 | 3 | 4 | 6 | 5 | 2 | 8 | 6 | 7 | 14 | 8 |
|---|---|---|---|---|---|---|---|---|---|---|---|---|---|---|---|---|---|---|---|---|---|---|---|---|----|---|

图 7.47　生成第 9 个结点

（3）哈夫曼编码

以上面输入的字符串"casbcatbsatbat"中的字符 c 来说明编码的过程。

从上面的哈夫曼树知道，c 是第 1 个结点，而第 1 个结点是第 6 个结点的左孩子，第 6 个结点是第 8 个结点的右孩子，第 8 个结点是第 9 个结点的右孩子，第 9 个结点是根结点，因此，从根结点到 c 字符结点是右右左，约定：左为 0 右为 1，故字符 c 的编码为 110。字符串的编码就是字符串中每个字符的编码合并起来。

## 4. 算法实现

```c
#include <stdio.h>
#include <malloc.h>
#include <string.h>
typedef struct Node
{
    int weight;
    int parent,lchild,rchild;
}HTNode;
char a[100];
```

```
char b[100];
int c[100],n,i;
HTNode HT[100];
/*统计原始字符串中每个字符的个数，以及有多少个不同的字符*/
void TongJi(char *a,char *b,int *c,int *n)
/*a为原始字符串，b记录各不同的字符，c记录每个字符的个数，n表示不同字符的个数*/
{
    char d[100];
    int i,j,k;
    strcpy(d,a);                      /*将原始字符串复制给d数组*/
    for(i=0;i<100;i++)                /*将每个字符的个数初始置为0*/
        c[i]=0;
    for(i=0,j=0;d[i]!='\0';i++)
    {
        if(d[i]!='0')
        {
            b[j]=d[i];                /*将每个字符写入b数组中*/
            j++;
            for(k=i;d[k]!='\0';k++)   /*统计字符的个数并写入c数组*/
            {
                if(b[j-1]==d[k])
                {
                    c[j-1]=c[j-1]+1;
                    d[k]='0';
                }
            }
        }
    }
    b[j]='\0';
    *n=j;                             /*j为不同字符个数*/
}
/*查找最小和次小的两个数*/
void Select(HTNode  HT[],int i,int *s1,int *s2)
{
    int s3=0,s4=0,s5,j,k=0;;
    for(j=1;j<=i;j++)
    {
        if(k==0&&(HT[j].parent==0))
        {
            *s1=j;
            s3=HT[j].weight;
            k++;
        }
        else
            if(k==1&&(HT[j].parent==0))
            {
                *s2=j;
                s4=HT[j].weight;
```

```
                        k++;
                    }
                else
                    if(k>=2&&(HT[j].parent==0))
                    {
                        if(s3>s4)
                        {
                            s5=s3;s3=s4;s4=s5;
                            s5=*s1;*s1=*s2;*s2=s5;
                        } ;
                        if((s3<=HT[j].weight)&&(s4>HT[j].weight))
                        {
                            *s2=j;
                            s4=HT[j].weight;
                        }
                        else
                            if(s3>HT[j].weight)
                            {
                                *s2=*s1;
                                s4=s3;
                                *s1=j;
                                s3=HT[j].weight;
                            }
                    }
        }
    }
}
/*建立哈夫曼树，以及计算原始编码*/
void HufTree(int * c,int n,HTNode HT[])
{
    char cd[100],st[100];
    int m,i,s1,s2,start,f,d,top;
    if(n>1)
    {
        m=2*n-1;                        /*m 为哈夫曼树结点个数*/
        for(i=1;i<=n;i++)               /*初始化哈夫曼树中前 n 个结点*/
        {
            HT[i].weight=c[i-1];
            HT[i].lchild=0;
            HT[i].rchild=0;
            HT[i].parent=0;
        }
        for(i=n+1;i<=m;i++)             /*初始化哈夫曼树中后 m-n 个结点*/
        {
            HT[i].weight=0;
            HT[i].lchild=0;
            HT[i].rchild=0;
            HT[i].parent=0;
        }
```

```
        for(i=n+1;i<=m;i++)                    /*生成第 n+1 个结点到第 m 个结点*/
        {
                Select(HT,i-1,&s1,&s2);        /*选出权值最小和次小的两个数*/
                HT[s1].parent=i;               /*将这两个数的双亲置为 i*/
                HT[s2].parent=i;
                HT[i].lchild=s1;               /*将新结点的左右孩子置为这两个数*/
                HT[i].rchild=s2;
                HT[i].weight=HT[s1].weight+HT[s2].weight;
                /*将新结点的权值置为两结点权值之和*/
        }
        for(i=1;i<=n;i++)                      /*将每个结点进行 01 编码*/
        {
                start=0;
                for(d=i,f=HT[i].parent;f!=0;)
                   {   if(HT[f].lchild==d)
                           cd[start++]='0';
                       else
                           cd[start++]='1';
                       d=f;
                       f=HT[f].parent;
                   }
                cd[start]='\0';
                printf("  %c 对应的编码:",b[i-1]);
                for(m=top=0;cd[m]!='\0';m++)
                   st[++top]=cd[m];
                while(top)
                printf("%c",st[top--]);
                printf("\n");
        }
    }
}
```

## 5. 源程序及运行结果

源程序代码:

```
/*此处插入 4 中的算法*/
int main()
{
    printf("请输入一个原始字符串:");
    gets(a);
    TongJi(a,b,c,&n);
    for(i=0;b[i]!='\0';i++)
        printf("  %c 字符的个数:%d\n",b[i],c[i]);
    printf("字符序列中不同字符的个数:%d\n",n);
    printf("\n");
    printf("每个字符的哈夫曼编 码如下:\n");
    HufTree(c,n,HT);
    printf("\n");
    printf("哈夫曼树中的每个结点的基本信息: \n 双亲\t 左孩 子\t 权值\t 右孩子\n");
```

```
    for(i=1;i<=2*n-1;i++)
        printf(" %d\t%d\t%d\t%d\n",HT[i].parent,HT[i].
    lchild,HT[i].weight,HT [i].rchild);
return 0;
}
```

从键盘输入字符串"casbcatbsatbat"进行编码，运行结果如图 7.48 所示。

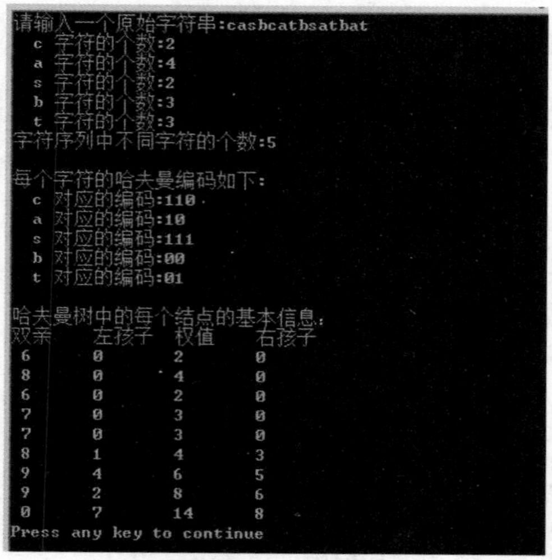

图 7.48　信息编码程序运行结果

# 小　　结

　　树是数据结构课程的重点和难点之一，也是学习本书后续章节的基础。本章主要讨论了以下内容：树与二叉树的定义、与树有关的一些基本概念与术语、树与二叉树的存储结构、二叉树的遍历操作（前序遍历、中序遍历、后序遍历）和层次遍历以及哈夫曼树。最后，通过二叉树的基本操作和信息编码两个实例，介绍了树在实际生活中的应用，进一步加深了对二叉树的理解。

# 知 识 巩 固

## 一、选择题

1. 下面关于二叉树的结点正确的是（　　　　）。

　　A. 二叉树中度为 0 的结点个数等于二叉树中度为 2 的结点个数加 1

　　B. 二叉树中结点个数必须大于 0

　　C. 完全二叉树中，任何一个结点度数或为 0，或为 2

　　D. 二叉树的度 2

2. 设 X 是树 T 中一个非根结点，B 是 T 所对应的二叉树，在 B 中 X 是其双亲的右孩子，下面结论正确的是（　　　　）。

　　A. 在树 T 中，X 是其双亲的第一个孩子　　　B. 在树 T 中，X 一定无右边亲兄弟

C. 在树 $T$ 中，$X$ 一定是叶子结点　　　　D. 在树 $T$ 中，$X$ 一定有左边亲兄弟

3. 一棵二叉树中，已知度为 3 的结点数等于 2 的结点数，其中叶结点数为 13，则度为 2 的结点数目为（　　　）。

　　A. 4　　　　　　B. 2　　　　　　C. 3　　　　　　D. 5

4. 设 $n$、$m$ 为二叉树上的两个结点，在中序遍历中，$n$ 在 $m$ 之前的条件是（　　　）。

　　A. $n$ 在 $m$ 的右边　　B. $n$ 是 $m$ 的祖先　　C. $n$ 在 $m$ 的左边　　D. $n$ 是 $m$ 的子孙

5. 对一个满二叉树，设有 $m$ 个树枝，$n$ 个结点，深度为 $h$，则（　　　）。

　　A. $n=h+m$　　　　B. $h+m=2n$　　　　C. $m=h-1$　　　　D. $n=2^h-1$

6. 以二叉链表作为二叉树的存储结构，在有 $n$ 个结点的二叉链表中 $n>0$，则链表中空链域的个数为（　　　）。

　　A. $2n+1$　　　　B. $n-1$　　　　C. $n+1$　　　　D. $n-1$

7. 设森林中有三棵树，若其中第一棵树、第二棵树、第三棵树的结点数分别为 $n$、$m$、$p$，则与森林对应的二叉树中根结点的右子树上的结点数为（　　　）。

　　A. $n$　　　　　B. $n+m$　　　　C. $p$　　　　　　D. $m+p$

8. 将含有 150 个结点的完全二叉树，从根这一层开始，每一层从左到右依次对结点进行编号，根结点编号为 1，则编号为 69 的结点的双亲为（　　　）。

　　A. 33　　　　　B. 34　　　　　C. 35　　　　　D. 36

9. 在一棵二叉树结点的前序序列、中序序列、后序序列中，所有叶子结点的先后顺序（　　　）。

　　A. 都不相同　　　　　　　　　　B. 前序与中序相同而与后序不同

　　C. 完全相同　　　　　　　　　　D. 中序和后序相同而与前序不同

10. 如果将给定的一组数据作为叶子的权值，所构造出的二叉树的带权路径长度最小，则该二叉树称为（　　　）。

　　A. 哈夫曼树　　　B. 平衡二叉树　　　C. 二叉树　　　D. 完全二叉树

**二、填空题**

1. 一棵完全二叉树采用顺序存储结构，每个结点占 4 B，设编号为 5 的元素地址为 1016，且它有左孩子与右孩子，则该左孩子与右孩子的地址分别为_____的_____。

2. 深度为 $k$ 的完全二叉树，至少有_____个结点，至多有_____个结点。

3. 已知一棵二叉树的先序遍历序列为 $ABCDEFG$，中序遍历序列为 $BAEDGFC$，则后序遍历序列为_____。

4. 具有 256 个结点的完全二叉树的深度为_____。

5. 已知一棵度为 3 的树有 2 个度为 1 的结点，3 个度为 2 的结点，4 个度为 3 的结点，则该树有_____个叶子结点。

6. 如果二叉树有 20 个叶子结点，有 3 结点仅有一个孩子，则该二叉树的总结点数为_____。

7. 二叉树中结点的度只能是_____、_____或　　　　　。

8. 二叉树中第 $k$ 层上至多有_____结点。

9. 如果某二叉树的先序遍历与后序遍历正好相反，则该二叉树定是_____。

**三、简答题**

1. 简述树与二叉树之间的关系及主要区别。

2. 简述树、森林与二叉树转换的过程。

3. 简述哈夫曼树的定义。

## 四、算法应用题

1. 分别就图 7.49 中的树回答下列问题：

（1）哪个是根结点？

（2）哪些是叶子结点？

（3）哪个是 $G$ 的双亲结点？

（4）哪些是 $Q$ 的祖先结点？

（5）哪些是 $I$ 的孩子结点？

（6）哪些是 $E$ 的子孙结点？

（7）哪些是 $E$ 的兄弟结点？

（8）结点 $B$ 和 $P$ 的层数分别是多少？

（9）写出树中所有结点的度数。

（10）树的深度是多少？树的度是多少？

（11）以结点 $B$ 为根的子树的深度是多少？

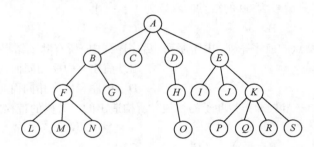

图 7.49　树

2. 试画出分别满足下面条件的非空二叉树的一般形状：

（1）前序和中序相同。

（2）中序和后序相同。

（3）前序和后序相同。

3. 试分别给出图 7.50 中的二叉树的前序、中序和层次遍历的结点序列。

4. 将图 7.51 所示的树转化为二叉树。

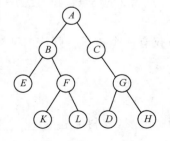

图 7.50　二叉树

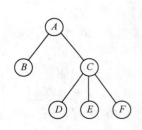

图 7.51　树

5. 分别画出含 3 个结点的树与二叉树的所有不同形态。

6. 已知一棵二叉树的中序序列和后序序列分别为 *BDCEAFHG* 和 *DECBHGFA*，试画出这棵二叉树。

7. 设给定权值集合 $W=\{7，18，3，5，26，12，8\}$，构造相应的哈夫曼树，并求出其带权的路径长度。

# 实 训 演 练

## 一、验证性实验

1. 编写程序实现二叉树的各种基本运算的算法，完成以下功能：

（1）创建一棵如图 7.50 所示的二叉树 t。

（2）在二叉树 $t$ 中查找值为 $F$ 的结点并输出。

（3）求二叉树 $t$ 的深度。

（4）返回二叉树 $t$ 的左子树。

（5）返回二叉树 $t$ 的右子树。

2. 编写程序实现二叉树的各种遍历算法，对如图 7.50 所示的二叉树 $t$ 完成以下功能：

（1）对二叉树 $t$ 进行前序遍历并输出遍历结果。

（2）对二叉树 $t$ 进行中序遍历并输出遍历结果。

（3）对二叉树 $t$ 进行后序遍历并输出遍历结果。

## 二、设计性实验

1. 对如图 7.50 所示的二叉树 $t$，求其叶子结点个数、结点 $G$ 的层次。

2. 对如图 7.50 所示的二叉树 $t$，将其所有的左、右子女互换。

## 三、综合性实验

1. 编写程序采用一棵二叉树表示一个家谱关系（由若干家谱记录构成，每个家谱记录由父亲、妻子和儿子的姓名构成，其中姓名是关键字），要求程序具有以下功能：

家谱记录的输入、家谱记录的输出，清除全部文件记录和将家谱记录存盘。要求在输入家谱记录时按从祖先到子孙的顺序输入，第一个家谱记录的父亲域为所有人的祖先。

2. 编写一个程序，判断二叉树 $b_1$ 中是否有与 $b_2$ 相同的子树。

# 第  章

图

图结构可以描述各种复杂的数据对象，并被广泛应用于自然科学、社会科学和人文科学等。图结构是一种比线性结构和树状结构更复杂的数据结构。在线性结构中，数据元素之间呈线性关系，即每个元素只有一个直接前驱和一个直接后继。在树状结构中，数据元素之间有明显的层次关系，即每个结点只有一个直接前驱，但可以有多个直接后继。在图结构中，每个结点不但可以有多个直接前驱，而且可以有多个直接后继。因此，树结构可以看成是图结构的一种特殊情形。

本章主要讨论图的基本概念、图的存储结构、图的遍历、最小生成树、拓扑排序及相关算法。

| **本章重点** | ☑ 图的基本概念 |
| | ☑ 图的存储结构 |
| | ☑ 图的遍历 |
| | ☑ 最小生成树 |
| | ☑ 最短路径 |
| | ☑ 拓扑排序 |
| **本章难点** | ☑ 图的遍历算法 |
| | ☑ 最小生成树算法 |
| | ☑ 最短路径算法 |

## 8.1 图的定义及基本概念

在实际生产和生活中，有大量问题适合用图结构表示，从而使用计算机进行处理。同时，在许多技术领域，工程技术人员都把图作为解决问题的重要手段。图是比树和线性表更为复杂的一种数据结构，下面主要讨论图的基本概念。

### 8.1.1 图的定义

假设考虑这样一个问题：在 $n$ 个城市之间需要建立通信网络，使得其中的任意两个城市之间有直接或间接的通信线路。若已知每对城市之间通信线路的造价，要求找出一个造价最低的通信网络。当 $n$ 很大时，这个问题十分复杂，最好用计算机求解。因此，首先必须找到一种适当的方法来描述该问题。一种自然、直观的描述方法如下：用一个小圆圈代表一个城市；用小圆圈之间的连线代表对应两城市之间的通信线路；在线路旁边附加一个数值表示该通信线路的造价。因此，

该问题就可用图 8.1（a）表示。（其中 $n=5$）。

图 8.1（a）所示的描述结构实际上就是一种图结构。在该图中，小圆圈称为图的"顶点"，连线称为图的"边"，连线附带的数值称为图的边的"权"。该通信网络问题借助图结构表示法后就可以被计算机处理，从而可以得到满足符合要求的造价最低的通信网络，如图 8.1（b）所示。

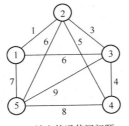 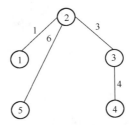

（a）城市的通信网问题　　　　　（b）一个造价最小的通信网

图 8.1　用图描述的通信网问题

实际上图 $G$ 由两个集合 $V$ 和 $E$ 组成，其中 $V$ 是顶点的有穷非空集合，$E$ 是 $V$ 中顶点偶对有穷集，这些顶点偶对称为边，通常，用 $V(G)$ 和 $E(G)$ 分别表示图 $G$ 的顶点集合和边集合。$E(G)$ 也可以为空集。若 $E(G)$ 为空集，则图 $G$ 只有顶点，没有边。图 8.1（a）所示图的 $V(G)=\{1，2，3，4，5\}$，$E(G)=\{（1，2），（1，3），（1，5），（2，3），（2，4），（2，5），（3，4），（3，5），（4，5）\}$。

图的抽象数据类型描述如下：

```
ADT Graph
{   数据对象：
        D={aᵢ | 1≤i≤n,n≥0, aᵢ 为定义的数据元素}
    数据关系：
        R={< aᵢ, aⱼ> | aᵢ、aⱼ∈D, 1≤i,j≤n,其中每个元素可以有一个或多个前驱结点，也可
            以有一个或多个后继结点}
    基本运算：
        CreateGraph(g): 创建图 g。
        DispGraph(g): 输出图 g 的顶点和边的信息。
        DestroyGraph(g): 销毁图 g，释放所占的空间。
        DFS(g,v): 从顶点 v 出发深度优先遍历图 g。
        BFS(g,v): 从顶点 v 出发广度优先遍历图 g。
}
```

### 8.1.2　图的基本概念

#### 1. 有向图

对于一个图 $G$，若边集合 $E(G)$ 为有向边的集合，则称该图为有向图，如图 8.2（a）所示。其中，用 $<v_i，v_j>$ 表示由顶点 $v_i$ 与 $v_j$ 相连的有向边。

#### 2. 无向图

对于一个图 $G$，若边集合 $E(G)$ 为无向边的集合，则称该图为无向图，如图 8.2（b）所示。其中，用 $(v_i，v_j)$ 表示由顶点 $v_i$ 与 $v_j$ 相连的无向边。

#### 3. 端点和邻接点

在一个图中，若存在一条边 $(v_i，v_j)$，则称 $v_i$、$v_j$ 为该边的两个端点，并称它们互为邻接点。

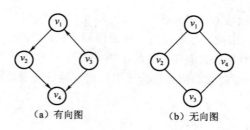

（a）有向图          （b）无向图

图 8.2   有向图和无向图

### 4．起点和终点

在一个有向图中，若存在一条边$<v_i, v_j>$，则称顶点 $v_i$ 为该条边的起点，$v_j$ 为该条边的终点。

### 5．顶点的度、入度和出度

图中每个顶点的度定义为以该顶点为一个端点的边数目，记为 $D(v)$。对于有向图，顶点 $v$ 的入度是以该顶点为终点的边的数目；出度是以该顶点为起点的边的数目，该顶点的度等于其入度和出度之和。

设一个图有 $n$ 个顶点、$e$ 条边，则该图的顶点、边和度之间满足如下关系：

$$\sum D(v_i) = 2e$$

即任意一个图中所有顶点的度之和等于边数的 2 倍。

### 6．子图

设有两个图 $G_1=(V_1，E_1)$、$G_2=(V_2，E_2)$，若 $V_2$ 是 $V_1$ 的子集，$E_2$ 是 $E_1$ 的子集，则称 $G_2$ 是 $G_1$ 的子图。例如，图 8.3（b）是图 8.3（a）的子图。

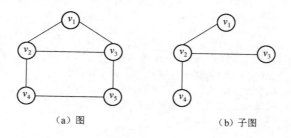

（a）图                    （b）子图

图 8.3   图与子图

### 7．无向完全图

任意两个不同结点之间有且只有一条无向边相连的图，称为无向完全图。一个有 $n$ 个顶点的完全无向图有 $n(n-1)/2$ 条边。

### 8．有向完全图

任意两个不同结点之间有且只有两条方向相反的边相连的图，称为有向完全图，一个有 $n$ 个顶点的完全有向图有 $n(n-1)$ 条边。

### 9．路径和路径长度

在一个无向图 $G$ 中，从顶点 $v$ 到顶点 $u$ 的路径是一个顶点序列 $v_1$，$v_2$，$\cdots$，$v_m$，其中 $v_1=v$，

$v_m=u$，若该图是无向图，则顶点序列应满足$(v_i，v_{i+1}) \in E(G)$（$1 \leqslant i \leqslant m-1$）；若该图是有向图，则顶点序列应满足$<v_i，v_{i+1}> \in E(G)$（$1 \leqslant i \leqslant m-1$）。路径长度是指一条路径上经过的边的数目。

### 10. 简单路径

若一条路径上除了开始顶点和结束顶点可能为同一个顶点外，其余顶点均不重复出现的路径称为简单路径。

### 11. 回路或环

若一条路径上的开始顶点和结束顶点为同一个顶点，则称该路径为回路或环。

### 12. 连通、连通图和连通分量

在无向图 $G$ 中，若从顶点心 $v_i$ 到顶点 $v_j$ 有路径相连，则称 $v_i$ 和 $v_j$ 连通。若图 $G$ 中任意两个顶点都连通，则称图 $G$ 为连通图，否则称为非连通图。无向图 $G$ 中的极大连通子图称为 $G$ 的连通分量。连通图的连通分量只有一个，非连通图有多个连通分量。

### 13. 强连通图和强连通分量

在有向图 $G$ 中，若从顶点心 $v_i$ 到顶点 $v_j$ 有路径相连，则称 $v_i$ 和 $v_j$ 连通。若图 $G$ 中任意两个顶点 $i$ 和 $j$ 都连通，即从顶点 $v_i$ 到顶点 $v_j$ 和从顶点 $v_j$ 到顶点 $v_i$ 都有路径相连，则称有向图 $G$ 为强连通图。有向图 $G$ 中的极大强连通子图称为 $G$ 的强连通分量。强连通图只有一个强连通分量，非强连通图有多个强连通分量。

### 14. 权和网

在图中，每条边可以标上具有某种含义的数值，该数值称为该边的权。边上带权的图称为带权图，又称网。图 8.1 所示图都是网图。

### 15. 生成树

一个连通图的生成树是指含图中的全部顶点、连通且无回路的子图，图 8.4（b）是图 8.4（a）的生成树。

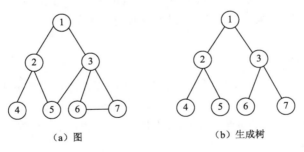

（a）图　　　　　　　（b）生成树

图 8.4　图与生成树

## 8.2　图的存储结构

图的存储结构除了要存储结点本身的数据信息外，还要存储能反映结点与结点间的关系信息即边的信息。在图结构中，任意两个顶点之间都可能存在着联系，它比树结构更为复杂。在选择图的存储结构时，通常取决于具体的应用和所定义的运算，常用图的存储结构有两种：图的顺序存储结构和图的链式存储结构。

## 8.2.1　图的顺序存储结构——邻接矩阵

### 1. 非网图的邻接矩阵

设 $G=(V,E)$ 是具有 $n$ 个顶点的非网图，则图 $G$ 对应的邻接矩阵是一个 $n$ 阶方阵 $A$，该方阵中的元素为 0 或 1：当 $(v_i,v_j)$ 或 $<v_i,v_j>\in E(G)$ 时，$A[i][j]=1$；否则 $A[i][j]=0$。$A[i][j]$ 定义如下：

$$A[i][j]=\begin{cases}0 & \text{其他} \\ 1 & (v_i,v_j)\text{或} <v_i,v_j>\in E(G)\end{cases}$$

图 8.5 所示为有向图及其邻接矩阵，图 8.6 所示为无向图及其邻接矩阵。

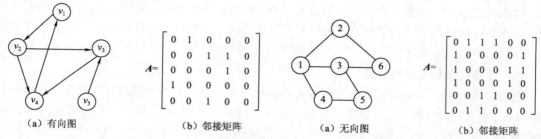

（a）有向图　　　　（b）邻接矩阵　　　　（a）无向图　　　　（b）邻接矩阵

图 8.5　有向图及其邻接矩阵　　　　　图 8.6　无向图及其邻接矩阵

无向图的邻接矩阵是对称矩阵，因为当 $(v_i,v_j)$ 是图 $G$ 中的一条边时，$(v_j,v_i)$ 也必定是图 $G$ 中的一条边。在无向图的邻接矩阵中，顶点 $v_i$ 的度是邻接矩阵中第 $i$ 行（或第 $i$ 列）的非零元素之和。图 8.6（a）所示的无向图中，第 2 行或第 2 列的非零元素个数为 2，则顶点 2 的度数为 2。

在有向图中，当 $<v_i,v_j>$ 是 $G$ 中的一条边时，$<v_j,v_i>$ 却不一定是图 $G$ 中的一条边，因此，有向图的邻接矩阵不一定对称。对于有向图的邻接矩阵，第 $i$ 行的非零元素之和为顶点 $v_i$ 的出度，记作 $OD(v_i)$；第 $i$ 列的非零元素之和为 $v_i$ 的入度，记作 $ID(v_i)$。图 8.5（a）所示的有向图中，第 3 行的非零元素之和为 1；第 3 列的非零元素为 2，则 $OD(v_3)=1$，$ID(v_3)=2$。

因此，通过使用邻接矩阵，可以很容易地判定任意两个顶点之间是否存在边，并可以求得各个顶点的度。

### 2. 网图的邻接矩阵

设 $G=(V,E)$ 是具有 $n$ 个顶点的网图，则图 $G$ 对应的邻接矩阵是具有如下性质的 $n$ 阶方阵 $A$：

① 当 $i=j$ 时，$a_{ij}=0$。

② 当 $(v_i,v_j)$ 或 $<v_i,v_j>\in E(G)$ 时，$a_{ij}=w_{ij}$；（其中 $w_{ij}$ 为边 $<v_i,v_j>$ 或 $(v_i,v_j)$ 上的权值）。

③ 其他情况时，$a_{ij}=\infty$。

图 8.7 所示为一个网图及其邻接矩阵。

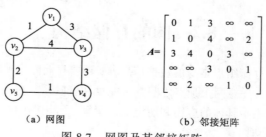

（a）网图　　　　　　（b）邻接矩阵

图 8.7　网图及其邻接矩阵

### 3. 建立图的邻接矩阵算法

图的顺序存储结构是通过邻接矩阵形式体现出来的，不同的图应建立不同的邻接矩阵。下面主要讨论建立无向网图的邻接矩阵。

（1）无向网的邻接矩阵类型及变量定义

```
#define N  6                          /*N 表示图中顶点个数*/
#define  Max  10000                   /*Max 表示无穷大*/
int  A[N+1][N+1];                     /*A 表示邻接矩阵，不用 0 下标，故长为 N+1*/
```

（2）建立无向网的邻接矩阵算法

```
void Buildgraph(int A[N+1][N+1])
{   int  i,j,k,e,w;
    for(i=1;i<=N;i++)                 /*矩阵初始化*/
      for(j=1;j<=N;j++)
         if(i==j) A[i][j]=0; else  A[i][j]=Max;
    scanf("%d",&e);                   /*输入图的边的数目*/
    for(k=1;k<=e;k++)
      { scanf("%d%d%d",&i,&j,&w);     /*输入边*/
    A[i][j]=w;A[j][i]=w;
   }
}
```

## 8.2.2　图的链式存储结构——邻接表

### 1. 邻接表

对于图 $G$ 中的每个顶点 $v_i$，该方法把所有邻接于 $v_i$ 的顶点 $v_j$ 形成一个单链表，这个单链表就称为顶点 $v_i$ 的邻接表。邻接表中每个表结点均有两个域：邻接点域（adjvex）和链域（next）。邻接点域用于存放与 $v_i$ 相邻接的顶点 $v_j$ 的序号 $j$，链域用来将邻接结点链在一起。在每个顶点 $v_i$ 的邻接表中，设置一个具有两个域的表头结点：顶点域（vertex）和指针域（link）。顶点域用来存放顶点 $v_i$ 的信息(为了方便只存放 $v_i$ 的序号 $i$)，指针域用于存入指向 $v_i$ 的邻接表中第一个表结点的头指针。也可根据需要在表结点中设置其他数据域，如边的数值等。为了便于随机访问任一顶点的邻接表，将所有邻接表的表头结点顺序存储在一个数组中。这样，图 $G$ 就可以由这个表头结点来确定。

对于无向图，$v_i$ 的邻接表中每个表结点都对应于与 $v_i$ 相关联的一条边；对于有向图，$v_i$ 的邻接表中每个表结点都对应于以 $v_i$ 为起点的一条边。另一种称为 $v_i$ 的逆邻接表，该表中每个表结点都对应于以 $v_i$ 为终点的一条边。

图 8.8 所示为一个无向图及对应的邻接表。图 8.5（a）所示的有向图对应的邻接表及逆邻接表如图 8.9 所示。

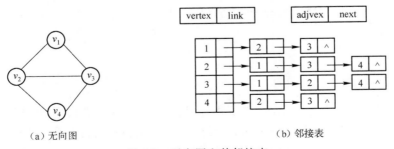

（a）无向图　　　　　　　　　　（b）邻接表

图 8.8　无向图和其邻接表

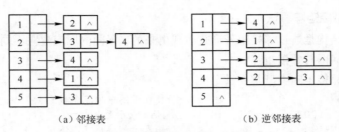

（a）邻接表        （b）逆邻接表

图 8.9 有向图的邻接表及逆邻接表

### 2. 建立邻接表算法

（1）邻接表类型及变量说明

```
#define  N   6                       /*图的顶点个数*/
#define  Len  sizeof(point)
typedef  struct  node                /*邻接表中的结点类型定义*/
{  int  adjvex;                       /*该边的邻接点编号*/
    struct node *next;               /*指向下一条边的指针*/
}point;
 typedef  struct  hnode               /*邻接表的表头结点类型定义*/
 {  int  vertex;                      /*顶点的其他信息*/
     point *link;                     /*指向第一个边顶点*/
 }head;
typedef struct
{  head  ga[N+1];                     /*邻接表向量,不用 0 下标*/
    int n,e;
}Graph;
```

（2）建立无向图的邻接表算法

```
void Buildgraph(Graph *&g,int n,int e)
{  int  i,j,k,e;
    point  *p;
    for(i=1;i<=n;i++)                 /*邻接表初始化*/
    {  g->ga[i].vertex=i;
        g-> ga[i].link=NULL;}
    for(k=1;k<=e;k++)
    {   scanf("%d%d",&i,&j);          /*输入 i、j 的值为无向图邻接矩阵的下三角*/
        p=(point*)malloc(Len);        /*由该点的边数确定应该分配的空间*/
        p->adjvex=j;
        p->next= g->ga[i].link; g->ga[i].link=p;
        p=(point*)malloc(Len);
        p->adjvex=i;
        p->next= g->ga[j].link; g->ga[j].link=p;
    }
    g.n=n;g.e=e;
}
```

## 8.2.3  图的基本运算

  图的基本运算有创建图、显示图、销毁图和图的遍历。下面主要讨论创建图、显示图、销毁图 3 种基本运算，图的遍历将在 8.3 节进行介绍。在基本运算算法的实现过程中采用邻接表来表示图的存储结构，而邻接矩阵实际上就是二维数组的操作。

## 1. 创建图运算的算法

根据邻接矩阵数组 A、顶点数 n 和边数 e 来建立图的邻接表 g。创建图的邻接表的过程如下：

① 初始化邻接表：分配存储空间；初始化邻接表表头。

② 把邻接矩阵数组 A 的每一行非零元素插入到相应行数对应的邻接表中。

算法如下：

```
void   CreateGraph(Graph *&g,int A[N][N],int n,int e)
{
    int i,j;
    point *p;
    g=(Graph *)malloc(sizeof(Graph));
    for(i=1;i<=n;i++)                       /*初始化邻接表头*/
        g->ga[i].link=NULL;
    for(i=0;i<n;i++)                        /*将每行非零元素插入到对应的邻接表中*/
        for(j=n-1;j>=0;j--)
            if(A[i][j]!=0)
            {   p=(point *)malloc(sizeof(point));
                p->adjvex=j;
                p->next=g->ga[i].link;      /*采用头插入法建立单链表*/
                g->ga[i].link=p;
            }
    g->n=n;g->e=e;
}
```

## 2. 显示图运算的算法

假设图采用邻接表作为存储结构，显示图的操作过程是输出头结点，然后输出对应与该单链表中头结点相连的每个结点，以边的形式输出。算法如下：

```
void DispGraph(Graph *g)
{
    int  i;
    point *p;
    for(i=1;i<=g->n;i++)                    /*邻接表的头结点个数即为顶点数*/
    {   p=g->ga[i].link;
        while(p!=NULL)                      /*依次扫描每一个单链表*/
        {   printf("(%d,%d)  ",i,p->adjvex);
            p=p->next;
        }
        printf("\n");
    }
}
```

## 3. 销毁图运算的算法

假设图采用邻接表作为存储结构，销毁图的操作过程是释放邻接表中每个单链表所占的存储空间，也就转化为销毁一个个单链表的过程。算法如下：

```
void DestroyGraph(Graph *&g)
{
    int  i;
    point *p,*pre;
    for(i=1;i<=g->n;i++)                    /*邻接表的头结点个数即为顶点数*/
    {   pre=g->ga[i].link;
```

```
        if(pre!=NULL)
       {  p=pre->next;
          while(p!=NULL)                /*依次扫描每一个单链表并释放其占用空间*/
          {   free(pre);
              pre=p;
              p=pre->next;
          }
          free(pre);
       }
   }
   free(g);
}
```

# 8.3  图 的 遍 历

微课视频

图的遍历

　　图的遍历（Traversing Graph）是从某个顶点出发访问图中每个结点一次且仅一次的过程。若给定的图是连通图，则从图中任一个顶点出发沿着边可以访问到该图的所有顶点。图的遍历比较复杂，这是因为图中的任一顶点都可能和其余结点邻接，在访问了某个顶点之后，可能沿着某条回路又回到了该顶点。为了避免重复访问同一个顶点，必须记住每个顶点是否被访问过。因此，可以设置一个是否访问的标志值 visted[i]，它的初值为 0，当顶点 $v_i$ 被访问后，将 visted[i] 置为 1。

　　图的遍历是求解图的连通性、拓扑排序和求关键路径等算法的基础。图的遍历方式有两种：深度优先搜索遍历和广度优先搜索遍历。这两种方法对无向图和有向图都适用。

## 8.3.1　深度优先搜索遍历

### 1. 深度优先搜索的定义

　　深度优先搜索（Depth–First Search）的思想类似于树的前序遍历。设初始状态是图 $G$ 中所有顶点都没有被访问，则深度优先搜索遍历的过程是从图 $G$ 中选择某个顶点 $v$ 出发，访问此顶点，然后依次从 $v$ 的未被访问的邻接点出发深度优先遍历图 $G$，直到图 $G$ 中所有和 $v$ 有路径相通的顶点都被访问一次；若此时图 $G$ 中还有顶点未被访问，则继续选图 $G$ 中一个未被访问的顶点作起始点，重复上述过程，直至图中所有顶点都被访问一次为止。

　　【例 8.1】以图 8.10（a）所示的无向图为例说明深度优先搜索遍历过程。假定 $v_1$ 是出发点，步骤如下：

　　① 访问 $v_1$。

　　② 访问 $v_1$ 的邻接点。因为 $v_1$ 有两个邻接点 $v_2$ 与 $v_3$ 均未被访问过，在这两个顶点间任选一个作为新的出发点，此时选择 $v_2$ 访问。

　　③ 访问 $v_2$ 的未访问过的邻接点。$v_2$ 的邻接点有 $v_1$、$v_4$、$v_5$，其中 $v_1$ 已访问过，$v_4$、$v_5$ 未访问。选择 $v_4$ 作为新的出发点。

　　④ 重复上述搜索过程，继续依次访问 $v_8$、$v_5$。

　　⑤ 访问 $v_5$ 之后，与 $v_5$ 相邻的顶点均已被访问过，这时，搜索退回到顶点 $v_8$。由于 $v_8$、$v_4$、$v_2$ 都没有未被访问的邻接点，因此，搜索过程从 $v_8$ 退回到 $v_4$，继续退回到 $v_2$，最后退回到 $v_1$。这时，选择 $v_1$ 的未被访问的邻接点 $v_3$。

⑥ 继续往下搜索，依次访问 $v_3$、$v_6$、$v_7$，直至遍历图中全部顶点。

在这个过程中，得到的深度优先搜索的顶点访问序列为：$v_1 \rightarrow v_2 \rightarrow v_4 \rightarrow v_8 \rightarrow v_5 \rightarrow v_3 \rightarrow v_6 \rightarrow v_7$，搜索过程如图 8.10（b）所示。在图 8.10（b）中，箭头指示顶点访问方向（不代表弧），带箭头旁的数字表示顶点访问的次序。

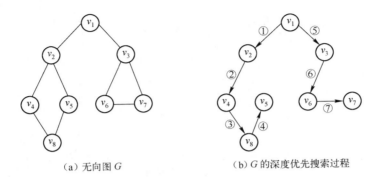

（a）无向图 G　　　　　　　　　（b）G 的深度优先搜索过程

图 8.10　深度优先搜索过程示例

### 2. 深度优先搜索遍历算法

该算法以邻接表作为图的存储结构，连通图的深度优先搜索递归算法如下：

```
int visted[N]={0};                    /*定义一个全局数组，N 为顶点数*/
void Dfs(head ga[],int v)             /*v 为最初访问点*/
{   point *p;
    printf("%d ",v);                  /*输出被访问顶点的编号*/
    visted[v]=1;                      /*置已经被访问的点，做标记*/
    p=ga[v].link;                     /*由 p 指向顶点 v 的第一个邻接点*/
    while(p)                          /*访问 p 的每一个邻接点*/
    {   if(!visted[p->adjvex])        /*若 p->adjvex 没有被访问过，则用递归访问它*/
            Dfs(ga,p->adjvex);
        p=p->next;                    /*p 指向顶点 v 的下一个邻接点*/
    }
}
```

其中，数组变量 visted 为非局部量。在每一次调用 Dfs() 前，需将数组 visted 的每个分量初始化为 0；ga 为图的邻接表；顶点 v 作为访问的出发顶点。

## 8.3.2　广度优先搜索遍历

### 1. 广度优先搜索定义

广度优先搜索（Breadth-First Search）的基本思想是：从图中某个顶点 $v_i$ 出发，在访问了 $v_i$ 之后依次访问 $v_i$ 的所有未访问的邻接点，然后分别从这些邻接点出发按广度优先搜索遍历图的其他顶点，直至所有顶点都被访问。

【例 8.2】以图 8.10（a）所示的无向图 G 为例介绍广度优先搜索的过程。假设 $v_1$ 是起点，步骤如下：

① 访问 $v_1$。

② $v_1$ 有两个未访问的邻接点 $v_2$ 和 $v_3$，先访问 $v_2$，再访问 $v_3$。

③ 访问 $v_2$ 的未访问的邻接点 $v_4$、$v_5$。

④ 访问 $v_3$ 的未访问的邻接点 $v_6$、$v_7$。

⑤ 访问 $v_4$ 的未访问的邻接点 $v_8$。

此时，图中所有顶点均已被访问到，得到的顶点序列为：$v_1 \rightarrow v_2 \rightarrow v_3 \rightarrow v_4 \rightarrow v_5 \rightarrow v_6 \rightarrow v_7 \rightarrow v_8$。搜索过程如图 8.11（a）所示，其对应树结构如图 8.11（b）所示。

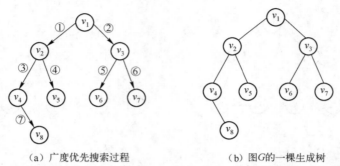

（a）广度优先搜索过程　　　　　　　　（b）图G的一棵生成树

图 8.11　广度优先搜索

### 2. 连通图的广度优先搜索算法

以邻接表为图的存储结构，连通图的广度优先搜索非递归算法如下：

```
void Bfs(head ga[],int v)
{   SqQueue *Q;                          /*定义环形队列*/
    point *p; int k; int visted[N]={0};
    InitQueue(Q);                        /*初始化队列*/
    printf("%d",v);                      /*输出被访问顶点的编号*/
    visted[v]=1;                         /*设置已访问标记*/
    EnQueue(Q,v);
    While(!EmptyQueue(Q))                /*队列不空循环*/
    {
        DeQueue(Q,k);                    /*出队一个顶点k*/
        p=ga[k].link;                    /*指向k的第一个邻接点*/
        while(p)                         /*查找k的所有邻接点*/
        {   if(!visted[p->adjvex])       /*如果当前邻接点未被访问*/
            {   printf("%d",p->adjvex);  /*访问该接点*/
                visted[p->adjvex]=1;     /*设置已访问标记*/
                EnQueue(Q,p->adjvex);    /*该顶点进队*/
            }
            p=p->next;                   /*找下一个邻接点*/
        }
    }
}
```

其中，数组变量 visted 为局部量。在每一次调用 Bfs() 前，需将数组 visted 的每个分量初始化为 0；ga 为图的邻接表；v 为访问的出发顶点。

# 8.4　最小生成树

若图 $G$ 是带权的连通无向图，则可以把顶点看作城市，边上的权表示两个城市之间的距离，或者两个城市之间的通信线路所花的代价，在 $n$ 个城市间最多有 $n(n-1)/2$ 条线路，如何在这些线

路中选择 $n-1$ 条线路，使得各个城市连通无回路，并且线路的总长度或者所花的总代价最小，这就是最小生成树所要解决的问题。下面介绍无向图的生成树问题，然后给出求解网的最小生成树算法。

### 8.4.1　最小生成树的概念

#### 1. 生成树

生成树是一个连通图的生成树，包含图中的全部顶点、连通且无回路的子图。图的生成树不是唯一的。含有 $n$ 个顶点的连通图的生成树，有 $n-1$ 条边。

#### 2. 最小生成树

对于连通网图 $G=(V，E)$，$G$ 的生成树的各边也是带权。生成树中各边的权值总和称为生成树的权，并把 $G$ 中所有生成树中权最小的生成树称为 $G$ 的最小生成树。

图 8.12（a）所示为一个连通网图，8.12（b）所示为其最小生成树。

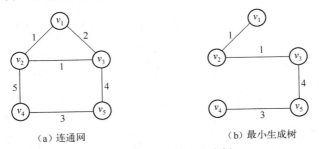

（a）连通网　　　　　　　（b）最小生成树

图 8.12　网及其最小生成树

#### 3. 求最小生成树的方法

求一个连通网的最小生成树的方法很多，这里主要讨论 3 种：破圈法、普里姆法和克鲁斯卡尔法。

（1）破圈法

破圈法是指在图中找一条回路且删除回路中权值最大的边，然后在所得到的图中，继续找一条回路且删除回路中权值最大的边，不停地继续这种操作，直到所得图无回路为止。

【例 8.3】求图 8.12（a）所示连通图的最小生成树。

通过图可以看出：$v_1 \rightarrow v_2 \rightarrow v_3 \rightarrow v_1$ 是一条回路，删除该回路上权值最大的边$(v_1，v_3)$，在所得图中 $v_2 \rightarrow v_3 \rightarrow v_5 \rightarrow v_4 \rightarrow v_2$ 是一条回路，删除该回路上权值最大的边$(v_4，v_2)$，删除这两条边后，得到的子图没有回路，该子图就是图 8.12（a）所示连通图的最小生成树，如图 8.12（b）所示。

（2）普里姆（Prim）法

设连通网为 $G=(V，E)$，$V$ 是图中顶点的集合，$E$ 是图中边的集合，TE 为最小生成树中的边的集合，$U$ 为最小生成树顶点的集合，则 $G$ 的最小生成树的 Prim 算法步骤如下：

① 初始化：$U=\{u_0\}$，TE=\{ \}。其中，$u_0 \in V$。

② 在所有 $u \in U$、$v \in V-U$ 的边$(u，v) \in E$ 中，找一条权最小的边$(u_0，v_0)$，将此边加进集合 TE 中，并将此边的非 $U$ 中顶点加入 $U$ 中。

③ 如果 $U=V$，则算法结束；否则重复步骤②。

【例 8.4】用 Prim 法构造图 8.13（a）所示连通网图的最小生成树。

第一步：$U=\{1\}$，TE=\{ \}，$V=\{3，6，4，2，5\}$。

第二步：所有与顶点 1 相连的边中，（1，3）边上的权最小，因此，TE=\{（1，3）\}，$U=\{1，3\}$，如图 8.13（b）所示。

第三步：所有与顶点 1、3 相连的边中，（3，6）边上的权最小且和 TE 中的边不会构成回路，因此，TE=\{（1，3），（3，6）\}，$U=\{1，3，6\}$，如图 8.13（c）所示。

第四步：所有与顶点 1、3、6 相连的边中，（6，4）边上的权最小且和 TE 中的边不会构成回路，因此，TE=\{（1，3），（3，6），（6，4）\}，$U=\{1，3，6，4\}$，如图 8.13（d）所示。

第五步：所有与顶点 1、3、6、4 相连的边中，（3，2）边上的权最小且和 TE 中的边不会构成回路，因此，TE=\{（1，3），（3，6），（6，4），（3，2）\}，$U=\{1，3，6，4，2\}$，如图 8.13（e）所示。

第六步：所有与顶点 1、3、6、4、2 相连的边中，（2，5）边上的权最小且和 TE 中的边不会构成回路，因此，TE=\{（1，3），（3，6），（6，4），（3，2），（2，5）\}，$U=\{1，3，6，4，2，5\}$，如图 8.13（f）所示。

第七步：$U=V$，算法结束。图 8.13（f）所示的生成树就是最小生成树。

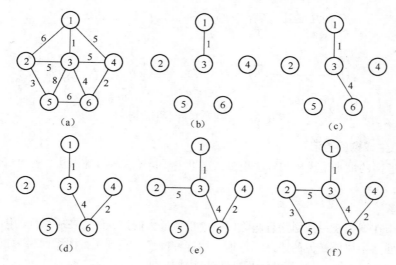

图 8.13　Prime 法构造最小生成树的过程

（3）克鲁斯卡尔（Kruskal）法

Kruskal 法的基本思想：假设连通网 $N=(V，E)$，则设最小生成树的初始状态为只有 $n$ 个顶点而无边的非连通图 $T=(V，\{\})$，图中每个顶点自成一个连通分量。在 $E$ 中选择代价最小的边，若该边依附的顶点落在 $T$ 中不同的连通分量上，则将此边加入 $T$ 中，否则舍去此边而选择另一条代价最小的边。依此类推，直至所有顶点都在同一连通分量上为止，此时 $T$ 中恰有 $n-1$ 条边。

【例 8.5】设有连通图如图 8.14（a）所示，$N=(V，\{E\})$，最小生成树的初态为 $T=(V，\{\ \})$，如图 8.14（b）所示。用 Kruskal 方法构造最小生成树 $T$。

第一步：待选的边为(2,3)->5、(2,4)->6、(3,4)->6、(2,6)->11、(4,6)->14、(1,2)->16、(4,5)->18、(1,5)->19、(1,6)->21、(5,6)->23。

顶点集合状态为\{1\}、\{2\}、\{3\}、\{4\}、\{5\}、\{6\}。

此时，最小生成树的边的集合为{ }，如图 8.14（b）所示。

第二步：从待选边中选一条权值最小的边为(2,3)->5。

待选的边变为(2,4)->6、(3,4)->6、(2,6)->11、(4,6)->14、(1,2)->16、(4,5)->18、(1,5)->19、(1,6)->21、(5,6)->23。

顶点集合状态为{1}、{2，3}、{4}、{5}、{6}。

此时，最小生成树的边的集合为{(2,3)}，如图 8.14（c）所示。

第三步：从待选边中选一条权值最小的边为(2,4) ->6。

待选的边为(3,4) ->6，(2,6) ->11，(4,6) ->14，(1,2) ->16，(4,5) ->18，(1,5) ->19，(1,6) ->21，(5,6) ->23。

顶点集合状态为{1}、{2，3，4}、{5}、{6}。

此时，最小生成树的边的集合为{(2,3),(2,4)}，如图 8.14（d）所示。

第四步：从待选边中选一条权值最小的边为(3,4) ->6，由于 3、4 在同一个顶点集合{2，3，4}内，故放弃。重新从待选边中选一条权值最小的边(2,6) ->11。

待选的边为(4,6) ->14、(1,2) ->16、(4,5) ->18、(1,5) ->19、(1,6) ->21、(5,6) ->23。

顶点集合状态为{1}、{2，3，4，6}、{5}。

此时，最小生成树的边的集合为{(2,3),(2,4),(2,6)}，如图 8.14（e）所示。

第五步：从待选边中选一条权值最小的边为(4,6) ->14，由于 4、6 在同一个顶点集合{2，3，4，6}内，故放弃。重新从待选边中选一条权值最小的边为(1,2) ->16。

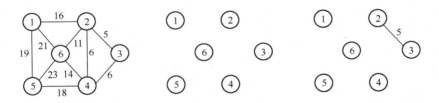

（a）连通网　　　　　（b）最小生成树的初始状态　　　（c）加入边（2，3）

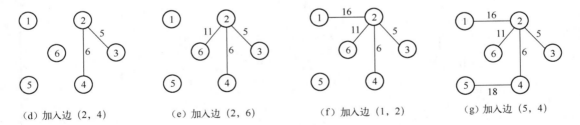

（d）加入边（2，4）　　　（e）加入边（2，6）　　　（f）加入边（1，2）　　　（g）加入边（5，4）

图 8.14　Kruskal 法执行过程

待选的边为(4,5) ->18、(1,5) ->19、(1,6) ->21、(5,6) ->23。

顶点集合状态为{1，2，3，4，6}、{5}。

此时，最小生成树的边的集合为{(2,3)，(2,4)，(2,6)，(1,2)}，如图 8.14（f）所示。

第六步：从待选边中选一条权值最小的边为(4,5) ->18。

待选的边为(1,5) ->19，(1,6) ->21，(5,6) ->23。

顶点集合状态为{1，2，3，4，6，5}。

此时，最小生成树的边的集合为{(2,3)，(2,4)，(2,6)，(1,2)，(4, 5)}，如图 8.14（g）所示。

至此，所有的顶点都在同一个顶点集合{1，2，3，4，6，5}，算法结束。所得最小生成树如图 8.15 所示，其代价为 5+6+11+16+18=56。

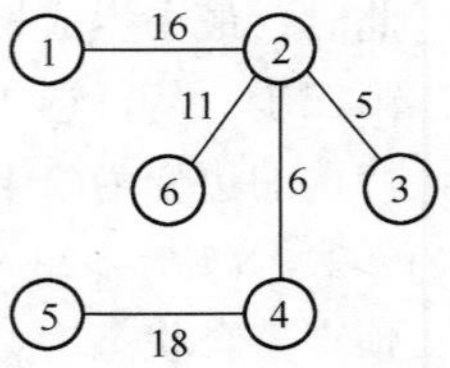

图 8.15　最小生成树

## 8.4.2　最小生成树算法

含有 $n$ 个顶点的连通图的生成树有 $n-1$ 条边。在最小生成树算法的实现中，将最小生成树的 $n-1$ 条边存放在一个向量 $T$ 中，求最小生成树的过程就是求这个向量 $T$ 的过程。假设 $G=(V,E)$ 是一个具有 $n$ 个顶点的带权连通图，$T=(U, \text{TE})$ 是 $G$ 的最小生成树，其中 $U$ 是 $T$ 的顶点集，TE 是 $T$ 的边集。下面讨论 Prim 和 Kruskal 这两种算法从 $G$ 构造 $T$ 的实现过程。

### 1. Prim 算法

（1）数据类型及变量说明

```
#define  n  6                    /*n 表示图中顶点个数*/
#define  Max  10000              /*max 表示无穷大*/
int  A[n+1][n+1];               /*A 表示邻接矩阵，不用 0 下标，故长为 n+1*/
typedef struct  node
{   int  beg, end;
    int  w;
}edge;                          /*边由两端点 beg，end 与权值 w 构成*/
edge  T[n];                     /*其中 T[1],…,T[n-1]就是最小生成树的 n-1 条边*/
```

（2）算法实现

```
void  Prim(int A[n+1][n+1],edge T[ ])
{   int  i,j,k,m,min,v;
    edge  x;
    for(i=1;i<n;i++)            /*n-1 条边的初始值*/
    { T[i].beg=n;T[i].end=i;T[i].w=A[n][i];}
    for(i=1;i<n-1;i++)
    { m=i;min=T[m].w;
        for(j=i+1;j<n;j++)     /*求最小权的边*/
        if(T[j].w<min&&T[j].w!=0)
        { m=j;min=T[j].w;}
        v=T[m].end;            /*最小边的另一个顶点*/
        printf("边(%d,%d)权值为:%d\n",T[m].beg,v,min);
        if(m!=i)
        { x=T[m];T[m]=T[i];T[i]=x;}
        for(j=i+1;j<n;j++)
        {   k=T[j].end;
            if(T[j].w>A[v][k]&&T[j].w!=0)
            {   T[j].w=A[v][k];
                T[j].beg=v;}
        }
    }
}
```

算法的时间复杂度为 $O(n^2)$，其中 $n$ 是图中顶点的个数。

### 2. Kruskal 算法

（1）数据类型及变量说明

```
#define n 6                    /*图的顶点数*/
```

```
#define e 10              /*图的边数*/
typedef struct node
{  int beg,end,w;
}edge;                    /*边由两个端点和权值组成*/
edge edg[e+1],tree[n];    /*edg数组存放图所有边,tree数组存放最小生成树*/
```

（2）算法说明

① 对 edg 数组中边的权值从小到大排序。

② 每次都是考虑从没有加进来的边中权值最小的边，若该边依附的顶点落在 $T$ 中不同的连通分量上，则将此边加入到 $T$ 中，否则舍去此边而选择下一条代价最小的边，依此类推。

③ 引进一个一维数组，给每个顶点做一记号，规则是两顶点连通，记号就相同，否则记号就不同。由于没加边之前，最小生成树的初始状态为只有 $n$ 个顶点，而无边的非连通图 $T=(V, \{\})$，图中每个顶点自成一个连通分量，从而初始的记号每个顶点都不一样。

```
int top[n+1];
for(k=1;k<=n;k++)         /*给每个顶点作个记号*/
    top[k]=k;
```

每次加入一条边，就是将两个不连通分量变为一个大的连通分量，即必须将这两个不连通分量的顶点的记号变为相同。

（3）算法实现

```
/*对图的边按权从小到大排序*/
void sort(edge edg[])
{  int i,j,k;
   edge s;
   for(i=1;i<e;i++)
   {   k=i;
       for(j=i+1;j<=e;j++)
           if(edg[j].w<edg[k].w)k=j;
       s=edg[k];edg[k]=edg[i];edg[i]=s;
   }
}
/*输入图存放在edg中*/
void inp(edge edg[])
{  int k;
   printf("please input graph edge:\n");
   for(k=1;k<=e;k++)
   scanf("%d%d%d",&edg[k].beg,&edg[k].end,&edg[k].w);/*输入矩阵的下三角的坐
                                                       标与对应的权值*/
}
/*Kruskal算法*/
void Kruskal(edge tree[])
{   int i,j,k,l;
    int top[n+1];
    for(k=1;k<=n;k++)     /*给每个顶点做个记号*/
        top[k]=k;
    j=0;
    for(i=1;i<=e;i++)
    { if(top[edg[i].beg]==top[edg[i].end]) continue;
    /*当目前最小边的两端点记号相同时,说明加进来有回路舍去*/
     j++;
     tree[j]=edg[i];
```

```
        /*当目前最小边的两端点记号不相同时，说明加进来无回路，加入*/
        l=top[edg[i].beg];
        for(k=1;k<=n;k++)
            if(top[k]==l) top[k]=top[edg[i].end];
            /*给刚刚加边的两个不连通分支中的全顶点作个记号*/
    }
}
/*输出最小生成树*/
void print(edge tree[])
{   int k;
    printf("minimum spanning tree :\n");
    for(k=1;k<n;k++)
    printf("tree%dedgeis%3d%5d%5d\n",k,tree[k].beg,tree[k].end,tree[k].w);
}
```

算法的时间复杂度为 $O(e^2)$，其中 $e$ 是图的边数。

# 8.5  最 短 路 径

在计算机处理中，可以用连通网来表示 $n$ 个城市以及 $n$ 个城市间可能设置的通信线路，其中网的顶点表示城市，边表示两个城市之间的线路，边的权值表示相应的代价。现在，设要从某个城市出发，浏览完所有城市，要求花费最小；或求各城市之间花费最小的路径。这些问题都可以通过图结构来解决，在图论中，这类问题称为最短路径问题。

由于在一些最短路径问题中，路径具有方向性，因此，本节仅讨论有向网的最短路径问题，并且规定网络中边的权值均是正的。本节介绍求最短路径的两个算法。

① 从一个顶点到其余各顶点的最短路径。

② 每对顶点之间的最短路径。

## 8.5.1  从一个顶点到其余各顶点的最短路径

Dijkstra（迪杰斯特拉）算法是典型的单源最短路径算法，用于计算一个结点到其他所有结点的最短路径，主要特点是以起始点为中心向外层扩展，直到扩展到每一个结点为止。假设 $G=(V,E)$ 是一个具有 $n$ 个顶点的带权有向图。

### 1. 过程步骤

① 输入顶点个数 $n$，邻接矩阵 edges 和源点序号 $v_0$。

② 送初值：将 $v_0$ 加入集合 $S=\{v_0\}$；令 $d[j]=edges[v_0][j]$（$j=1,...,n$）。

③ 重复 $n-1$ 次执行以下操作：

● 在不属于集合 $S$ 的顶点 $u$ 中，选取具有最小 $d[j]$ 值的顶点 $v$。

● 将 $v$ 加入集合 $S$。

● 对不属于集合 $S$ 的顶点 $j$ 做：

```
d[j]=min{d[j],d[v]+edges[v][j]};
/*d[j]取(d[j], d[v]+edges[v][j])两个数中的最小值 */
```

所得的 $d[j]$ 就是最短路径的长度，若每次记住经过的顶点还可得到最短路径。

### 2. 数据结构分析

```
#define N 100            /*图的最大顶点个数*/
```

```
#define max 1000        /*max 表示∞*/
typedef  struct node
{   int beg,end,w;
}edge;                  /*边由两个端点和权值组成*/
int n,e;                /*n 表示图的实际顶点个数,e 表示图的实际边的条数*/
int edges[N+1][N+1],p[N],d[N]; /*edges[N+1][N+1]表示图的邻接矩阵*/
```

### 3. 实体模拟

设有图 8.16（a）所示的有向图，假设源点序号 $v_0=1$，即求 $v_1$ 顶点到其余各点的最短路径。其中，$d[i]$ 表示源点到本顶点 $i$ 的最短路径；$p[i]$ 表示源点到本顶点 $i$ 的最短路径上从顶点 $i$ 逆回到源点的上一个顶点。

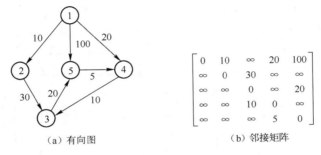

| （a）有向图 | （b）邻接矩阵 |

图 8.16　有向图及邻接矩阵

步骤 1：初始化，$S=\{1\}$，$d[i]=$edges[1][i]，当 $d[i]=0$ 或 $d[i]=$max 时 $p[i]=0$，否则 $p[i]=1$，如图 8.17 所示。

| 循环 | $S$集合 | 选顶点 | \multicolumn{5}{c}{$d[i]$} | \multicolumn{5}{c}{$p[i]$} |
|---|---|---|---|---|---|---|---|---|---|---|---|---|
| | | | 1 | 2 | 3 | 4 | 5 | 1 | 2 | 3 | 4 | 5 |
| 初始化 | 1 | | 0 | 10 | ∞ | 20 | 100 | 0 | 1 | 0 | 1 | 1 |

图 8.17　初始化

步骤 2：第一次循环，选不在集合 $S$ 中使 $d[i]$ 最小的顶点 $v=2$，将 $v$ 加入 $S=\{1,2\}$，修改不在 $S$ 中的顶点 $d[j]=\min\{d[j],d[v]+$edges$[v][j]\}$，通过计算 $d[3]=\infty$ 变成 $d[3]=40$，因此，修改 $d[3]=40$，同时也修改 $p[3]=2$，如图 8.18 所示。

| 循环 | $S$集合 | 选顶点 | \multicolumn{5}{c}{$d[i]$} | \multicolumn{5}{c}{$p[i]$} |
|---|---|---|---|---|---|---|---|---|---|---|---|---|
| | | | 1 | 2 | 3 | 4 | 5 | 1 | 2 | 3 | 4 | 5 |
| 初始化 | 1 | | 0 | 10 | ∞ | 20 | 100 | 0 | 1 | 0 | 1 | 1 |
| 1 | 1, 2 | 2 | 0 | 10 | 40 | 20 | 100 | 0 | 1 | 2 | 1 | 1 |

图 8.18　第一次循环

步骤 3：第二次循环，选不在集合 $S$ 中使 $d[i]$ 最小的顶点 $v=4$，将 $v$ 加入 $S=\{1,2,4\}$，修改不在 $S$ 中的顶点的 $d[j]=\min\{d[j],d[v]+$edges$[v][j]\}$，通过计算 $d[3]=40$ 变成 $d[3]=30$，因此，修改 $d[3]=30$，同时也修改 $p[3]=4$，如图 8.19 所示。

| 循环 | S集合 | 选顶点 | d[i] | | | | | p[i] | | | | |
|---|---|---|---|---|---|---|---|---|---|---|---|---|
| | | | 1 | 2 | 3 | 4 | 5 | 1 | 2 | 3 | 4 | 5 |
| 初始化 | 1 | | 0 | 10 | ∞ | 20 | 100 | 0 | 1 | 0 | 1 | 1 |
| 1 | 1, 2 | 2 | 0 | 10 | 40 | 20 | 100 | 0 | 1 | 2 | 1 | 1 |
| 2 | 1, 2, 4 | 4 | 0 | 10 | 30 | 20 | 100 | 0 | 1 | 4 | 1 | 1 |

图 8.19　第二次循环

步骤 4：第三次循环，选不在集合 S 中使 $d[i]$ 最小的顶点 $v=3$，将 $v$ 加入 $S=\{1,2,4,3\}$，修改不在 S 中的顶点 $j$ 的 $d[j]=\min\{d[j], d[v]+\text{edges}[v][j]\}$，通过计算 $d[5]=100$ 变成 $d[5]=50$，因此，修改 $d[5]=50$，同时也修改 $p[5]=3$，如图 8.20 所示。

| 循环 | S集合 | 选顶点 | d[i] | | | | | p[i] | | | | |
|---|---|---|---|---|---|---|---|---|---|---|---|---|
| | | | 1 | 2 | 3 | 4 | 5 | 1 | 2 | 3 | 4 | 5 |
| 初始化 | 1 | | 0 | 10 | ∞ | 20 | 100 | 0 | 1 | 0 | 1 | 1 |
| 1 | 1, 2 | 2 | 0 | 10 | 40 | 20 | 100 | 0 | 1 | 2 | 1 | 1 |
| 2 | 1, 2, 4 | 4 | 0 | 10 | 30 | 20 | 100 | 0 | 1 | 4 | 1 | 1 |
| 3 | 1, 2, 4, 3 | 3 | 0 | 10 | 30 | 20 | 50 | 0 | 1 | 4 | 1 | 3 |

图 8.20　第三次循环

步骤 5：第四次循环，选不在集合 S 中使 $d[i]$ 最小的顶点 $v=5$，将 $v$ 加入 $S=\{1,2,4,3,5\}$，修改不在 S 中的顶点 $j$ 的 $d[j]=\min\{d[j], d[v]+\text{edges}[v][j]\}$，通过计算发现无顶点满足修改条件，故不进行修改，如图 8.21 所示。

| 循环 | S集合 | 选顶点 | d[i] | | | | | p[i] | | | | |
|---|---|---|---|---|---|---|---|---|---|---|---|---|
| | | | 1 | 2 | 3 | 4 | 5 | 1 | 2 | 3 | 4 | 5 |
| 初始化 | 1 | | 0 | 10 | ∞ | 20 | 100 | 0 | 1 | 0 | 1 | 1 |
| 1 | 1, 2 | 2 | 0 | 10 | 40 | 20 | 100 | 0 | 1 | 2 | 1 | 1 |
| 2 | 1, 2, 4 | 4 | 0 | 10 | 30 | 20 | 100 | 0 | 1 | 4 | 1 | 1 |
| 3 | 1, 2, 4, 3 | 3 | 0 | 10 | 30 | 20 | 50 | 0 | 1 | 4 | 1 | 3 |
| 4 | 1, 2, 4, 3, 5 | 5 | 0 | 10 | 30 | 20 | 50 | 0 | 1 | 4 | 1 | 3 |

图 8.21　第四次循环

经过以上过程，源点 1 到其他顶点的最短路径 p 及长度 d 已经求出。d[]={0,10,30,20,50}，p[]={0,1,4,1,3}，如 d[3]=30。表明源点 1 到顶点 3 的最短路径长度为 30，其路径 p[3]=4，p[4]=1，因此路径为 1->4->3。

#### 4. 算法实现

```
#include "stdio.h"
#define N 100          /*图的最大顶点个数*/
#define max 1000        /*max 表示∞*/
typedef  struct node
```

```
{   int beg,end,w;
} edge;              /*边由两个端点和权值组成*/
int n,e;             /*n表示图的实际顶点个数,e表示图的实际边的条数*/
int edges[N+1][N+1],p[N],d[N];              /*edges[N+1][N+1]表示图的邻接矩阵*/
void Creatgraph( int edges[N+1][N+1])   /*生成图的邻接矩阵*/
{   int i,j,k,w;
    printf("请输入图的顶点数目: ");
    scanf("%d",&n);
    printf("请输入图的边数:");
    scanf("%d",&e);
    printf("请依次输入图的边:\n");
    for(i=1;i<=n;i++)
     for(j=1;j<=n;j++)
       if(i==j)edges[i][j]=0;
       else edges[i][j]=max;
       for(k=1;k<=e;k++)
       {
          printf("  ");
          scanf("%d%d%d",&i,&j,&w);
          edges[i][j]=w;
       }
     }
void Dijst(int edges[N+1][N+1],int p[],int d[],int n)
{   int i,j,min,v,set[N+1];
    for(i=1;i<=n;i++)                 /*p[], d[], set[]的初始化*/
    {
      d[i]=edges[1][i];
      set[i]=1;
      if(d[i]==max||i==1)p[i]=0;else p[i]=1;
    }
    set[1]=0;   /* set[1] = 0 表示顶点 V1 已加入集合 S*/
    for(i=1;i<n;i++)
    {
      min=2*max;                    /*设置 min 为最大长度的初始值*/
      v=0;
      for(j=1;j<=n;j++)            /* 求出不在集合 S 中使 d[j]最小的顶点 V*/
       if(set[j]&& d[j]<min)
       { min=d[j];v=j;}
      set[v]=0;                     /* 将顶点 V 加入集合 S*/
      for(j=1;j<=n;j++)           /*修改不在 S 中的顶点 j 的 d[j], p[j]*/
       if(set[j] && (d[v]+edges[v][j]<d[j]))
       { d[j]=d[v]+edges[v][j];p[j]=v;}
    }
  }
void Print(int p[],int d[],int n) /* 输出最短路长及最短路径*/
{   int i,j,k,s[100],top=0;
    printf("源点到各个顶点的最短路长及最短路径分别是:\n");
    for(i=2;i<=n;i++)             /*循环输出从 v1 到 i 的路径*/
    {
       printf("v1-->v%d:%d",i,d[i]);
       k=p[i];s[++top]=i;
       while(k!=1)                 /*存在时输出该起点*/
       {s[++top]=k;k=p[k];}
       printf("v1");
```

```
        while(top)              /*再输出其他顶点*/
        printf("-->v%1d",s[top--]);
       printf("\n");
    }
}
```

算法的时间复杂度为 $O(n^2)$，其中 $n$ 是图中顶点的个数。

### 8.5.2 每对顶点之间的最短路径

每对顶点之间的最短路径是指求图中任意一对顶点之间的最短路径。解决这个问题显然可以利用一个顶点到其余各项点的最短路径求解算法，具体做法是依次把图中的每个顶点作为源点，重复执行 Dijkstra 算法 $n$ 次。

除此之外，弗洛伊德（Floyd）算法也可以求每对顶点之间的最短路径。假设 $G=(V,E)$是一个具有 $n$ 个顶点的带权有向图，采用邻接矩阵 $g$ 来表示。同时定义一个二维数组 $D$ 用来存放当前顶点之间的最短路径长度，即分量 $D[i][j]$表示当前 $i$ 到 $j$ 的最短路径长度。Floyd 算法的基本思想是不断产生一个矩阵序列 $D_0,D_1,\cdots,D_k,\cdots,D_{n-1}$，其中 $D_k[i][j]$表示 $i$ 到 $j$ 的路径上所经过的顶点编号不大于 $k$ 的最短路径长度。同时，需要引入一个二维数组 path。$path_k[i][j]$存放着考查顶点 0,1,…，$k$ 之后得到的 $i$ 到 $j$ 的最短路径中顶点 $j$ 的前一个顶点编号。

#### 1. 过程步骤

① 初始化：$D_{-1}[i][j]$=g.edges[$i$][$j$]，若 $i$ 到 $j$ 有边则 $path_{-1}[i][j]=i$，否则 $path_{-1}[i][j]=-1$。（其中，$D_k[i][j]$表示 $i$ 到 $j$ 的路径上所经过的顶点编号不大于 $k$ 的最短路径长度。$path_k[i][j]$存放着考查顶点 0,1,…，$k$ 之后得到的 $i$ 到 $j$ 的最短路径中顶点 $j$ 的前一个顶点编号。$k=-1$ 时表示初始化）

② $D_k[i][j]=MIN\{D_{k-1}[i][j],D_{k-1}[i][k]+D_{k-1}[k][j]\}$，若经过顶点 $k$ 的路径较短，则需要修改最短路径和路径长度，否则 $path_k[i][j]=path_{k-1}[k][j]$。

③ 重复②步，直到求出 $D_{n-1}[i][j]$结束。

算法结束后，通过 $D$ 矩阵找到 $i$ 到 $j$ 的最短路径长度，通过 path 找到最短路径。

#### 2. 数据结构分析

```
#define MAXV 100              /*图的最大顶点个数*/
#define MAX 1000              /*MAX 表示∞*/
typedef struct
{   int n,e;                  /*n 表示图的实际顶点个数,e 表示图的实际边的条数*/
    int edges[N][N];          /*edges[N][N]表示图的邻接矩阵*/
}Graph;
```

#### 3. 实体模拟

以图 8.22 所示图为例。

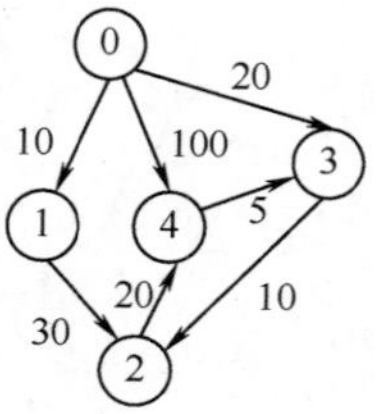


$$\begin{bmatrix} 0 & 10 & \infty & 20 & 100 \\ \infty & 0 & 30 & \infty & \infty \\ \infty & \infty & 0 & \infty & 20 \\ \infty & \infty & 10 & 0 & \infty \\ \infty & \infty & \infty & 5 & 0 \end{bmatrix}$$

图 8.22　有向图及邻接矩阵

用 Floyd 算法求解过程如下：

① 初始化时 $D_{-1}$ 和 path$_{-1}$ 分别如下：

$$D_{-1} = \begin{bmatrix} 0 & 10 & \infty & 20 & 100 \\ \infty & 0 & 30 & \infty & \infty \\ \infty & \infty & 0 & \infty & 20 \\ \infty & \infty & 10 & 0 & \infty \\ \infty & \infty & \infty & 5 & 0 \end{bmatrix} \qquad \text{path}_{-1} = \begin{bmatrix} -1 & 0 & -1 & 0 & 0 \\ -1 & -1 & 1 & -1 & -1 \\ -1 & -1 & -1 & -1 & 2 \\ -1 & -1 & 3 & -1 & -1 \\ -1 & -1 & -1 & 4 & -1 \end{bmatrix}$$

② 考查顶点 0，其最短路径长度和路径没有发生变化，与之前的值相等，因此 $D_0$ 和 path$_0$ 分别如下：

$$D_0 = \begin{bmatrix} 0 & 10 & \infty & 20 & 100 \\ \infty & 0 & 30 & \infty & \infty \\ \infty & \infty & 0 & \infty & 20 \\ \infty & \infty & 10 & 0 & \infty \\ \infty & \infty & \infty & 5 & 0 \end{bmatrix} \qquad \text{path}_0 = \begin{bmatrix} -1 & 0 & -1 & 0 & 0 \\ -1 & -1 & 1 & -1 & -1 \\ -1 & -1 & -1 & -1 & 2 \\ -1 & -1 & 3 & -1 & -1 \\ -1 & -1 & -1 & 4 & -1 \end{bmatrix}$$

③ 考查顶点 1 后，顶点 0 到 2 由原来没有路径变成有 0→1→2 的路径，长度为 40，因此，$D_1[0][2]$ 和 path$_1[0][2]$ 分别修改为 40 和 1，其他没发生变化。$D_1$ 和 path$_1$ 分别如下：

$$D_1 = \begin{bmatrix} 0 & 10 & 40 & 20 & 100 \\ \infty & 0 & 30 & \infty & \infty \\ \infty & \infty & 0 & \infty & 20 \\ \infty & \infty & 10 & 0 & \infty \\ \infty & \infty & \infty & 5 & 0 \end{bmatrix} \qquad \text{path}_1 = \begin{bmatrix} -1 & 0 & 1 & 0 & 0 \\ -1 & -1 & 1 & -1 & -1 \\ -1 & -1 & -1 & -1 & 2 \\ -1 & -1 & 3 & -1 & -1 \\ -1 & -1 & -1 & 4 & -1 \end{bmatrix}$$

④ 考查顶点 2 后，顶点 0 到 4 由原来长度为 100 的路径 0→4，变成长度为 60 的路径 0→1→2→4 的路径，路径长度更短，因此，$D_2[0][4]$ 和 path$_2[0][4]$ 分别修改为 60 和 2。顶点 3 到 4 由原来没有路径变成有路径 3→2→4，其长度为 30，因此，$D_2[3][4]$ 和 path$_2[3][4]$ 分别修改为 30 和 2。顶点 1 到 4 由原来没有路径变成有路径 1→2→4，基长度为 50，因此，$D_2[1][4]$ 和 path$_2[1][4]$ 分别修改为 50 和 2。其他没发生变化。$D_2$ 和 path$_2$ 分别如下：

$$D_2 = \begin{bmatrix} 0 & 10 & 40 & 20 & 60 \\ \infty & 0 & 30 & \infty & 50 \\ \infty & \infty & 0 & \infty & 20 \\ \infty & \infty & 10 & 0 & 30 \\ \infty & \infty & \infty & 5 & 0 \end{bmatrix} \qquad \text{path}_2 = \begin{bmatrix} -1 & 0 & 1 & 0 & 2 \\ -1 & -1 & 1 & -1 & 2 \\ -1 & -1 & -1 & -1 & 2 \\ -1 & -1 & 3 & -1 & 2 \\ -1 & -1 & -1 & 4 & -1 \end{bmatrix}$$

⑤ 考查顶点 3 后，顶点 0 到 2 由原来长度为 40 的路径 0→1→2，变成长度为 30 的路径 0→3→2 的路径，路径长度更短，因此，$D_3[0][2]$ 和 path$_3[0][2]$ 分别修改为 30 和 3。顶点 0 到 4 由原来长度为 60 的路径 0→1→2→4，变成长度为 50 的路径 0→3→2→4，因此，$D_3[0][4]$ 和 path$_3[0][4]$ 分别修改为 50 和 2。顶点 4 到 2 由没有路径变成有路径 4→3→2，其长度为 15，因此，$D_3[4][2]$ 和 path$_3[4][2]$ 分别修改为 15 和 3。其他没发生变化。$D_3$ 和 path$_3$ 分别如下：

$$D_3 = \begin{bmatrix} 0 & 10 & 30 & 20 & 50 \\ \infty & 0 & 30 & \infty & 50 \\ \infty & \infty & 0 & \infty & 20 \\ \infty & \infty & 10 & 0 & 30 \\ \infty & \infty & 15 & 5 & 0 \end{bmatrix} \qquad path_3 = \begin{bmatrix} -1 & 0 & 3 & 0 & 2 \\ -1 & -1 & 1 & -1 & 2 \\ -1 & -1 & -1 & -1 & 2 \\ -1 & -1 & 3 & -1 & 2 \\ -1 & -1 & 3 & 4 & -1 \end{bmatrix}$$

⑥ 考查顶点 4 后，顶点 1 到 3 由原来没有路径变成有路径 1→2→4→3，其长度为 55，因此，$D_4[1][3]$ 和 $path_4[1][3]$ 分别修改为 55 和 4。顶点 2 到 3 由原来没有路径变成有路径 2→4→3，其长度为 25，因此，$D_4[2][3]$ 和 $path_4[2][3]$ 分别修改为 25 和 4。其他没发生变化。$D_4$ 和 $path_4$ 分别如下：

$$D_4 = \begin{bmatrix} 0 & 10 & 30 & 20 & 50 \\ \infty & 0 & 30 & 55 & 50 \\ \infty & \infty & 0 & 25 & 20 \\ \infty & \infty & 10 & 0 & 30 \\ \infty & \infty & 15 & 5 & 0 \end{bmatrix} \qquad path_4 = \begin{bmatrix} -1 & 0 & 3 & 0 & 2 \\ -1 & -1 & 1 & 4 & 2 \\ -1 & -1 & -1 & 4 & 2 \\ -1 & -1 & 3 & -1 & 2 \\ -1 & -1 & 3 & 4 & -1 \end{bmatrix}$$

通过以上步骤实现，最终可以通过 $D_4$ 和 $path_4$ 分别可以得到任何两点之间的最短路径长度及最短路径。例如，求顶点 1 到顶点 3 的最短路径及长度，从 $D_4$ 可以得到 $D_4[1][3]=55$，这个值就是顶点 1 到顶点 3 的最短路径长度。然后，根据 $path_4$ 可以确定其最短路径，过程为：$path_4[1][3]=4$，$path_4[1][4]=2$，$path_4[1][2]=1$，因此，最短路径为 1→2→4→3。

### 4. 算法实现

```
void Floyd(Graph g)
{   int D[MAXV][MAXV],path[MAXV][MAXV];
    int i,j,k;
    for(i=0;i<g.n;i++)                          /*步骤1*/
    for(j=0;j<g.n;j++)
    {   D[i][j]=g.edges[i][j];
        if (i!=j && g.edges[i][j]<MAX)
            path[i][j]=i;
        else
            path[i][j]=-1;
    }
    printf("初始路径path值: \n");
    for(i=0;i<g.n;i++)
    {   for(j=0;j<g.n;j++)
        printf("%d ",path[i][j]);
        printf("\n");}
    for (k=0;k<g.n;k++)                          /*步骤2*/
    {
    for (i=0;i<g.n;i++)
        for (j=0;j<g.n;j++)
            if (D[i][j]>D[i][k]+D[k][j])
            {   D[i][j]=D[i][k]+D[k][j];
                path[i][j]=path[k][j];
            }
    printf("考查第%d个顶点时: 最短路径长度的变化: \n",k);
    for(i=0;i<g.n;i++)
    {
```

```
        for(j=0;j<g.n;j++)
            printf("%d ",D[i][j]);
          printf("\n");
    }
    printf("考查第%d个顶点时：路径的变化：\n",k);
    for(i=0;i<g.n;i++)
    {
        for(j=0;j<g.n;j++)
            printf("%d ",path[i][j]);
        printf("\n");
    }
  }
  Dispath(g,D,path);
}
void Dispath(Graph g,int D[][MAXV],int path[][MAXV])
/*输出最短路径长度*/
{   int i,j,k,s;
    int apath[MAXV],d;
    for(i=0;i<g.n;i++)
        for(j=0;j<g.n;j++)
        {  if(D[i][j]!=MAX&& i!=j)
            {  printf("从%d到%d的路径为：",i,j);
                k=path[i][j];
                d=0; apath[d]=j;
                while(k!=-1 && k!=i)
                {   d++; apath[d]=k;
                    k=path[i][k];
                }
                d++; apath[d]=i;
                printf("%d",apath[d]);
                for(s=d-1;s>=0;s--)
                    printf(",%d",apath[s]);
                printf("\t路径长度为:%d\n",D[i][j]);
            }
        }
}
```

算法的时间复杂度为 $O(n^3)$，其中 $n$ 是图中顶点的个数。

# 8.6 拓 扑 排 序

拓扑排序是有向图的重要应用之一。在一个有向图 $G$ 中，若用顶点表示活动或任务，用边表示活动（或任务）之间的先后关系，则称此有向图 $G$ 为用顶点表示活动的网络，即 AOV-网络。对 AOV-网络的顶点进行拓扑排序，就是将活动排出一个线性的顺序序列。下面介绍拓扑排序的概念、求解方法和算法。

## 8.6.1 拓扑排序的概念

在有向图 $G = (V, E)$ 中，所有顶点的一个序列 $v_{i1}, v_{i2}, ..., v_{an}$ 满足以下条件：若在有向图 $G$

中从顶点 $v_i$ 到顶点 $v_j$ 有一条路径，则在该序列中顶点 $v_i$ 必须在顶点 $v_j$ 之前，称该顶点序列为一个拓扑序列。求有向图的拓扑序列的过程称为拓扑排序。

例如，在工程实践中，一个工程项目往往由若干子项目组成，这些子项目间往往存在以下关系：

① 先后关系，即必须在一个子项目完成后，才能开始实施另一个项目。

② 子项目间无关系，即两个项目可同时进行，互不影响。

又如，在大学里某个专业的课程学习，有些课程是基础课，它们可以独立于其他课程，即无前导课程；有些课程必须在某些基础课学完后才能开始学。

这些问题中的项目或课程之间的关系都可以用图来进行描述。在描述过程中，把这些子项目或课程看成是图的顶点，把那些顶点间有前后关系的顶点用一条有向边连接。这样，项目的实施或课程的学习就分别构成了一个有向图。现在，需要从这些有向图中分别找出一个施工流程图或课程学习流程图，以便顺利施工和课程学习。解决这些问题就可以采用拓扑排序。

【例 8.6】下面列出了计算机软件专业的课程之间存在的关系。

| 课程代号 | 课程名称 | 前导课程 |
|---|---|---|
| $C_1$ | 高等数学 | 无 |
| $C_2$ | 程序设计语言 | 无 |
| $C_3$ | 数据结构 | $C_2$ |
| $C_4$ | 编译原理 | $C_2$，$C_3$ |
| $C_5$ | 操作系统 | $C_3$，$C_6$ |
| $C_6$ | 计算机组成原理 | $C_7$ |
| $C_7$ | 普通物理 | $C_1$ |

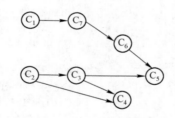

课程间的先后关系可用有向图表示，如图 8.23 所示。

对这个有向图进行拓扑排序，得到一个拓扑序列如下：$C_1$、$C_2$、$C_7$、$C_6$、$C_3$、$C_4$、$C_5$。同时，也可以得到另一个拓扑序列：$C_1$、$C_7$、$C_2$、$C_3$、$C_6$、$C_4$、$C_5$。学生按照其中任何一个拓扑序列进行学习，都可以顺利地完成课程的学习。

图 8.23　课程之间先后关系有向图

### 8.6.2　拓扑序列

对于一个给定的有向图，得到其拓扑序列的步骤如下：

① 从图中选择一个入度为 0 的顶点，并输出该顶点。

② 从图中删除该顶点及其相关联的有向边，调整被删除有向边的终点的入度（入度减 1）。

③ 重复①和②。

④ 直到所有顶点均被输出，拓扑序列完成；否则，无拓扑序列。

可以证明，任何一个无环的有向图一定有拓扑序列，有环的有向图则无拓扑序列。

### 8.6.3　拓扑排序算法

从求拓扑序列的步骤中可以看出，顶点的入度在求解过程中起着很重要的作用，因此，在图的邻接表中加入每一个顶点的入度信息。图 8.24 所示为一个有向图及其带入度的邻接表。

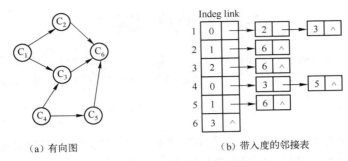

（a）有向图　　　　　　　　　　（b）带入度的邻接表

图 8.24　有向图及带入度的邻接表

## 1. 有向图的带入度的邻接表的类型及变量定义

```
#define  n   6            /*图的顶点个数*/
#define  null  0
#define  len  sizeof(point)
typedef  struct  node
{  int  adjvex;
   struct  node  *next;
}point;
typedef  struct  hnode
{  int  indeg;            /*顶点的入度*/
   point  *link;
}head;
head  ga[n+1];            /*带入度的邻接表向量*/
```

## 2. 拓扑排序算法

```
void  Topsort(head ga[])
{  int  s[100],top,k,m=0;   /*s 为用来存放入度为 0 的顶点号码的栈*/
   point  *p;
   top=0;                  /*栈初始化*/
   for(k=1;k<=n;k++)       /*入度为 0 的顶点入栈*/
     if(ga[k].indeg==0)
     {  top++;s[top]=k;}
   while(top)              /*栈空不循环*/
     {  k=s[top];top--;    /*出栈一个顶点*/
        printf("%d",k);m++;  /*输出该顶点*/
        p=ga[k].link;      /*找第一个邻接点*/
        while(p)
        {  k=p->adjvex;
           ga[k].indeg--;
           if(!ga[k].indeg) /*将入度为 0 的邻接点进栈*/
           {  top++;s[top]=k;}
           p=p->next;      /*找下一个邻接点*/
        }
     }
   if(m!=n) printf ("该图无拓扑序列!\n");
}
```

# 8.7 经典应用实例

在日常生活和计算机应用中，图的应用极为广泛。特别是近年来，随着计算机技术的迅速发展，图的应用已经渗透到多个领域。下面主要通过介绍教学计划编制实例，讨论仅利用图论的知识在计算机中实现图的操作。

## 1. 问题描述

大学里某个专业的课程学习，有些课程是基础课，它们可以独立于其他课程，即无前导课程；有些课程必须在某些基础课程学完后才能开始学。这类问题中的数据之间的关系都可以用图描述。数据之间的关系描述出来后，如何得到一个合适的学习课程的教学安排计划呢？这就是教学中常见的教学计划编制（Teaching Plan）问题。

## 2. 数据结构分析

在解决这类问题时，首先把这些课程描述中有前后关系的顶点用一条有向边连接。这样，课程的学习就构成一个有向图，邻接表是有向图的一种链式存储结构。因此，在该问题中，用邻接表来描述这些课程形成的有向图的结构。

在邻接表中，对图中的每个顶点建立一个单链表，第 $i$ 个单链表中的结点表示依附于顶点 $v_i$ 的边。一个有向图的带入度的邻接表存储结构可说明如下：

```
typedef struct node
{   int adjvex;          /*该弧所指向顶点的位置*/
    struct node *next;   /*指向下一条弧的指针*/
}point;
typedef struct hnode
{   int indeg;           /*顶点的入度*/
    point *link;
 }head;
head ga[n+1];            /*带入度的邻接表向量*/
```

## 3. 实体模拟

假设有以下计算机软件专业的课程，它们之间的先后关系如下：

| 课程代号 | 课程名称 | 前导课程 |
|---|---|---|
| $C_1$ | 高等数学 | 无 |
| $C_2$ | 程序设计语言 | 无 |
| $C_3$ | 数据结构 | $C_2$ |
| $C_4$ | 编译原理 | $C_2$，$C_3$ |
| $C_5$ | 操作系统 | $C_3$，$C_6$ |
| $C_6$ | 计算机组成原理 | $C_7$ |
| $C_7$ | 普通物理 | $C_1$ |

课程间的先后关系用有向图表示，如图 8.25 所示。

使用拓扑排序方法，找课程学习流程图步骤如下：

① 在该有向图［见图 8.26（a）］中，顶点 $C_1$ 和 $C_2$ 入度为 0，则可选取其中任意一个。假设先输出顶点 $C_2$，然后删除顶点 $C_2$ 及边<$C_2$，$C_3$> 和<$C_2$，$C_4$>，如图 8.26（b）所示。

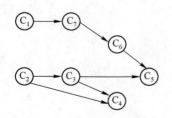

图 8.25　课程之间先后关系有向图

② 图 8.26（b）中，顶点 $C_3$ 入度为 0，这时输出顶点 $C_3$，以及删除顶点 $C_3$ 及边<$C_3$，$C_4$> 和 <$C_3$，$C_5$>，如图 8.26（c）所示。

③ 图 8.26（c）中，顶点 $C_4$ 入度为 0，输出顶点 $C_4$，没有边可以删除，如图 8.25（d）所示。

④ 图 8.26（d）中，顶点 $C_1$ 入度为 0，输出顶点 $C_1$，删除顶点 $C_1$ 及边<$C_1$，$C_7$>，如图 8.25（e）所示。

⑤ 图 8.26（e）中，顶点 $C_7$ 入度为 0，输出顶点 $C_7$，删除顶点 $C_7$ 及边<$C_7$，$C_6$>，如图 8.26（f）所示。

⑥ 图 8.26（f）中，顶点 $C_6$ 入度为 0，输出顶点 $C_6$，删除顶点 $C_6$ 及边<$C_6$，$C_5$>，如图 8.25（g）所示。

最后，输出顶点 $C_5$。

至此，得到的拓扑排序序列为：$C_2$ $C_3$ $C_4$ $C_1$ $C_7$ $C_6$ $C_5$。

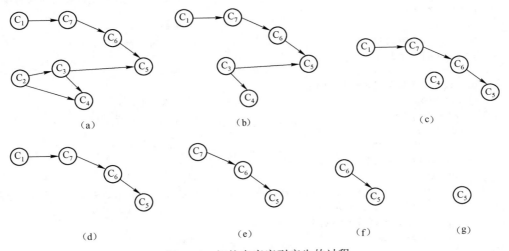

图 8.26　拓扑有序序列产生的过程

## 4．算法实现

```
#define  n   7                    /*图的顶点个数*/
#define  null  0
#define  len  sizeof(point)
#include<stdio.h>
#include<malloc.h>
typedef  struct  node
{   int adjvex;struct node *next;
}point;
typedef  struct  hnode
{   int indeg;                    /*顶点的入度*/
    point  *link;
}head;
head ga[n+1];                     /*带入度的邻接表向量*/
 /*建立有向图的带入度的邻接表算法*/
void buildgraph(head ga[])
{   int  i,j,k,e;
    point *p;
```

```
        for(i=1;i<=n;i++)
        {ga[i].indeg=0;ga[i].link=null;}        /*让每一个入度为零，后面的链表为空*/
        printf("请输入图的边数目：");
        scanf("%d",&e);                          /*输入图的边数目*/
        printf("请输入图的边:\n");               /*输入图的边*/
        for(k=1;k<=e;k++)
        {   scanf("%d%d",&i,&j);                 /*输入有方向的两条边*/
            ga[j].indeg++;p=(point*)malloc(len);
            p->adjvex=j;
            p->next=ga[i].link; ga[i].link=p;
        }
}
/*拓扑排序算法*/
void  Topsort(head ga[])
{   int s[100],top,k,m=0;                        /*s为用来存放入度为0的顶点的栈*/
    point *p;
    top=0;                                       /*栈初始化*/
    for(k=1;k<=n;k++)                            /*入度为0的顶点入栈*/
    if(ga[k].indeg==0)
    { top++;s[top]=k; }
    printf("课程学习流程图:");
    while(top)                                   /*栈不空循环*/
    {   k=s[top];                                /*出栈一个顶点k*/
        top--;
        printf(" %d",k);                         /*输出该顶点*/
        m++;p=ga[k].link;
        while(p)
        {   k=p->adjvex;ga[k].indeg--;           /*将顶点i的出边邻接点的入度减1*/
            if(!ga[k].indeg)                     /*将入度为0的邻接点入栈*/
            {top++;s[top]=k;}
            p=p->next;                           /*找下一个邻接点*/v
        }
    }
    printf("\n");
    if(m!=n) printf ("该图无拓扑序列!\n");
}
```

## 5. 源程序及运行结果

源程序代码：

```
/*此处插入 4 中的算法*/
int main()   /*主函数*/
{
    buildgraph(ga);
    Topsort(ga);
    return 0;
}
```

以图 8.26（a）所示有向图为例，运行结果如图 8.27 所示。

图 8.27 教学计划编制问题运行结果

# 小 结

本章介绍了图的存储结构、图的遍历、最小生成树、最短路径和拓扑排序。图的存储结构主要有两种：邻接矩阵与邻接表。图的遍历是指访问图中每个顶点一次且仅一次。遍历的基本方法有两种：深度优先搜索和广度优先搜索。最小生成树主要讨论了 Prime 算法和 Kruskal 算法。最短路径讨论了 Dijkstra 算法和 Floyd 算法。然后介绍了拓扑排序的概念和算法。最后，通过教学计划编制问题介绍了图在实际生活中的应用。

# 知 识 巩 固

## 一、填空题

1. 一个连通无向图有 5 个顶点 8 条边，则其生成树将要去掉_____条边。

2. 在树结构与图结构中，前驱和后继结点之间分别存在着_____和_____的联系。

3. 有 $n$ 个顶点的连通图中至少有_____条边。

4. 如果不知一个图是无向图还是有向图，但知道它的邻接矩阵是非对称的，那么这个图必须是_____。

5. 在无向图 $G$ 的邻接矩阵 $A$ 中，有 $A[I][J]=1$，则 $A[J][I]=$_____。

6. 无向图的邻接矩阵 $A$ 中所有元素之和表示无向图的边数的_____。

7. 无向图的邻接表中所有边表结点之和表示无向图的边数的_____。

8. 图的遍历方式一般有_____和_____两种。

9. 如果一个有向图的所有顶点可以构成一个拓扑序列，则说明该有向图_____。

10. 有向图用邻接表存储，则 $v_i$ 顶点的出度为_____。

## 二、选择题

1. 在一个无向图中，所有顶点度数之和等于所有边数的（　　　）倍。

　A. 1　　　　　　　B. 2　　　　　　　C. 3　　　　　　　D. 4

2. 若无向图的顶点数为 $n$，则该图最多有（　　　）条边。

　A. $n-1$　　　　B. $n+2$　　　　C. $\dfrac{n(n-1)}{2}$　　　　D. $\dfrac{n(n+1)}{2}$

3. （　　　）的邻接矩阵是对称矩阵。

　　A. 有向图　　　　　　　B. 无向图　　　　　　　C. AOV 网　　　　　　　D. AOE 网

4. 在有向图的邻接表存储结构中，顶点 $v$ 在链表结点出现的次数是（　　　）。

　　A. 顶点 $v$ 的度　　　B. 顶点 $v$ 的出度　　　C. 顶点 $v$ 的入度　　　D. 都不对

5. 有向图 $G$ 的拓扑序列中，若顶点 $v_i$ 在顶点 $v_j$ 之前，则下列情形不能出现的是（　　　）。

　　A. $G$ 中有弧 $<v_i, v_j>$　　　　　　　　B. $G$ 中有一条从 $v_i$ 到 $v_j$ 的路径

　　C. $G$ 中没有弧 $<v_i, v_j>$　　　　　　　D. $G$ 中有一条从 $v_j$ 到 $v_i$ 的路径

6. 在图的存储结构表示中，表示形式唯一的是（　　　）。

　　A. 邻接矩阵表示方法　　　　　　　　B. 邻接表表示方法

　　C. 逆邻接表表示方法　　　　　　　　D. 邻接表与逆邻接表表示方法

7. 有 $n$ 个顶点的无向图，采用邻接矩阵表示，图中的边数等于邻接矩阵中非零元素之和的（　　　）。

　　A. 一半　　　　　　B. 2 倍　　　　　　C. 3 倍　　　　　　　D. 1 倍

8. 无向图 $G=(V, E)$ 其中 $V=\{a, b, c, d, e, f\}$，$E=\{（a, b），（a, e），（a, c），（b, e），（c, f），（f, d），（e, d）\}$，则对该图进行深度优先遍历，得到的序列正确的是（　　　）。

　　A. abcedf　　　　B. acfebd　　　　C. aebcfd　　　　D. aedfcb

## 三、简答题

1. 已知有向图的邻接矩阵为 $A_{n \times n}$，试问每个 $A_{n \times n}^{(k)}$（$k=1,2,3,\cdots,n$）各具有何种实际意义？

2. 对 $n$ 个顶点的无向图和有向图，采用邻接矩阵和邻接表表示时，如何判别下列有关问题？

（1）图中有多少条边？

（2）任意两个顶点 $v_i$ 和 $v_j$ 是否有边相连？

（3）任意一个顶点的度是多少？

## 四、综合应用题

1. 请回答下列问题：

（1）$n$ 个顶点的连通图至少要有几条边？

（2）在无向图中，所有顶点的度之和与边数有何关系？

（3）在一个有向图中，所有顶点的入度之和与所有顶点的出度之和有何关系？

（4）具有 4 个顶点的有向完全图有多少条有向边？

2. 分别给出图 8.28 所示有向图 $G_1$ 的邻接矩阵、邻接表与逆邻接表。

3. 分别给出图 8.29 所示图 $G_2$ 从 $v_5$ 出发按深度优先搜索遍历与广度优先搜索遍历的顶点序列。

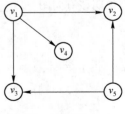

图 8.28　图 $G_1$

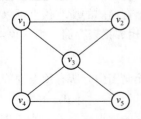

图 8.29　图 $G_2$

4. 求出图 8.30 所示图 $G_3$ 的最小生成树。

5. 试编一个算法，求出一个用邻接表表示的有向图中每个顶点的入度。

6. 求出图 8.31 所示图 $G_4$ 给出的有向图所有可能的拓扑序列。

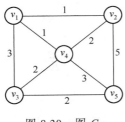

图 8.30　图 $G_3$

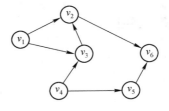

图 8.31　图 $G_4$

# 实 训 演 练

## 一、验证性实验

1. 编写程序建立如图 8.5 所示有向图的邻接矩阵和邻接表并输出。

2. 编写程序对图 8.10 所示的图进行深度优先遍历和广度优先遍历并输出遍历序列。

3. 编写程序采用 Prim 算法求如图 8.12(a)所示图的最小生成树。

4. 编写程序采用 Kruskal 算法求如图 8.12(a)所示图的最小生成树。

5. 编写程序采用 Dijkstra 算法求如图 8.16 所示图中从顶点 1 到顶点 5 的最短路径并输出。

## 二、设计性实验

1. 编写算法，由依次输入的顶点数目、弧的数目、各顶点的信息和各条弧的信息建立有向图的邻接表。

2. 采用邻接表存储结构，编写一个判断无向图中任意给定的两个顶点之间是否存在一条长度为 $k$ 的简单路径的算法。（注：一条路径为简单路径指的是其顶点序列中不能含有重现的顶点）

3. 编写连通图的深度优先搜索非递归算法。

## 三、综合性实验

1. 编写程序采用破圈法求如图 8.12(a)所示的连通图的最小生成树。

2. 设计一个程序，采用深度优先遍历算法的思路，解决迷宫问题。

（1）建立如图 8.32 所示的迷宫对应的图数据结构，并建立其邻接表。

（2）采用深度优先遍历的思路设计算法，输出从入口(1,1)点到出口(4,4)的所有迷宫路径。

说明：其中 0 表示格子是空地，用 1 表示格子处是墙。

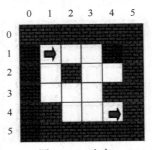

图 8.32　迷宫

# 第 **9** 章

## 查 找

为了在某个大型数据集合中读取一条符合要求的数据，扫描该数据集合的过程就是查找。查找是数据处理中经常用到的一种重要运算。在日常生活和生产实际中，查找无所不在。例如，在考试结束后的规定时间内，可以查询考试成绩；给朋友打电话时需要查找电话号码；买火车票时需要查找车次等。这些操作都可以归结为查找。但是，不同场合下的查找效率有可能不完全相同，这取决于查找的对象所用的数据结构。

本章主要讨论基于各种不同存储结构（如线性表、树和散列表等）的查找算法及其应用。

| 本章重点 | ☑ 查找的基本概念 |
|---|---|
| | ☑ 线性表的查找 |
| | ☑ 树的查找 |
| | ☑ 散列表的查找 |
| 本章难点 | ☑ 各种不同的查找方法 |

## 9.1 查找的基本概念

在日常生活中，经常会遇到查找某人的电话号码、QQ 号码或查找某单位符合条件的教职工等问题都属于查找的范畴。查找（Search）又称检索，是在数据处理过程中经常用到的一种运算。下面介绍与查找有关的基本概念。

### 1. 关键字

关键字（Key）是数据元素（或记录）中某个数据项的值，用它可以标识（或识别）一个数据元素。查找就是在给定的一组数据中找出与关键字相等的数据元素。有些关键字不能唯一标识一个数据元素，而有的关键字可以唯一标识一个数据元素。例如，描述一个考生的信息，这些信息包含：考号、姓名、性别、年龄、家庭住址、电话号码、成绩等。例如，将姓名作为关键字，很显然不能唯一标识一个数据元素，但将考号作为关键字就可以唯一标识一个数据元素。将能唯一标识一个数据元素的关键字称为主关键字，其他关键字称为辅助关键字或从关键字。

### 2. 查找

查找就是根据给定的值，在一个表中查找等于该给定值的数据元素的过程，若表中有这样的元素，则称查找成功，此时，查找的信息为给定整个数据元素的输出或指出该元素在表中的位置；

若表中不存在这样的记录，则称查找不成功，或称查找失败，同时可以给出相应的提示。

根据是否要修改查找的对象，查找分为两类：静态查找和动态查找。仅进行查询和检索操作的查找称为静态查找；在查找过程中同时插入表中不存在的数据元素，或者从表中删除已存在的某个数据元素称为动态查找。

根据查找是否在内存进行，查找分为两类：内查找和外查找。若整个查找过程全部在内存进行，则称内查找；若在查找过程中还需要访问外存，则称外查找。本章中主要讨论内查找。

根据查找的对象所用的结构不同，可将查找分为线性表查找、树查找、散列表查找等。

### 3. 平均查找长度

衡量查找算法的效率是使用平均查找长度（Average Search Length，ASL）。平均查找长度是指在查找过程中对关键字所需要执行的平均比较次数。对于一个含有 $n$ 个元素的表，查找成功时的平均查找长度表示为 $ASL=\sum_{i=1}^{n}p_ic_i$。其中，$p_i$ 为查找第 $i$ 个元素的概率，且 $\sum_{i=1}^{n}p_i=1$。一般情形下，认为查找每个元素的概率相等；$c_i$ 为查找第 $i$ 个元素所用到的比较次数。一个查找算法的平均查找长度越大，其时间性能越差。

# 9.2  线性表的查找

线性表查找是最常用的一种查找方法，根据查找所用的技术不同，分为顺序查找、二分查找和分块查找。

## 9.2.1  顺序查找

### 1. 顺序查找的基本思想

顺序查找是线性表查找中最简单的一种查找方法，它适用于前面介绍的各种结构表示的线性表。查找的表中元素可以是无序的。它的基本思想是：从表的一端开始，顺序扫描线性表，依次将扫描到的结点关键字和待找的值相比较，若相等，则查找成功；若整个表扫描完毕，仍未找到关键字等于待找值的元素，则查找失败。

【例 9.1】假设有 6 个结点，它们在线性表（58，23，14，63，9，79）中，现在要查找结点 14 是否在此线性表中。查找过程如下：

① 14 与线性表的第 0 个结点 58 比较，它们不相等，继续查找。

② 14 与线性表的第 1 个结点 23 比较，它们也不相等，继续查找。

③ 依次与每一个结点进行比较，可以得出结点 14 在此线性表中的结论，即查找成功。

### 2. 顺序查找算法

假设有 N 个结点存放在一维数组 a[N]中，待查找的结点为 X，datatype 为结点的类型，算法描述如下：

```
#define  N  100
typedef struct    node
{  …;
    int   key;      /*key为关键字，类型设定为整型*/
} datatype;
int  Seqsearch(int x,datatype  a[],int n)
```

```
{
    int  i=0;
    while(x!=a[i].key&&i<n)   i++;          /*从表头往后找*/
    if(i>=N)  return(0);
        else  return(i+1);                  /*返回找到的逻辑序号 i+1*/
}
```

### 3. 顺序查找算法性能分析

从描述的算法可以看出，顺序查找最大的优点是实现简单，通俗易懂，对查找的表结构以及对查找的对象是否按关键字排序无任何要求；缺点是检索时间长，比较的次数与结点的次数成正比。顺序查找算法的平均时间复杂度为 $O(n)$，$n$ 为查找表中的元素个数。

当查找的对象元素个数比较多时，不太适合使用顺序查找。

## 9.2.2　二分查找

### 1. 二分查找的基本思想

顺序查找在结点个数较多的情况下，查找时间很长。为了提高效率，往往采用另一种查找方法，即二分查找（又称折半查找）。需要注意的是，二分查找必须要求查找的数据集合已排好序并按顺序存储。

假设查找的数据对象已经按升序排列，并存储在一维数组 a[N]中，二分查找的基本思想是：首先将待查值 K 与有序表 a [0]到 a [n-1]的中点 mid 上的关键字 a [mid].key 进行比较，若相等，则查找成功；否则，若 a[mid].key>k，则在 a[0]到 a[mid-1]中继续查找；若 a [mid].key<k，则在a[mid+1]到 a[n-1]中继续查找。每通过一次关键字的比较，区间的长度就缩小一半，如此不断进行下去，直到找到关键字为 K 的元素；若当前的查找区间为空，则查找失败。

【例 9.2】假设有 6 个结点，它们在线性表（58，23，14，63，9，79）中，现在要查找结点 9 是否在此线性表中。查找过程如下：

① 对 6 个结点进行排序，排序后结点的次序为（9，14，23，58，63，79）。

② 取 6 个结点的中间结点（即 23），用 9 与 23 进行比较，9 比 23 小，说明 9 出现在结点 23 的左边。然后，继续找线性表（9，14）的中间结点（即 9），把查找的结点 9 与中间结点 9 进行比较，得出它们相等，说明结点 9 在此线性表中，即查找成功。

### 2. 二分查找算法

假设有 n 个结点存放在一维数组 a[N]中并排好序，待查找的结点为 x，datatype 为结点的类型。算法描述如下：

```
#define  N  100
int  Binsearch(int x, datatype  a[],int n)
{
    int  low=0,high=n-1,mid;
    mid=(low+high)/2;
    while(x!=a[mid].key&&low<=high)          /*当前区间存在元素时循环*/
    {
        if(x>a[mid].key)  low=mid+1;         /*在 a[mid+1...high]中查找*/
        if(x<a[mid].key)  high=mid-1;        /*在 a[low...mid-1]中查找*/
        mid=(low+high)/2;
    }
    if(low<=high)  return(mid+1);else  return(0);
}
```

### 3. 二分查找性能分析

从算法可以看出，二分查找的效率比顺序查找要高得多，但二分查找的缺点就是要求查找对象已排好序并按顺序存储。因此，二分查找适用于一种经常需要进行检索但又很少改动的线性表。二分查找的时间复杂度为 $O(\log_2 n)$，$n$ 为查找表中的元素个数。

## 9.2.3　分块查找

### 1. 分块查找的基本思想

分块查找又称索引查找，它可以允许处理的线性表进行动态变化，而且算法效率很高，但比较复杂。

分块查找的基本思想是：先将查找对象分成若干个子线性表，然后为它们建立一个父表，用待查找的结点与父表中的结点进行比较，找到待查找的结点所在的子线性表，最后在子线性表中用前面介绍的任一种方法查找要找的结点。其中，父表称为索引表，子线性表称为块。因此，分块查找的关键步骤是分块和建立索引表，而且必须要求索引表中元素是有序的。

根据查找对象的特点，可以选用不同的方法进行分块，一般都是根据元素的关键字在一定的范围进行，然后在所有的子线性表中找出最大或最小的元素组成索引表。当然，块不能分得太少，这样就使得块中的元素增多，用顺序查找速度会慢，而用二分查找要求块中元素有序。因此可以适当地把块分多一些（当然也不能太多），这样索引表中的元素增多，从而提高查找速度。

### 2. 分块查找算法

假设有 N 个结点存放在一维数组 a[N]中，待查找的结点为 x，结点的类型为 datatype。根据分块查找的性质，对算法做出如下说明：可以用分块查找且索引表中的元素有 M 个，存放在数组 b[M]中，结点的类型为 datatype2，b[M]中的元素有两个域，一个为 key 域，对应块中元素的最小值（即该块中的界），一个为 local 域，对应块中的起始元素的位置（即块的始址）。

分块查找算法描述如下：

```
#define  N  100
#define  M  10
typedef Struct node2
{    int key;
     int local;}datatype2;
int  Blocksearch(datatype1 a[N], datatype2 b[M], datatype x)
{
     int  i=0,j;
     while(x.key<b[i].key&&i<=M-1)  i++;
     if(i>M-1)  return(0);
     for(j=b[i].local;j<=b[i+1].local-1;j++)
       if(a[j].key==x.key)  break;
     if(j>b[i+1].local-1)  return(0);  else  return(j);
}
```

### 3. 分块查找算法性能分析

分块查找是一种性能介于顺序查找和二分查找之间的查找方法，但它要求先对查找表建立一个索引表，然后进行分块查找。并不是任何线性表都可以直接用分块查找。

若将长度为 $n$ 的表分成 $b$ 块，每块含 $s$ 个记录，并设表中每个记录查找概率相等，则用折半查找方法在索引表中查找索引块，$ASL_{块间} \approx \log_2(n/s+1)$，用顺序查找方法在主表对应块中查找记录，$ASL_{块内} = s/2$，$ASL \approx \log_2(n/s+1) + s/2$。

# 9.3 树的查找

前面介绍的查找方法中，查找对象是线性结构。除此之外，还有一种更复杂的查找，查找对象是非线性对象（如树和图）。本节讨论二叉排序树和平衡二叉树的查找。

## 9.3.1 二叉排序树查找

### 1. 二叉排序树的概念

二叉排序树（Binary Sorting Tree）或者是一棵空树，或者是一棵具有如下特征的非空二叉树：

① 若它的左子树非空，则左子树上所有结点的关键字均小于根结点的关键字。

② 若它的右子树非空，则右子树上所有结点的关键字均大于或等于根结点的关键字。

③ 左、右子树本身又都是一棵二叉排序树。

一棵二叉排序树，若按照中序遍历进行访问，得到的序列是有序的，如图 9.1（a）所示。图 9.1（a）是一棵二叉排序树，图 9.1（b）是一棵非二叉排序树。

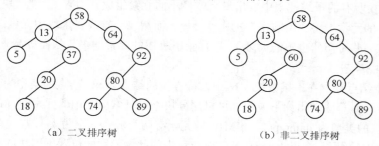

（a）二叉排序树　　　　　　　　（b）非二叉排序树

图 9.1　二叉树

### 2. 二叉排序树查找的基本思想

二叉排序树查找的基本思想：给定一棵二叉排序树和待查找的值，若二叉排序树为空，则查找失败。否则，先把二叉排序树的根结点与待查找的值进行比较，若相等，则查找成功；若根结点值大于待查找的值，则查找左子树重复此步骤，否则，查找右子树重复此步骤；若在查找过程中，遇到二叉排序树的叶子结点时，还没有找到待查找的结点，则查找失败。

【例 9.3】假设在图 9.1（a）所示的二叉排序树中查找关键字值 38 和 80。查找过程如下：

① 分别将查找关键字值 38 和 80 与二叉排序树的根结点值 58 进行比较，可以得出，38 比根结点值 58 小，因此查找左子树。80 比根结点值 58 大，因此查找右子树。

② 将关键字值 38 与左子树根结点值 13 进行比较，可以得出，38 比根结点值 13 大，因此查找右子树。将关键字值 80 与右子树根结点值 64 进行比较，可以得出，80 比根结点值 64 大，因此查找右子树。

③ 将关键字值 38 与右子树根结点值 37 进行比较，可以得出，38 比根结点值 37 大，因此查找右子树。将关键字值 80 与右子树根结点值 92 进行比较，可以得出，80 比根结点值 92 小，因此查找左子树。

④ 此时，发现右子树为空，所以查找失败，即 38 不在此棵二叉排序树中。将关键字值 80 与左子树根结点值 80 进行比较，可以得出，它们相等，因此查找成功，即 80 在此棵二叉排序

树中。

### 3. 二叉排序树查找算法

在二叉排序树中进行的查找称为二叉查找法。假设二叉排序树的根结点为 root，二叉排序树的结点类型为 datatype，待查找的结点关键字值为 k，二叉查找法的算法实现如下：

```
typedef struct node
{
int key;
Struct node *lch;
Struct node *rch;
}datatype;
int  Search(int k, datatype *root)  /*在以 root 为根的二叉排序树中查找关键值为 k
                                      的结点*/

{
    datatype *p;
    p=root;
    if(p==NULL)
        return 0;
    else if(p->key==k)                          /*查找成功*/
    {
        printf("%d ",p->key);
        return (1);
    }
    else if(p->key>k)  Search(k,p->lch);        /*进入左子树查找*/
        else Search(k,p->rch);                  /*进入右子树查找*/
    printf("%d ",p->key);
}
```

### 4. 二叉排序树查找算法性能分析

在二叉排序树查找中，成功的查找次数不会超过二叉树的深度。在最好的情况下，二叉排序树为一棵近似完全二叉树时，其查找深度为 $\log_2 n$，即其时间复杂度为 $O(\log_2 n)$。在最坏的情况下，二叉排序树为近似线性表时，如以升序或降序输入结点时，其查找深度为 $n$，即其时间复杂度为 $O(n)$。

一般情形下，其时间复杂度大致可看成 $O(\log_2 n)$，比顺序查找效率要高，但比二分查找要差。

## 9.3.2　平衡二叉树查找

### 1. 平衡二叉树的概念

平衡二叉树（Balanced Binary Tree）是由阿德尔森·维尔斯（Adelson-Velskii）和兰迪斯（Landis）于 1962 年首先提出的，因此，又称 AVL 树。

在一棵二叉树中，若每个结点的左、右子树的深度之差的绝对值不超过 1，则称此二叉树为平衡二叉树。一个结点的左子树深度减去右子树深度的值，称为该结点的平衡因子（Balance Factor）。AVL 树任一结点平衡因子只能取 -1、0、1。若某个结点的平衡因子的绝对值大于 1，则这棵二叉搜索树就失去了平衡，不再是 AVL 树。

图 9.2（a）所示为一棵平衡二叉树，图 9.2（b）所示二叉排序树就不是一棵平衡二叉树。

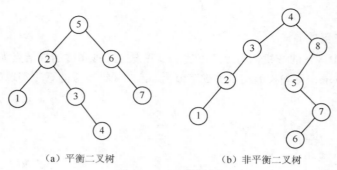

（a）平衡二叉树　　　　　　（b）非平衡二叉树

图 9.2　二叉排序树

### 2. 非平衡二叉树的平衡处理

若一棵二叉排序树是平衡二叉树，插入某个结点后，可能会变成非平衡二叉树，这时，就需要对该二叉树进行平衡处理，使其仍是一棵平衡二叉树。这种不平衡的处理原则是处理与插入点最近、而平衡因子又比 1 大或比 −1 小的结点。下面为 4 种情况讨论平衡处理的原则。

（1）LL 型的处理

如图 9.3 所示，在 A 的左孩子 B 上插入一个左孩子结点 C，使 A 的平衡因子由 1 变成了 2，成为不平衡的二叉排序树。这种情况的平衡处理原则为：将 A 顺时针旋转，成为 B 的右子树，而原来 B 的右子树则变成 A 的左子树，待插入结点 C 作为 B 的左子树。（图中结点旁边的数字表示该结点的平衡因子）

（2）LR 型的处理

如图 9.4 所示，在 A 的左孩子 B 上插入一个右孩子 C，使的 A 的平衡因子由 1 变成了 2，成为不平衡的二叉排序树。这种情况的平衡处理原则为：将 C 变到 B 与 A 之间，使之成为 LL 型，然后按第（1）种情形 LL 型进行处理。

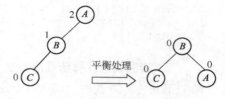

图 9.3　LL 型的处理

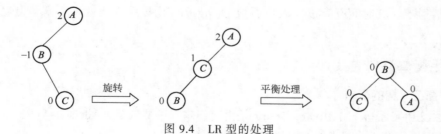

图 9.4　LR 型的处理

（3）RR 型的处理

如图 9.5 所示，在 A 的右孩子 B 上插入一个右孩子 C，使 A 的平衡因子由 −1 变成 −2，成为不平衡的二叉排序树。这种情况的平衡处理原则为：将 A 逆时针旋转，成为 B 的左子树，而原来 B 的左子树则变成 A 的右子树，待插入结点 C 成为 B 的右子树。

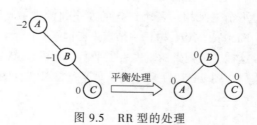

图 9.5　RR 型的处理

（4）RL 型的处理

如图 9.6 所示，在 $A$ 的右孩子 $B$ 上插入一个左孩子 $C$，使 $A$ 的平衡因子由–1 变成–2，成为不平衡的二叉排序树。这种情况的平衡处理原则为：将 $C$ 变到 $A$ 与 $B$ 之间，使之成为 RR 型，然后按第（3）种情形 RR 型进行处理。

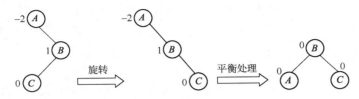

图 9.6  RL 型的处理

### 3. 平衡二叉树的查找

平衡二叉树本身就是一棵二叉排序树，所以它的查找与二叉排序树完全相同。但是，它的查找性能优于二叉排序树，时间复杂度与二叉排序树的最好时间复杂度相同，都为 $O(\log_2 n)$，不会出现二叉排序树查找时的最坏情况。

# 9.4  散列表的查找

前面介绍了一系列查找方法，可以发现这些查找方法有一个共同的特点：把待查找的结点所对应的关键值与查找对象的关键值依次进行比较，从而找到它的位置。很显然，这些方法的查找速度与查找对象的长度和初始状态有着密切的关系。那么，是否存在一种查找方法与查找对象的长度无关，不需要进行比较而直接根据要查找的结点就能够找到它的位置呢？这种查找方法称为散列表查找，又称哈希查找。

## 9.4.1  散列表的概念

实现散列表查找，最重要的是建立散列表。常用的建立散列表方法是关键字地址转换法。它的基本思想是以查找对象所对应的关键值为自变量，通过函数（这个函数称为散列函数）计算出所对应的函数值，把这个函数值作为该结点的存储地址。查找时，将待查找的结点所对应的关键值用同一函数求出所对应的函数值，根据函数值即可找出所对应的结点位置。

可以看出，散列表查找重要的一个步骤是建立散列函数，这个函数建立的好坏直接关系查找的效率。建立散列函数，一般应该注意以下几个问题：

### 1. 选择散列函数的标准

一个问题可使用的散列函数往往有很多，原则上，应选择一个计算简便、函数值分布均匀并且尽可能产生较少冲突的函数。大多数情况下，必须依照实际情况建立它的散列函数。

### 2. 散列函数值域的确定

为了得到一个好的散列函数，在确定散列函数之前，可以给定一个值域，这样可能对建立合适的散列函数有帮助。

设需要用散列表存储的结点数为 $n$，每个函数值所对应的存储区间称为一个桶。如果每个桶可以存放 $m$ 个结点（$m \geqslant 1$），这样，存储 $n$ 个结点就至少需要[$n/m$]个桶（记为 $x$），由此确定函数的值域。因此，可以考虑用一个二维数组来表示这个散列表即 $a[x][m]$，桶数表示行数，桶中元素的个数表示列数。

### 3. 解决冲突的方法

实际上，在前面的介绍中蕴含了一个简单的问题，如果桶中装的元素不唯一，就表示它们的函数值是相同的，即表示它们的存储地址是相同的，这种现象称为冲突。一般来说，关键值所包含的元素往往比值域中的元素要大得多，所以冲突很难避免。因此，必须研究确定一些解决冲突的方法。

## 9.4.2 散列函数的构造

散列函数的构造方法很多，这里主要讨论一些常用、简单且效率比较高的散列函数。

### 1. 数字分析法

数字分析法适用于结点的关键值已知的情况。首先，对结点的所有关键值进行分析；其次，找出数字分布不均匀的位；最后，把这些位上的数字组成的数作为每个结点的存储地址，即构成散列函数。

【例 9.4】假设有以下的关键值

| key | h(key) |
| --- | --- |
| 001236987 | 368 |
| 001298927 | 982 |
| 001285835 | 853 |
| 001274917 | 741 |
| 001257805 | 570 |

通过分析，发现这些关键值由 9 位数字构成，其中第 5、6 和 8 位上的数字分布不均匀，所以得到右边对应的函数值。

### 2. 移位法和折叠法

（1）移位法

假设知道地址域中地址值的位数为 $m$，首先，把关键值从最低位开始分成位数为 $m$ 的若干段（最后有可能小于 $m$）；其次，把这些段按位依次相加得到它们的和（去掉最高位的进位）；最后，取和的 $m$ 位作为每个结点的存储地址即构成散列函数。这种方法为移位法。

【例 9.5】假设有关键值为 124356879，地址值的位数为 3，则用移位法有 124 + 356 + 879 = 1359，去掉进位得出 359 即为该关键值的函数值。

（2）折叠法

如果是随机地分成位数相同的若干段，并将得到的段逆转相加，取相同位数的和作为结点的存储地址即构成散列函数。这种方法称为折叠法。

【例 9.6】假设有关键值为 124356879，分成的位数为 3，则用折叠法有 421 + 653 + 978 = 2052，去掉进位得出 052 即为该关键值的函数值。

### 3. 平方取中法

平方取中法是求关键值的平方，然后取平方中的若干位作为每个结点的存储地址即构成散列函数。这种方法不需要事先知道关键值的情况，比较简单，而且得到地址值较均匀。

【例 9.7】假设有关键值为 123456，则此关键值的平方为 15241383936，取中间的 4 位为地址，得 h（key）=4138。

#### 4. 除余法

除余法也是一种比较简单的构造方法。它是这样一种方法：取一个跟地址域中地址个数差不多大小的一个整数 $p$（通常为质数），将每个关键值去除以此数得到的余数即为该关键值的存储地址，即 h(key)=key%p。

【例 9.8】假设给定一组关键字为 12、39、18、24、33、21，若取 $p$=9，则对应的哈希函数值将为 3、3、0、6、6、3。

#### 5. 基数转换法

基数转换法是一种数制间转换的方法。首先将给出的关键值看成是一种数制上的数，然后将关键值转换成原来数制上的数，最后取低位上的数值，即为对应的存储地址。

【例 9.9】假设有十进制的关键值为 123456，现在把它看成是八进制的数，再将它转换成十进制的数，即有

$$(123456)_8=1×8^5+2×8^4+3×8^3+4×8^2+5×8^1+6×8^0$$
$$= (42798)_{10}$$

取低三位则得 798 为关键值 123456 的存储地址。

### 9.4.3　处理冲突的方法

散列函数处理得不好，就可能产生冲突。这里介绍一些常用的解决冲突的方法。解决冲突的方法分为开放定址法和拉链法。

微课视频

处理冲突的
方法

#### 1. 开放定址法

开放定址法是指当冲突发生时，用某种方法在存储区域内形成一个探查序列，沿着这个探查序列一个单元一个单元地查找，直到找到一个空闲地址可以存放元素。开放定址法分为线性探测法和平方探测法。

（1）线性探测法

如果某个关键字通过散列函数计算得到其在散列表中的存储地址，但发现已有元素，此时利用公式求"下一个"空地址：

$$H_0=H(key)$$
$$H_i=( H_0 +d_i)\text{MOD } m，i=1,2,\cdots,K \quad （K≤m-1）$$

其中，$H$（key)为哈希函数；$m$ 为哈希表长度；$d_i$ 为增量序列。当 $d_i$ 取 $1,2,3,\cdots,m-1$ 时，称这种开放定址法为线性探测法。

【例 9.10】对给定的关键字序列 18、14、23、1、60、20、48、27、35，给定哈希函数为 $H(k)=k\%12$，试用线性探测法解决冲突建立哈希表。

分析过程：

① 计算各关键字对应的函数值，如表 9.1 所示。

表 9.1　计算各关键字对应的函数值

| 关键字 | 18 | 14 | 23 | 1 | 60 | 20 | 48 | 27 | 35 |
| --- | --- | --- | --- | --- | --- | --- | --- | --- | --- |
| 函数值 | 6 | 2 | 11 | 1 | 0 | 8 | 0 | 3 | 11 |

② 根据计算得到的函数值从左到右依次将元素 18、14、23、1、60 和 20 存入相应的哈希表中。当存入 48 时，发现位置 0 上已存入元素产生冲突，这时，根据线性探测法将存入下一个地址 1，又一次产生冲突，继续找下一个地址 2，又一次冲突，继续找下一个地址 3 没有存储元素，可以存入。同理，存入 27 时，也产生了冲突，根据线性探测法找下一个位置为 4 发现没有存储元素，因此把 27 填入。元素 35 对应的位置也存在冲突，按照线性探测法的原则依次找到位置 5，因此把 35 填入。根据以上分析，建立得到的哈希表如表 9.2 所示。

表 9.2　将元素存入相应的哈希表

| 地址 | 0 | 1 | 2 | 3 | 4 | 5 | 6 | 7 | 8 | 9 | 10 | 11 |
|------|---|---|----|----|----|----|----|---|----|---|----|----|
| 元素值 | 60 | 1 | 14 | 48 | 27 | 35 | 18 | | 20 | | | 23 |
| 冲突次数 | 1 | 1 | 1 | 4 | 2 | 7 | 1 | | 1 | | | 1 |

最终建立的哈希表如图 9.7 所示。

| 0 | 1 | 2 | 3 | 4 | 5 | 6 | 7 | 8 | 9 | 10 | 11 |
|----|---|----|----|----|----|----|---|----|---|----|----|
| 60 | 1 | 14 | 48 | 27 | 35 | 18 | | 20 | | | 23 |

图 9.7　用线性探测法建立哈希表

（2）平方探测法

某个关键字通过散列函数计算得到其在散列表中的存储地址，但发现已有元素，此时利用公式求"下一个"空地址：

$$H_0 = H(key)$$

$$H_i = (H_0 \pm i^2) \text{MOD } m，\quad i = 1, 2, \ldots, K \quad (K \leqslant m-1)$$

其中，$H(key)$ 为哈希函数，$m$ 为哈希表长度，称这种定址法为平方探测法。

**2. 拉链法**

拉链法又称链地址法，是把相互发生冲突的同义词用一个单链表链接起来，若干组同义词可以组成若干个单链表。

【例 9.11】对给定的关键字序列 18、14、23、1、60、20、48、27、35，给定哈希函数为 $H(k)=k\%12$，试用拉链法解决冲突建立哈希表，如图 9.8 所示。

### 9.4.4　散列表查找算法的性能分析

通过前面的介绍可以看出，如果一个散列函数认为是均匀的，即不考虑它可能造成的不同影响，则散列表的平均查找长度完全由散列表的装填因子和处理冲突的方法两个因素决定。装填因子是指散列表中已存入元素数 $n$ 与散列表地址空间大小 $m$ 的比值。在选定了处理冲突的方法之后，装填因子就成为一个可调节的因素。装填因子越小，发生冲突的可能就越小，平均查找长度当然也就越短，这样，就可以在实际应用中根据需要对时间和空间进行权衡。不管记录总数的多少，总可以通过合适地选择某

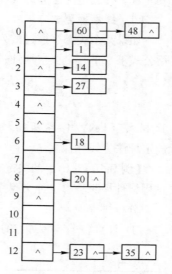

图 9.8　用拉链法建立哈希表

个值来使平均查找长度限定在一定范围内，满足应用的需要。

在散列表中，若桶容量为 1，则在无冲突的情况下，可以直接由关键字得到记录地址，有冲突的情况下仍需要进行一系列与关键字的比较。但多数情况下，尤其对于存放在外存的记录来说，一般都不可能有每桶存放一个记录的情况，所以，对散列表，可以通过对关键字的变换得到一个桶地址，还要在桶内乃至溢出区查找所要的记录，这也是要通过比较。一般来说，并不期望通过对关键字的变换就能直接得到对应的地址，而是可以根据所要求的比较次数来进行设计。和其他查找表不同的是，比较次数是不受结点长度限制的，它是可以按需要调节。由此可见，散列表查找方法是一种实用性很强的查找技术。

散列表基本是顺序存储，但如果采用链地址处理冲突，它就成为链式存储的查找表，有些情况下，还用到顺序存储和链接存储相结合的方法，如利用溢出区处理冲突的情形。散列表主要用于静态查找，但是在表中预留足够的空间，也可以进行少量的动态查找。

在散列表中进行查找运算的性能由平均查找长度来决定。查找成功时的平均查找长度是指找到哈希表中已有关键字的平均探测次数，查找不成功的平均查找长度是指在哈希表中查找不到待查的元素，最后找到空位置的探测次数的平均值。

例 9.10 建立的哈希表，采用线性探测法查找成功时的平均查找长度为：

$$ASL = \frac{1+1+1+4+2+7+1+1+1}{9} = 2.1$$

例 9.10 建立的哈希表，采用线性探测法查找不成功时的平均查找长度为：

$$ASL = \frac{8+7+6+5+4+3+2+1+2+1+1+9}{12} = 4.08$$

# 9.5　经典应用实例

在生活和工作中，经常要对数据进行查找，如查找电话号码、查找考试分数等。下面主要讨论查找在实际计算机处理中的应用以及如何用数据结构的思维实现过程。这里介绍两个应用实例，一个是模拟算法查找过程，通过这个例子可以进一步理解算法的实现过程；另一个是电话号码查询，通过这个例子，进一步熟练查找算法的应用。

## 9.5.1　模拟算法查找过程

### 1. 问题描述

对给定的任意数组（设其长度为 $n$），分别用顺序查找和二分查找方法在此数组中查找与给定值 $k$ 相等的元素。要求编写程序模拟这两种算法的查找过程。

### 2. 数据结构分析

以顺序表表示静态查找表，静态查找表的顺序存储结构定义如下：

```c
#define MAXL 100
typedef int KeyType;
typedef char InforType[10];
typedef struct NodeType
{   KeyType  key;
```

```
    InforType  data;
}SeqList;
SeqList R[MAXL];
```

### 3. 实体模拟

设有一组 10 个元素的有序表：{1，2，3，4，5，6，7，9，10，11}，要求查找元素值"key=6"的位置。数据与对应的位置如表 9.3 所示。

表 9.3　数据与对应的位置

| 位置 | 0 | 1 | 2 | 3 | 4 | 5 | 6 | 7 | 8 | 9 |
|------|---|---|---|---|---|---|---|---|---|---|
| 数据 | 1 | 2 | 3 | 4 | 5 | 6 | 7 | 9 | 10 | 11 |

在查找过程中，设有一个计数器 K（初始值为 0）记录结点的位置。顺序查找和折半查找模拟过程分别如下：

（1）顺序查找模拟过程

首先将待查关键字 key 与 R[K] 比较，如果 R[K].key 和 key 不相等，则继续往后查询，K=K+1；再将关键字 key 与 ST.elem[K].key 比较，如果 R[K].key 和 key 仍然不相等，则继续往后查询，K=K+1；同理将关键字 key 与 R[K].key 比较……依此类推，直到执行到 R[K].key==key 时为止。由于 key 与 R[K].key 相等，结束查询，返回待查关键字的位置信息 K=5。

（2）折半查找模拟过程

假设指针 low 和 high 分别为指示待查元素所在范围的下界和上界，指针 mid 指示此范围的中间位置，即 $mid = \lfloor (low + high)/2 \rfloor$。在此例中，low 和 high 初值分别为 0 和 9，即[0,9]为待查范围，如图 9.9 所示。

对于给定值 key=6，则查找过程如下：

首先，令查找范围中间位置的数据元素的关键字 R[mid].key 与给定的值 key 相比较，因为 R[mid].key<key，说明待查元素若存在，则必在区间[mid+1,high]的范围内，则令指针 low 指向第 mid+1 个元素，重新求得 $mid = \lfloor (5+9)/2 \rfloor = 7$，如图 9.10 所示。

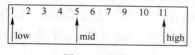

图 9.9　初值

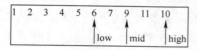

图 9.10　第一次查找结果

仍以关键字 R[mid].key 与给定的值 key 相比较，因为 R[mid].key>key，说明待查元素若存在，则必在区间[low,mid−1]的范围内，则令指针 high 指向第 mid−1 个元素，重新求得 $mid = \lfloor (5+6)/2 \rfloor = 5$，比较 R[mid].key 和 key 的值相等，则查找成功。所查元素在表中的序号等于指针 mid 的值，如图 9.11 所示。

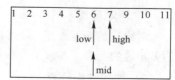

图 9.11　第二次查找结果

### 4. 算法实现

```
#define MAXL 100
typedef int KeyType;
typedef struct NodeType
{   KeyType  key;
    char data[10];
}SeqList;
```

```
/*顺序查找模拟*/
int SeqSearch(SeqList R[],int n,KeyType k)
{
    int i=0,j=0;
    while(i<=n)
    {
        printf("第%d次比较的元素: %d\n",i+1,R[i].key);
        if(R[i].key==k) break;
        i++;
    }
    if(i>=n) return -1;
    return i;
}
/*二分查找模拟*/
int count=0;
int BinSearch(SeqList R[],int n,KeyType k)
{
    int low=0,high=n-1,mid;
    while(low<=high)
    {
        mid=(low+high)/2;
        printf("第%d次查找: 在[%d,%d]中找到元素R[%d]:%d\n",++count,low,high,
mid,R[mid].key);
        if(R[mid].key==k)
            return mid;
        if(R[mid].key>k)
            high=mid-1;
        else
            low=mid+1;
    }
return -1;
}
```

## 5. 源程序及运行结果

源程序代码：

```
/*此处插入 4 中的算法*/
int main()
{
    SeqList R[MAXL];
    KeyType k=7;
    int n=10,j=0;
    int a[]={1,2,3,4,5,6,7,9,10,11},i;
    for(i=0;i<n;i++)
        R[i].key=a[i];
    printf("\n");
    printf("输出有序数据序列为: \n");
    while(j<n)
    {
        printf("%3d",R[j]);
        j++;
    }
```

```
printf("\n\n ");
printf("顺序查找的模拟过程为: \n");
if((i=SeqSearch(R,n,k))!=-1)
{
    printf("用顺序查找比较的次数是:%d\n",i+1);
    printf("元素%d的位置是:%d\n",k,i);
}
else
{   printf("用顺序查找比较的次数是:%d\n",i+1);
    printf("元素%d的位置不在表中\n",k);
}
printf("\n\n ");
printf("二分查找的模拟过程为:\n");
if((i=BinSearch(R,n,k))!=-1)
{
    printf("用二分查找比较的次数是:%d\n",count);
    printf("元素%d的位置是:%d\n",k,i);
}
else
{
    printf("用二分查找比较的次数是:%d\n",count);
    printf("元素%d的位置不在表中\n",k);
}
printf("\n");
return 0;
}
```

程序运行结果如图 9.12 所示。

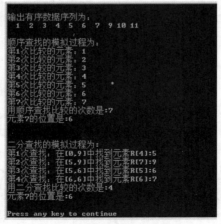

图 9.12　算法模拟程序运行结果

## 9.5.2　电话号码查询

### 1.　问题描述

电话号码查询系统主要分为两大模块：录入模块和查询模块。

① 录入模块，可根据系统提示的信息填写信息，填完相应的信息，可按【Enter】键存储。以姓名和电话号码为关键字，分别用哈希函数计算函数值，把这个值作为结点的存储地址，分别

存入姓名散列表和电话号码散列表的对应位置。

　　② 查询模块分为两部分：姓名查询和号码查询。查找时，通过所要寻找的关键字用同样的哈希函数计算地址，判断存储的内容是否跟关键字一样，若一样则可找到要查找的内容，否则无此记录。

　　在查询系统中处理的问题如下：

　　① 从键盘输入各记录，分别以电话号码和姓名为关键字建立散列表。

　　② 采用线性探测算法解决冲突。

　　③ 查找并显示给定电话号码的记录。

　　④ 查找并显示给定姓名的记录。

### 2. 数据结构分析

每个记录包含下列数据项：电话号码、姓名、地址、下一个结点指针域等，如图 9.13 所示。

信息结点 | 电话号码 | 姓名 | 地址 | next域

图 9.13　记录包含的数据库

其数据结构描述如下：

```
struct Node
{
    char name[8];
    char address[20];
    char num[11];
    struct Node *next;
};
```

### 3. 实体模拟

用散列表实现电话号码查找系统，采用姓名和电话号码作为关键字，动态分配存储空间，根据姓名和电话号码分别进行哈希排序，建立不同的数组分别存放姓名和电话号码，能实现电话号码信息的插入、删除、查找、保存等操作，采取线性探测法解决冲突。

　　查询系统的菜单：0. 添加记录；1. 姓名查找；2. 姓名散列；3. 号码散列；…；6. 退出系统。用户按照系统提示，输入相应的信息，便可得到对应结果。

　　具体参看程序运行结果。

### 4. 算法实现

```
#define NULL 0
unsigned int key;
unsigned int key2;
int *p;
struct Node
{
    char name[8];
    char address[20];
    char num[11];
    struct Node *next;
};
typedef Node *pNode,*pName;
Node **phone,**nam, *a;
/*以电话号码为关键字，建立相应的散列表*/
```

```
void hash(char num[11])
{   int i=3;
     key=(int)num[2];
     while(num[i]!=NULL)
     {   key+=(int)num[i];i++; }
     key=key%20;
}
/*以姓名为关键字，建立相应的散列表*/
void hash2(char name[8])
{   int i=1;
   key2=(int)name[0];
   while(name[i]!=NULL)
   {   key2+=(int)name[i];   i++;}
     key2=key2%20;
}
/*输入结点*/
Node *input()
{   Node *temp;
     temp=(Node *)malloc(size of (Node));
     temp->next=NULL;
     printf("  输入姓名(最多 8 个字符):");
     scanf("%s",&temp->name);
     printf("  输入地址(最多 20 个字符):");
     scanf("%s",&temp->address);
     printf("  输入电话(最多 11 个字符):");
     scanf("%s",&temp->num);
     return temp;
}
/*添加结点*/
int append()
{   Node *newphone, *newname;
   newphone=input();   newname=newphone;
   newphone->next=NULL;   newname->next=NULL;
   hash(newphone->num);   hash2(newname->name);
   newphone->next=phone[key]->next;
   phone[key]->next=newphone;
   newname->next=nam[key2]->next;
   nam[key2]->next=newname;
   return 0;
}
/*新建电话号码数组*/
void create()
{   int i;
   phone=new pNode[20];
   for(i=0;i<20;i++)
   {   phone[i]=(Node *)malloc(size of (Node));phone[i]->next=NULL; }
}
/*新建姓名组*/
void create2()
{   int i;
   nam=new pName[20];
```

```c
  for(i=0;i<20;i++)
  {  nam[i]=(Node *)malloc(Size of (Node));nam[i]->next=NULL;}
}
/*显示列表（号码散列）*/
void list()
{  int i;
   Node *p;
  for(i=0;i<20;i++)
   { p=phone[i]->next;
     while(p)
     {  printf("%s_%s_%s\n",p->name,p->address,p->num);
        p=p->next;
     }
   }
}
/*显示列表（姓名散列）*/
void list2()
{  int i;
   Node *p;
   for(i=0;i<20;i++)
    {  p=nam[i]->next;
       while(p)
       {  printf("%s_%s_%s\n",p->name,p->address,p->num);
          p=p->next;
       }
    }
 }
/*姓名查找*/
void find2(char name[8])
{  hash2(name);
   Node *q=nam[key2]->next;
   while(q!=NULL)
   {  if(strcmp(name,q->name)==0)    break;
      q=q->next;
   }
   if(q)   printf("%s_%s_%s\n",q->name,q->address,q->num);
   else    printf("无此记录\n");
}
/*保存用户信息*/
void save()
{  int i;
   Node *p;
   FILE *fout;
   if((fout=fopen("out.txt","w"))!=NULL)
   {  for(i=0;i<20;i++)
      {  p=phone[i]->next;
         while(p)
         {  fprintf(fout,"%s_%s_%s\n",p->name,p->address,p->num);
            p=p->next;
         }
      }
```

```
        }
        fclose(fout);
}
/*菜单*/
void menu()
{   printf("\t*********欢迎使用电话号码查询系统******\n");
    printf("\t\t*0.添加记录              *\n");
    printf("\t\t*1.姓名查找              *\n");
    printf("\t\t*2.姓名散列              *\n");
    printf("\t\t*3.号码散列              *\n");
    printf("\t\t*4.清空记录              *\n");
    printf("\t\t*5.保存记录              *\n");
    printf("\t\t*6.退出系统              *\n");
    printf("\t*********************************\n");
}
```

5. 源程序及运行结果

```
#include <iostream.h>
#include <string.h>
#include <stdlib.h>
#include <stdio.h>
/*此处插入 4 中的算法*/
int main()
{
char name[8];
int sel;
menu();
create();
create2();
while(1)
{
    printf("请选择操作序号(0~6):");
    scanf("%d",&sel);
    switch(sel)
    {
        case 1: printf("请输入姓名:");
                scanf("%s",&name);
                printf("输出查找信息:\n");
                find2(name);
                break;
        case 2: printf("姓名散列结果:\n");
                list2();
                break;
        case 0: printf("请输入要添加的内容:\n");
                append();
                break;
        case 3: printf("号码散列结果:\n");
                list();
                break;
        case 4: printf("列表已清空: \n");
                create();
                create2();
```

```
                break;
        case 5: printf("通信录已保存: \n");
                save();
                break;
        case 6:return 0;
        }
    }
    return 0;
}
```

运行结果如图 9.14 所示。

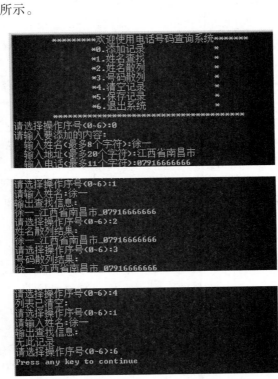

图 9.14　电话号码查询程序运行结果

# 小　　结

　　本章主要讨论了各种不同的查找方法，包括查找的基本概念、线性表的查找、树的查找和散列表查找。线性表的查找介绍了 3 种查找方法：顺序查找、二分查找和分块查找，这些方法中，顺序查找最常用，二分查找效率较高，分块查找效率最高。为了提高效率，它们往往混合使用。树的查找是一种针对非线性结构的查找方法，在非线性结构中用得较多。这些查找的共同点就是将待查找的关键值与查找对象进行比较，而散列表的查找就不需要这样进行比较，而是构造散列函数。当然它也有缺点，会产生冲突，需要尽可能地减少这种冲突的出现。最后通过算法模拟查找问题和电话号码查询问题，介绍了查找在实际生活中的应用。

# 知 识 巩 固

## 一、填空题

1. 在数据存放无规律的线性表中进行检索的最佳方法是_____。

2. 线性有序表（$a_1$，$a_2$，$a_3$，…，$a_{256}$）是从小到大排列的，对一个给定的值 $k$，用二分法检索表中与 $k$ 相等的元素，在查找不成功的情况下，最多需要检索_____次。设有 100 个结点，用二分法查找时，最大比较次数是_____。

3. 假设在有序线性表 a[20]上进行折半查找，则比较一次查找成功的结点数为_____；比较两次查找成功的结点数为_____；比较四次查找成功的结点数为_____；平均查找长度为_____。

4. 折半查找有序表（4，6，12，20，28，50，70，88，100），若查找表中元素 20，它将依次与表中元素_____比较大小。

5. 在分块查找方法中，首先查找_____，然后查找相应的_____。

6. 在各种查找方法中，平均查找长度与结点个数 $n$ 无关的查找方法是_____。

7. 散列法存储的基本思想是由_____决定数据的存储地址。

8. 有一个表长为 $m$ 的散列表，初始状态为空，现将 $n$（$n<m$）个不同的关键字插入到散列表中，解决冲突的方法是用线性探测法。如果这 $n$ 个关键字的散列地址都相同，则探测的总次数是_____。

## 二、选择题

1. 在表长为 $n$ 的链表中进行线性查找，它的平均查找长度为（    ）。
   - A. ASL=$n$
   - B. ASL=$(n+1)/2$
   - C. ASL=$n+1$
   - D. ASL≈$\log_2(n+1)-1$

2. 顺序查找法适合于存储结构是（    ）的线性表。
   - A. 散列存储
   - B. 顺序存储或链接存储
   - C. 压缩存储
   - D. 索引存储

3. 对 22 个记录的有序表作折半查找，当查找失败时，至少需要比较（    ）次关键字。
   - A. 3
   - B. 4
   - C. 5
   - D. 6

4. 链表适用于（    ）查找。
   - A. 顺序
   - B. 二分法
   - C. 顺序，也能二分法
   - D. 随机

5. 折半搜索与二叉搜索树的时间复杂度（    ）。
   - A. 相同
   - B. 完全不同
   - C. 有时不相同
   - D. 数量级都是 $O(\log_2 n)$

6. 对线性表进行二分查找时，要求线性表必须（    ）。
   - A. 以顺序方式存储
   - B. 以链接方式存储
   - C. 以顺序方式存储，且结点按关键字有序排列
   - D. 以链接方式存储，且结点按关键字有序排列

7. 折半查找有序表（4，6，10，12，20，30，50，70，88，100）。若查找表中元素 58，则

它将依次与表中（　　　）比较大小，查找结果是失败。

A. 20，70，30，50　　　　　　　　B. 30，88，70，50

C. 20，50　　　　　　　　　　　　D. 30，88，50

8. 采用二分查找方法查找长度为 $n$ 的线性表时，其时间复杂度是（　　　）

A. $O(n^2)$　　　B. $O(n\log_2 n)$　　　C. $O(n)$　　　D. $O(\log_2 n)$

9. 设哈希表长 m=14，哈希函数 H(key)=key MOD 11。表中已有 4 个结点：addr(15)=4；addr(38)=5；addr(61)=6；addr(84)=7；其余地址为空，如用二次探测再散列处理冲突，关键字为 49 的结点的地址为（　　　）。

A. 8　　　　　B. 3　　　　　C. 5　　　　　D. 9

10. 有一个长度为 12 的有序表，按二分查找法对该表进行查找，在表内各元素等概率情况下查找成功所需的平均比较次数是（　　　）。

A. 35/12　　　B. 37/12　　　C. 39/12　　　D. 43/12

11. 对于一组结点，从空树开始，把它们插入到二叉排序树中，就建立了一棵二叉排序树。这时，整个二叉排序树的形状取决于（　　　）。

A. 结点的输入顺序　　　　　　　　B. 结点的存储结构

C. 结点的取值范围　　　　　　　　D. 计算机的硬件

12. 有一棵二叉排序树，对它进行（　　　）的结果是按码值大小从小到大排好的序列。

A. 前序遍历　　　B. 中序遍历　　　C. 后序遍历　　　D. 水平遍历

13. 数据结构反映了数据元素之间的结构关系。链表是一种 A（　　　），它对于数据元素的插入和删除 B（　　　）。通常查找线性表数据元素的方法有 C（　　　）和 D（　　　）两种方法，其中 C（　　　）是一种只适合于顺序存储结构但 E（　　　）的方法；而 D（　　　）是一种对顺序和链式存储结构均适用的方法。

供选择的答案：

A. ①顺序存储线性表；②非顺序存储非线性表；③顺序存储非线性表；④非顺序存储线性表

B. ①不需要移动结点，不需要改变结点指针；②不需要移动结点，只需要改变结点指针；③只需要移动结点，不需要改变结点指针；④既需要移动结点，又需要改变结点指针

C. ①顺序查找；②循环查找；③条件查找；④二分法查找

D. ①顺序查找；②随机查找；③二分法查找；④分块查找

E. ①效率较低的线性查找；②效率较低的非线性查找；③效率较高的非线性查找；④效率较高的线性查找

14. 散列法存储的基本思想是根据 A（　　　）来决定 B（　　　），碰撞（冲突）指的是 C（　　　），处理碰撞的两类主要方法是 D（　　　）。

供选择的答案：

A、B：①存储地址；②元素的符号；③元素个数；④关键字值；⑤非码属性；⑥平均检索长度；⑦负载因子；⑧散列表空间

C. ①两个元素具有相同序号；②两个元素的关键字值不同，而非码属性相同；③不同关键字值对应到相同的存储地址；④负载因子过大；⑤数据元素过多

D. ①线性探查法和双散列函数法；②建溢出区法和不建溢出区法；③除余法和折叠法；④拉链法和开地址法

15. 考虑具有如下性质的二叉树：除叶子结点外，每个结点的值都大于其左子树上的一切结点的值，并小于或等于其右子树上的一切结点的值。现把 9 个数 1，2，3，…，8，9 填入图 9.15 所示的二叉树的 9 个结点中，并使之具有上述性质。此时，$n_1$ 的值是 A(　　　)，$n_2$ 的值是 B(　　　)，$n_9$ 的值是 C(　　　)。现欲把 10 放入此树并使该树保持前述性质，增加的一个结点可以放在 D(　　　) 或 E(　　　)。

供选择的答案：

A～C. ①1；②2；③3；④4；⑤5；⑥6；⑦7；⑧8；⑨9

D～E. ①$n_7$ 下面；②$n_8$ 下面；③$n_9$ 下面；④$n_6$ 下面；⑤$n_1$ 与 $n_2$ 之间；⑥$n_2$ 与 $n_4$ 之间；⑦$n_6$ 与 $n_9$ 之间；⑧$n_3$ 与 $n_6$ 之间

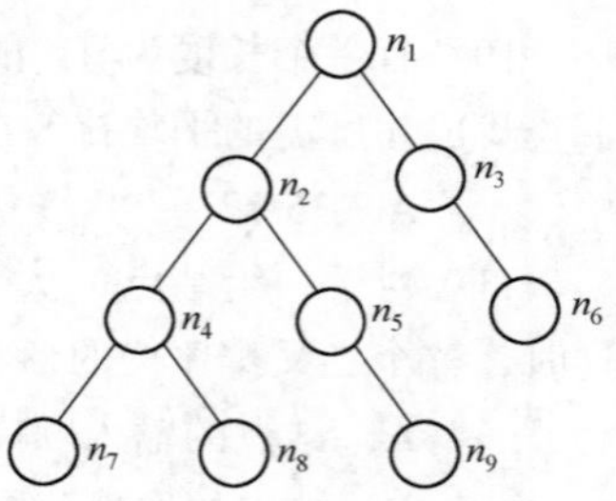

### 三、简答题

1. 对分（折半）查找适不适合链表结构的序列，为什么？用二分查找的查找速度必然比线性查找的速度快，这种说法对吗？

2. 试比较各种不同查找方法的优劣。

3. 用比较两个元素大小的方法在一个给定的序列中查找某个元素的时间复杂度下限是什么？如果要求时间复杂度更小，采用什么方法？此方法的时间复杂度是多少？

图 9.15　二叉树

### 四、算法应用题

1. 假定对有序表（3，4，5，7，28，30，42，54，63，72，87，95）进行折半查找，试回答下列问题：

（1）画出描述折半查找过程的判定树。

（2）若查找元素 54，需要依次与哪些元素比较？

（3）若查找元素 90，需要依次与哪些元素比较？

（4）假定每个元素的查找概率相等，求查找成功时的平均查找长度。

2. 设哈希表的地址范围为 0～17，哈希函数为 $H(K)=K\ \text{MOD}\ 16$。$K$ 为关键字，用线性探测法在散列法处理冲突，输入关键字序列：（10，24，32，17，31，43，46，47，40，63，49）造出哈希表，试回答下列问题：

（1）画出哈希表的示意图。

（2）若查找关键字 63，需要依次与哪些关键字进行比较？

（3）若查找关键字 60，需要依次与哪些关键字比较？

假定每个关键字的查找概率相等，求查找成功时的平均查找长度。

3. 假设有一组关键值为（20，36，96，12，45，35），它们以顺序存储的方式进行存放，现输入一个关键值，试写出下面各种方法所对应的查找程序并给出它们的比较次数。

（1）用顺序查找进行。

（2）用二分查找进行。

4. 假设有一组关键值为（20，25，42，45，35，87，97，100），它们以顺序存储的方式进行存放，现输入一个关键值，试画出用索引查找进行查找的过程并给出它的比较次数。

5. 给定一个关键字序列 4、5、7、2、1、3、6，试生成一棵平衡二叉树。

6. 对给定的关键字序列 19、14、23、1、68、20、84、27、55、11、10、79，给定哈希函数为 $H(k)=k\%13$，试用拉链法解决冲突建立哈希表。

# 实 训 演 练

## 一、验证性实验

1. 编写程序采用顺序查找法在顺序表（12，21，15，17，96，85，53）查找关键字 85。

2. 编写程序采用二分查找法在顺序表（12，21，15，17，96，85，53）查找关键字 85。

3. 编写程序采用分块查找法在顺序表（12，21，15，17，96，85，53）查找关键字 85。

## 二、设计性实验

1. 编写递归算法，从小到大输出给定二叉排序树中所有关键字不小于 $x$ 的数据元素。

2. 试编写一个判别给定的二叉树是否为二叉排序树的算法，设此二叉树以二叉链表作存储结构，且树中的关键字均不同。

## 三、综合性实验

假设哈希表长为 $m$，哈希函数为 $H(x)$，用链地址法处理冲突，试编写输入一组关键字并构造哈希表的算法。

# 第 **10** 章

## 内 部 排 序

在计算机软件系统设计中，排序占有相当重要的地位。一般数据处理工作 25% 的时间都在进行排序。简单地说，对数据对象建立某种有序排列的过程称为排序。为了讨论方便，直接将排序对象用一维数组进行存储，并且在没有特别说明的情形下，所有排序都按排序对象的值进行递增排列。

本章介绍一些常用的内排序算法，包括插入排序、交换排序、选择排序和归并排序等。

| | |
|---|---|
| **本章重点** | ☑ 基本概念 |
| | ☑ 插入排序 |
| | ☑ 交换排序 |
| | ☑ 选择排序 |
| | ☑ 归并排序 |
| | ☑ 基数排序 |
| **本章难点** | ☑ 各种不同的排序方法的效率分析 |

## 10.1　内部排序的基本概念

排序和查找是数据处理最基本的工作，有时为了提高查找速度，必须先对查找对象进行排序。排序是数据处理中一种很重要的运算，下面讨论与排序有关的一些基本概念。

### 1. 排序

排序（Sort）是指选取一个或多个值按照某种顺序（升序或降序）对数据进行重新排列。在排序过程中，选取一个或多个值作为排序的标准，这些值称为关键字。关键字一般是不唯一的，有时为了需要，可以选取多个值作为关键字，在这些关键字中能够唯一决定该结点的关键字称为主关键字，其他关键字称为次关键字。因此，若存在两个结点的主关键字相同，则依据次关键字的不同得到有序序列。这些待排序的数据称为排序表，排序表中的每个元素称为一条记录。

### 2. 稳定排序和不稳定排序

根据排序是否改变具有相同关键字记录的相对位置，排序方法分为两种：稳定排序和不稳定排序。稳定排序是指记录的相对位置在排序前后不发生变化，反之，则称该排序方法是不稳定排序。设排序对象中存在两个结点 $A$ 和 $B$，在初始序列中，$A$ 在 $B$ 的前面并且 $A$ 和 $B$ 的关键字相同，经过排序后，$A$ 结点依然在 $B$ 结点的前面，则称这种排序方法是稳定的，否则称为不稳定的。有时为了解决问题，必须考虑这种稳定性的问题。

### 3. 内排序和外排序

根据待排序的序列是否存放在内存中，排序分为内排序和外排序。待排序的序列放在内存中的排序称为内排序；需要对外存进行访问的排序称为外排序。

按所用的策略不同，内排序方法分为需要比较关键字的排序和不需要关键字比较的排序两大类，其中需要比较关键字的排序方法包括插入排序、交换排序、选择排序、归并排序，不需要关键字的排序有分配排序，如图 10.1 所示。

排序 
$$\begin{cases} \text{插入排序（直接插入排序、折半插入排序、希尔排序）} \\ \text{交换排序（冒泡排序、快速排序）} \\ \text{选择排序（直接选择排序、堆排序）} \\ \text{归并排序（二路归并排序、多路归并排序）} \\ \text{分配排序（多关键字排序、基数排序）} \end{cases}$$

图 10.1 排序结构图

外排序往往针对的是大型文件，有兴趣的读者可以参照相关资料进行了解。本章只介绍内排序。

### 4. 基于关键字比较排序的时间复杂性

基于关键字比较排序的排序过程主要包括两个方面：一是对记录的关键码进行比较；二是记录的移动过程。因此，排序的时间复杂性往往用算法执行中的数据比较次数及数据移动次数两个方面综合衡量。若一种排序方法能够使排序过程在最坏或平均情况下所进行的比较和移动次数较少，则认为该方法的时间复杂度较好。分析一种排序方法的优劣，不仅要分析它的时间复杂度，而且要分析它的空间复杂度、稳定性和简单性等多个方面。

### 5. 排序数据的组织

在本章的讨论中，除特殊声明外，一般采用顺序结构存储排序表。数据元素和排序表的类型定义如下：

```
typedef int keytype;
#define MAX  100              /*MAX 为足够大的数*/
typedef  struct
{  keytype   key;             /*关键字字段*/
      …                       /*其他信息*/
} datatype;
datatype  a[MAX];             /*定义排序表的存储结构*/
```

# 10.2  插 入 排 序

插入排序是一种最基本的排序方法，它的基本思想是在排序过程中，将排序对象分为两部分：一部分为待排序部分，称为无序表；另一部分为有序部分，称为有序表，每次将无序表中的第一个数据插入到有序表中，直到无序表的数据全部插入到有序表为止，这样最后所有的数据就变成了一个完整的有序表。称每一次将无序表中的一个元素插入到有序表中的过程为一趟插入。

根据插入排序的基本思想，将插入排序分为直接插入排序、折半插入排序、希尔排序等。

## 10.2.1  直接插入排序

### 1. 基本思想

直接插入排序（Straight Insertion Sort）是一种简单的插入排序方法，其基本思想是指在插入的过程中，把无序表中要插入的数据与有序表的数据依次进行比较，将其插入到有序表中的适当位置，直至成为一个完整的有序表。

直接插入排序的步骤如下：

① 排序的初态：无序表的数据为 $a_1$，$a_2$，$a_4$，…，$a_{n-1}$，有序表的数据为 $a_0$。

② 经过若干趟插入后的状态为有序表的数据有 $a_0,a_1,a_2,…,a_i$，无序表的数据是 $a_{i+1},a_{i+2},…,a_{n-1}$。现在将 $a_{i+1}$ 插入到 $a_0$，$a_1$，$a_2$，…，$a_i$ 中，过程如下：将 $a_{i+1}$ 首先和 $a_i$ 比较，若 $a_{i+1}$ 比 $a_i$ 小，则将 $a_i$ 向右移动，然后继续判断 $a_{i+1}$ 和 $a_{i-1}$ 的大小关系决定是否右移 $a_{i-1}$，若 $a_{i+1}$ 的值大则说明用来存放 $a_{i+1}$ 的位置已找到，并把 $a_{i+1}$ 插入到当前的空位置。

③ 不断重复过程②，直至全部数据成为一个有序表为止。

【例10.1】有初始数列为[25　52　14　8　69　36]，用直接插入排序方法将此数列变成一个有序表，其过程如图 10.2 所示。

| 初态： | [25] | [52 | 14 | 8 | 69 | 36] |
|---|---|---|---|---|---|---|
| 第1趟插入后的状态： | [25 | 52] | [14 | 8 | 69 | 36] |
| 第2趟插入后的状态： | [14 | 25 | 52] | [8 | 69 | 36] |
| 第3趟插入后的状态： | [8 | 14 | 25 | 52] | [69 | 36] |
| 第4趟插入后的状态： | [8 | 14 | 25 | 52 | 69] | [36] |
| 第5趟插入后的状态： | [8 | 14 | 25 | 36 | 52 | 69] |

图 10.2　直接插入排序实例

### 2. 直接插入排序算法

```
void DInsertsort(datatype a[], int n)
{   /*对排序表a[1]..a[n-1]作直接插入排序，n是记录的个数*/
    int i,j;
    datatype t;
    for(i=1;i<n;i++)
    {
        t=a[i];                        /*保存待插入元素*/
        j=i-1;                         /*有序表中元素的最大位置*/
        while(t.key<a[j].key&&j>=0)    /*该循环语句完成确定插入位置*/
        {   a[j+1]=a[j];j=j-1; }       /*后移元素，留出插入空位*/
        a[j+1]=t;                      /*将元素插入*/
    }
}
```

### 3. 直接插入排序算法的效率分析

从空间复杂度看，直接插入排序算法仅用了一个变量作为辅助单元，如算法中的变量 t，因此，空间复杂度为 $O(1)$。

从时间复杂度看，该排序方法采用了双重循环，外循环执行了 $n-1$ 次，即向有序表中逐个插入记录的操作，进行了 $n-1$ 趟，每趟操作分为关键字比较和移动记录，而比较的次数和移动记录的次数取决于数据的长度和原始数据的次序。分 3 种情况进行讨论：

（1）最坏情况

排序表正好与最终的有序表元素顺序相反，第 $j$ 趟插入需要同前面的 $j$ 个元素进行 $j$ 次比较，移动元素的次数为 $j+2$ 次。因此，总比较次数为 $\frac{1}{2}n(n-1)$，移动次数为 $\frac{1}{2}n(n-1)+2n$，总的时间复杂度是 $O(n^2)$。

（2）最好情况

排序表正好与最终的有序表顺序相同，每次插入只需要比较一次，不需要做移动操作，因此，一共比较 $n-1$ 次，移动 0 次，总的时间复杂度是 $O(n)$。

（3）平均情况

第 $j$ 趟操作，插入元素大概同前面的 $j/2$ 个记录进行比较，移动记录的次数为 $j/2+2$ 次。因此，总比较次数和移动次数为 $\frac{1}{4}n^2$，总的时间复杂度是 $O(n^2)$。

直接插入排序算法简单，是一种稳定的排序方法。

## 10.2.2 折半插入排序

### 1. 基本思想

折半插入排序（Binary Insertion Sort）是直接插入排序算法的一种改进，在排序过程中，不断地将元素依次插入有序表中。插入的关键是在有序表中为待插入的元素找到一个合适的位置。直接插入排序是按顺序依次比较寻找插入位置，折半插入排序是将插入元素与有序表中的中间元素进行比较，而不是按顺序依次进行比较寻找插入位置，从而提高效率和速度。

折半插入排序算法的基本思想是指将一个新元素 t 插入有序表中，寻找插入位置时，将有序表中的首元素设置为 a[low]，末元素设置为 a[high]，然后将待插入元素 t 与 a[m]（m=(low+high)/2）进行比较，如果比该元素小，则选择 a[low]到 a[m-1]为新的插入区域（high=m-1），否则选择 a[m+1]到 a[high]为新的插入区域（low=m+1），如此不断进行比较，直至 low<=high 不成立，即将此位置之后所有元素后移一位，并将待插入元素 t 插入至 a[high+1]。

【例 10.2】有初始数列为[25 52 14 8 69 36]，用折半插入排序方法将此数列变成一个有序表。下面列出第 5 趟插入时，t=36，各变量 low、high、a[m]状态变化过程如图 10.3 所示。

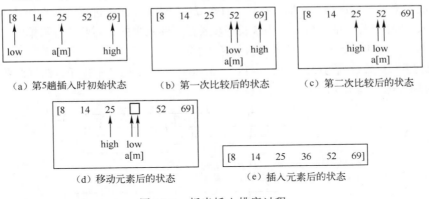

图 10.3　折半插入排序过程

### 2. 折半插入排序算法

```
void  BInsertSort(datatype a[ ], int n)
{   /*对排序表a[1],…,a[n-1]作折半插入排序，n是记录的个数*/
    datatype  t;
    int low,high,mid,i,j;
    for(i=1;i<n;i++)
    {   t=a[i];                          /*保存待插入元素*/
        low=0;high=i-1;                  /*设置初始区间*/
     while(low<=high)                    /*该循环语句完成确定插入位置*/
    {   mid=(low+high)/2;                /*求中间元素*/
        if(t.key>a[mid].key)
           low=mid+1;                    /*插入位置在高半区*/
        else  high=mid-1;                /*插入位置在低半区*/
```

```
    }
    for(j=i-1;j>=high+1;j--)        /*high+1 为插入位置*/
        a[j+1]=a[j];                /*后移元素，留出插入空位*/
    a[high+1]=t;                    /*将元素插入*/
}
```

### 3. 折半插入排序算法的效率分析

从空间复杂度看，折半插入排序算法仅用了一个变量作为辅助单元，如算法中的变量 t，因此，空间复杂度为 $O(1)$。

从时间复杂度看，确定插入位置所进行的折半查找，定位一个关键字的位置需要比较次数至多为 $\lceil \log_2(n+1) \rceil$，减少了比较次数，因此，比较次数时间复杂度为 $O(n\log_2 n)$。移动元素的次数和直接插入排序相同，故时间复杂度仍为 $O(n^2)$。

折半插入排序方法是一种稳定的排序方法。

## 10.2.3　希尔排序

### 1. 基本思想

希尔排序（Shell Sort）是 1959 年由 D.L.Shell 提出的一种插入排序方法。它的基本思想是：首先，选取一个小于 n 的整数 d，将整个排序表中 n 个记录分割为 d 个组，构成 d 个子序列，对这些子序列分别进行直接插入排序，一趟之后，每个子序列中的元素变成有序，然后，减小增量 d，继续分成若干子序列进行直接插入排序，直至 d=1，对全体元素进行一次直接插入排序，排序结束。其中，排序过程中的整数 d 称为步长，步长是不断减少的，因此，希尔排序又称"缩小增量排序"。当步长为 1 时，希尔排序就是直接插入排序。

【例 10.3】有初始数列为[25　52　14　8　69　36]，用希尔排序方法将此数列变成一个有序表。过程如图 10.4 所示。

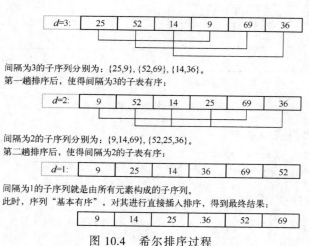

图 10.4　希尔排序过程

### 2. 希尔排序算法

```
void  ShellSort(datatype a[],int n)
{
```

```
int i,j,d;
datatype k;
d=n/2;                                    /*增量初始值*/
while(d>0)
{
    for(i=d;i<n;i++)                      /*对所有组采用直接插入排序*/
    {
    k=a[i];
    for(j=i-d; j>=0&&k.key<a[j].key; j=j-d)
        a[j+d]=a[j];                      /*对相隔 d 个单位一组采用直接插入排序*/
    a[j+d]=k;                             /*插入到正确位置*/
    }
    d=d/2;                                /*减小增量*/
}
}
```

### 3. 希尔排序的效率分析

希尔排序时效分析较复杂，关键字的比较次数与记录移动次数依赖于步长因子序列的选取，当分组较多时，组内元素较少，一趟中直接插入排序元素少，循环次数就少；当分组较少时，组内元素增多，但已接近有序，循环次数并不增加。因此，希尔排序的时间复杂度在 $O(n\log_2 n)$ 和 $O(n^2)$ 之间，大致为 $O(n^{1.3})$。

希尔排序方法是一种不稳定的排序方法。

# 10.3 交 换 排 序

交换排序的基本思想是在排序过程中，将排序的对象两两进行比较，如果比较的两个数大小顺序不符合排序要求（即反序），则该两个数进行交换，直到不再有这样的数对为止，即原始数列变为有序数列。

根据交换排序的基本思想，将交换排序分为冒泡交换排序（简称为冒泡排序）、快速交换排序（简称为快速排序）等。

## 10.3.1 冒泡排序

### 1. 基本思想

冒泡排序（Bubble Sort）的基本思想是将相邻的数据元素两两比较，若与排序要求相逆，则将两者交换，依次比较完无序表中的所有元素之后，就将得到该无序表中的最大（最小）元素，这样无序表中的元素就减少一个，然后对无序表中剩余的元素继续重复这个过程，直到所有的数据都变成有序序列。一般称比较完无序表中所有元素一次的过程为一趟冒泡。根据比较数据的方向不同可分为上冒泡排序和下冒泡排序。上冒泡排序是指从上到下或从左到右比较无序表中元素，下冒泡排序则从下到上或从右到左比较无序表中元素。

上冒泡排序的步骤如下：

① 排序的初态为原始数据，即 $a_0$，$a_1$，$a_2$，$a_3$，$a_4$，$\cdots$，$a_{n-1}$。

② 经过若干趟冒泡后，状态为：无序表是 $a_0$，$a_1$，$a_2$，$\cdots$，$a_i$，有序表是 $a_{i+1}$，$a_{i+2}$，$\cdots$，$a_{n-1}$。现在对 $a_0$，$a_1$，$a_2$，$\cdots$，$a_i$ 数列进行冒泡排序。过程如下：将 $a_0$ 和 $a_1$ 比较，如果 $a_0$ 比 $a_1$ 大，则将

$a_0$ 与 $a_1$ 交换，否则用 $a_1$ 直接与 $a_2$ 进行比较，直到有序部分剩下最后一个数据。

③ 不断重复过程②，直到数据全部为有序为止。

【例10.4】有初始序列为[25  52  14  8  69  36]，用上冒泡排序方法将此数列变成一个有序表。过程如图 10.5 所示。

| 初态: | [25 | 52 | 14 | 8 | 69 | 36] |
| 第1趟冒泡后的状态: | [25 | 14 | 8 | 52 | 36] | [69] |
| 第2趟冒泡后的状态: | [14 | 8 | 25 | 36] | [52 | 69] |
| 第3趟冒泡后的状态: | [8 | 14 | 25] | [36 | 52 | 69] |
| 第4趟冒泡后的状态: | [8 | 14] | [25 | 36 | 52 | 69] |
| 第5趟冒泡后的状态: | [8] | [14 | 25 | 36 | 52 | 69] |

图 10.5  冒泡排序实例

### 2. 冒泡排序算法

（1）冒泡排序算法

```
void Bubblesort1(datatype a[],int n)
{   /* 对排序表 a[0],…,a[n-1]作冒泡排序，n 是记录的个数*/
    int i,j;
    datatype t;                      /*中间元素*/
    for(i=0;i<n-1;i++)               /*冒泡的趟数*/
      for(j=0;j<n-i-1;j++)           /*一趟冒泡的过程*/
        if(a[j].key>a[j+1].key)      /*不符合要求进行交换*/
        {t=a[j];a[j]=a[j+1];a[j+1]=t;}
}
```

（2）改进的冒泡排序算法

```
void Bubblesort2(datatype a[ ],int n)
{   /* 对排序表 a[0],…,a[n-1]作冒泡排序，n 是记录的个数*/
    int i,j;
    int swap;                        /*交换标志变量*/
    datatype  t;                     /*中间元素*/
    for(i=0;i<n-1;i++)               /*冒泡的趟数*/
    { swap=0;
      for(j=0;j<n-i-1;j++)           /*一趟冒泡的过程*/
      if(a[j].key>a[j+1].key)        /*不符合要求进行交换*/
      { t=a[j+1];
        a[j+1]=a[j];
        a[j]=t;
        swap=1;                      /*置交换标志*/
      }
      if(swap==0) break;
    }
}
```

### 3. 冒泡排序的效率分析

从空间复杂度看，冒泡排序仅用了一个变量作为辅助单元，如上冒泡排序算法中的变量 t，因此，空间复杂度为 $O(1)$。

从时间复杂度看，该排序方法采用了双重循环，进行了 $n-1$ 趟冒泡操作，每趟操作包括比较关键字和移动记录，对 $j$ 个记录的表进行一趟冒泡需要 $j-1$ 次关键字比较，因此，总比较次数为 $\frac{1}{2}n(n-1)$。移动记录次数：最好情况下，排序表正好与最终的有序表顺序相同，不需要做移动操作，时间复杂度是 $O(n)$。最坏情况下，每次比较后均要进行三次移动。因此，总比较次数为 $\frac{3}{2}n(n-1)$，总的时间复杂度是 $O(n^2)$，平均情况时间复杂度也是 $O(n^2)$。

冒泡排序算法简单，是一种稳定的排序方法。

## 10.3.2　快速排序

### 1. 基本思想

快速排序（Quick Sort）又称快排序或分区交换排序，这种排序是迄今为止所有内排序算法中速度最快的一种，是冒泡排序的一种改进方法，它不是相邻的两个数两两比较。基本思想如下：

① 在当前无序表中任选一个数作为基数或基元（一般为第 0 个数）。

② 当前数据分为三部分：比这个数小的数据、这个数本身、比这个数大的数据。

③ 对比这个数大的数据和比这个数小的数据两部分数据分别重复①和②两个过程，直到所有的数据有序为止。

前面第①②步，实际上就是将无序表中的元素以基数元素分成三部分的过程，称为一次（趟）划分。对各部分不断划分，直到每一部分只剩下一个元素，整个序列则是有序序列。设待排序序列为 a[r]～a[l]，其中 r 为下限，l 为上限，r<l，t=a[r] 为该序列的基数元素，设 i、j 的初值分别为 r 和 l。具体的一次划分过程如下：

① 让 j 从它的初值 l 开始，依次向前取值，并将每一元素 a[j] 的关键字同元素 t 的关键字进行比较，直到 a[j].key<t.key 时，交换 a[j] 与 a[i] 的值，使关键字相对较小的元素交换到左子序列。

② 让 i 从 r+1 开始，依次向后取值，并使每一元素 a[i] 的关键字同 a[j] 的关键字（此时 a[j] 为基准元素）进行比较，直到 a[i] > a[j] 时，交换 a[i] 与 a[j] 的值，使关键字大的元素交换到后面子区间。

③ 让 j 从 j-1 开始，依次向前取值。

重复上述过程，直到 i 等于 j，即指向同一位置为止，此位置就是基数元素最终被存放的位置。此次划分得到的前后两个待排序的子序列分别为 a[r]～a[i-1] 和 a[i+1]～a[l]。

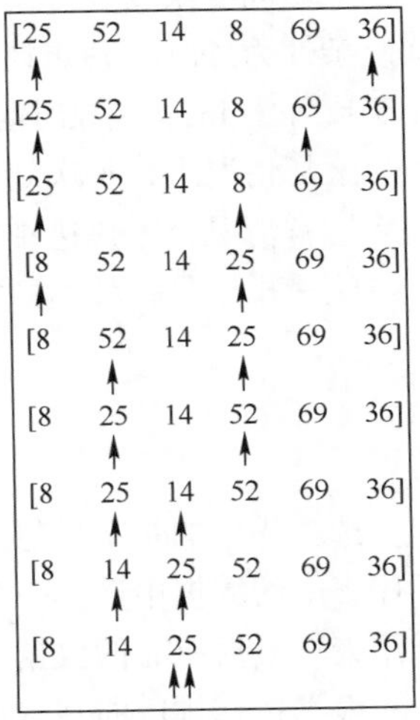

【例 10.5】有初始序列为 [25　52　14　8　69　36]，用快速排序方法将此数列变成一个有序表。过程如下：

初态：[25　52　14　8　69　36]

第一次划分：（取第 0 个数为基数，见图 10.6）。

第一次划分后的状态：[8　14 ] 25 [52　69　36]。

第二次对左半部分数据划分后的状态：8　[14]　25　[52　69　36]。

第三次对右半部分数据划分后的状态：8　　14　25　[36]　52　[69]。

最后，数据区中只有一个数据，即整个数据为有序序列，排序结束。

图 10.6　第一次划分示意图

### 2. 快速排序算法

从快速排序的过程可以看出，快速排序的速度很快；从快速排序的思想可以看出，这种方法适合用递归算法实现。

算法描述如下：

```
void Quicksort(datatype a[], int n, int r, int l)
{  /* 对排序表 a[0],…,a[n-1] 作快速排序，n 是记录的个数，r 为下限，l 为上限*/
   int i,j;
```

```
datatype t;
if(r<l)                                    /*区间至少存在两个元素*/
{  i=r;j=l;t=a[i];                         /*r为下限，l为上限，t为基数*/
   while(i!=j)                             /*从排序表的两端交替地向中间扫描*/
   {
      while((i<j)&&t.key<=a[j].key)
          j=j-1;                           /*从右向左扫描，找到一个小于t.key的a[j]*/
      if(i<j) {a[i]=a[j];}                 /*将比基数小的交换到左面*/
      while((i<j)&&(t.key>=a[i].key))
          i=i+1;                           /*从左向右扫描，找到一个大于t.key的a[i]*/
      if(i<j){a[j]=a[i]; }                 /*将比基数大的交换到右面*/
   }
   a[i]=t;
   Quicksort(a,n,r,i-1);                   /*左子序列划分*/
   Quicksort(a,n,i+1,l);                   /*右子序列划分*/
}
}
```

### 3. 快速排序的效率分析

从空间复杂度看，快速排序是递归的，每层递归调用时的指针和参数均要用栈来存放，存储开销在理想情况下为 $O(\log_2 n)$，在最坏情况下为 $O(n)$。

从时间复杂度看，在 $n$ 个记录的排序表中，一次划分平均有小于或等于 $n$ 次关键字比较，时间复杂性为 $O(n)$。理想情况下，每次划分，正好将分成两个等长的子序列，则需要的排序趟数为小于或等于 $\log_2 n$，故时间复杂度为 $O(n\log_2 n)$。

最坏情况下，每次划分，只得到一个子序列，时间复杂度为 $O(n^2)$。

通常情况上，快速排序被认为在同数量级[$O(n\log_2 n)$]的内排序方法中平均性能最好的。

快速排序是一种不稳定的排序方法。

# 10.4 选 择 排 序

选择排序的基本思想是在排序的过程中，将排序对象分为两部分：无序表和有序表。每次从无序表中的数据中选择一个最小的数与其中的第一个数进行交换，直至无序表中的数据全部被选择结束，最后所有的数据都变成一个有序的序列。

根据选择排序的基本思想，将选择排序分为直接选择排序、堆排序、树形选择排序等，下面主要讨论直接选择排序和堆排序。

## 10.4.1 直接选择排序

微课视频

直接选择排序

### 1. 基本思想

直接选择排序（Straight Selection Sort）是一种简单的选择排序方法，其排序步骤如下：

① 排序的初态为：$a_0$，$a_1$，$a_2$，$a_3$，$a_4$，$\cdots$，$a_{n-1}$。

② 经过若干次选择之后，状态为：有序部分的数据是 $a_0$，$a_1$，$a_2$，$\cdots$，$a_i$，待排序部分的数据是 $a_{i+1}$，$a_{i+2}$，$\cdots$，$a_{n-1}$。现在对 $a_{i+1}$，$a_{i+2}$，$\cdots$，$a_{n-1}$ 数列进行选择。

过程如下：在 $a_{i+1}$ 到 $a_{n-1}$ 中选择一个最小数 $a_k$，然后比较 $a_k$ 与 $a_{i+1}$ 决定是否交换。

③ 不断重复过程②，直到数据变成为有序为止。

【例10.6】有初始序列为[25　52　14　8　69　36]，用直接选择排序方法将此数列变成一个有序表。过程如图 10.7 所示。

| 初态： | [25 | 52 | 14 | 8 | 69 | 36] |
|---|---|---|---|---|---|---|
| 第1次选择后的状态： | [8] | [52 | 14 | 25 | 69 | 36] |
| 第2次选择后的状态： | [8 | 14] | [52 | 25 | 69 | 36] |
| 第3次选择后的状态： | [8 | 14 | 25] | [52 | 36 | 69] |
| 第4次选择后的状态： | [8 | 14 | 25 | 36] | [52 | 69] |
| 第5次选择后的状态： | [8 | 14 | 25 | 36 | 52] | [69] |

图 10.7　直接选择排序实例

### 2. 直接选择排序算法

（1）直接选择排序算法

```
void Selectsort1(datatype a[],int n)
{   /* 对排序表 a[0],…,a[n-1]作直接选择排序，n 是记录的个数*/
    int i,j,k;
    datatype t;
    for(i=0;i<n-1;i++)                    /*选择排序的趟数*/
    {
        k=i;
        for(j=i+1;j<n;j++)                /*每趟选择排序过程*/
            if (a[k].key>a[j].key) k=j;
        t=a[k];a[k]=a[i];a[i]=t;          /*a[i]与 a[k]进行交换*/
    }
}
```

（2）改进的直接选择排序算法

```
void Selectsort2(datatype a[ ],int n)
{   /* 对排序表 a[0],…,a[n-1]作直接选择排序，n 是记录的个数*/
    int i,j,k;
    datatype t;
    for(i=0;i<n-1;i++)
    {
        k=i;
        for(j=i+1;j<n;j++)
            if(a[k].key>a[j].key) k=j;
        if(k!=i)
          {t=a[k];a[k]=a[i];a[i]=t;}
    }
}
```

### 3. 直接选择排序的效率分析

在直接选择排序中，共需要进行 $n-1$ 次选择和交换，每次选择需要进行 $n-i$ 次比较（$1 \leqslant i \leqslant n-1$），而每次交换最多需要三次移动，因此，总的比较次数$(n^2-n)/2$，总的移动次数 $3(n-1)$。由此可知，直接选择排序的时间复杂度为 $O(n^2)$。

直接选择排序算法简单，是一种不稳定的排序方法。

## 10.4.2　堆排序

### 1. 堆的定义

实际上，一个堆形就是一个完全二叉树，若这个完全二叉树中每一棵子树都满足根结点的关键字小于子结点的关键字或者根结点的关键字大于子结点的关键字，则称这个堆形是一个堆，前者称为小顶堆，后者称为大顶堆。

在计算机中，堆直接用一维数组表示，但要注意的是一维数组中的元素是堆中的元素按自上而下、自左向右的次序存放。设有数列 {10，20，15，30，40，50，60，65}，可以看出该组元素组成的堆形是一个堆，如图 10.8 所示。

堆有两个非常重要的性质：堆顶即根结点是堆中的最小元素或最大元素，部分元素是有序的。

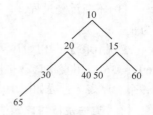

图 10.8　堆图示

### 2. 基本思想

堆排序（Heap Sort）是一种选择排序，它有两个最基本的操作：取最小元或最大元和把最小元或最大元并入已排序好的元素中。具体步骤如下：

① 建堆：将待排序元素部分调整为堆。

② 取最小元素或最大元素：取堆顶元素。

③ 加入：将最小元素或最大元素加入到已排序部分中。

可以看出，堆排序的核心问题是建堆。

1964 年，R.W.Floyd 提出了一种建堆算法——筛选法，基本思想是将待排序数据随意地组成一堆形，然后，沿堆形自下而上、自右向左依次进行筛选。具体操作为：设当前要筛选 $a_i$，这时，若有 $a_i \leq \min(a_{2i}, a_{2i+1})$ 或 $a_i \geq \max(a_{2i}, a_{2i+1})$，则满足堆条件，不再调整；若有 $a_i > \min(a_{2i}, a_{2i+1})$ 或 $a_i \leq \max(a_{2i}, a_{2i+1})$，则将 $a_i$ 与左、右子树中较小元素或将 $a_i$ 与左、右子树中较大元素交换，并继续往下筛，直至其余所有元素堆条件都成立。称自根结点到叶子结点的调整过程为筛选。堆形不断筛选后，就建成了一个堆。

【例 10.7】有初始堆形如图 10.9 所示，用堆排序方法将此初始堆形变成一个堆。

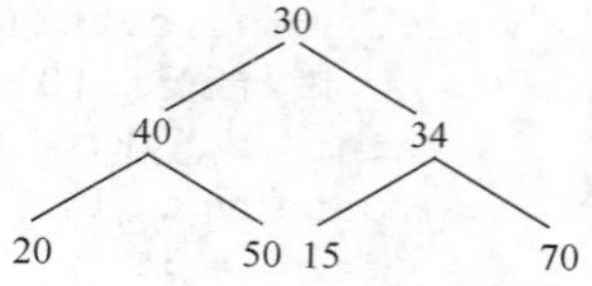

根据建堆的思想，建小根堆过程如图 10.10 所示。

原始堆→图 10.10（a）表示：34 比 15 大，因此，需要调整，34 和 15 交换位置。

图 10.9　初始堆形

图 10.10（a）→图 10.10（b）表示：40 比 20 大，因此，需要调整，40 和 20 交换位置。

图 10.10（b）→图 10.10（c）表示：30 比 15 大，因此，需要调整，30 和 15 交换位置。

通过分析可以得到，从初始堆形变成小根堆，进行了三次调整，原则是自下而上、自右向左。

建堆完成后，就可以对堆中的元素进行堆排序，堆排序的基本思想是将堆中第一个结点（二叉树根结点）和最后一个结点的数据进行交换（$k_1$ 与 $k_n$），然后，将 $k_1 \sim k_{n-1}$ 重新建堆，建堆完成后将 $k_1$ 和 $k_{n-1}$ 交换，其次将 $k_1 \sim k_{n-2}$ 重新建堆，建堆完成后将 $k_1$ 和 $k_{n-2}$ 交换，如此重复下去，重新建堆的元素个数不断减 1，直到重新建堆的元素个数仅剩一个为止。这时堆排序已经完成，排序码 $k_1$，$k_2$，$k_3$，...，$k_n$ 已排成一个有序序列。

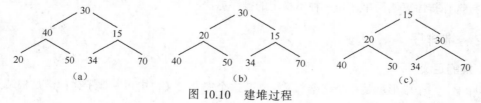

(a)　　　　　　　　　(b)　　　　　　　　　(c)

图 10.10　建堆过程

**【例 10.8】** 有初始堆如图 10.10（c）所示，用堆排序方法将此初始堆变成一个有序序列。其中，从堆形构造堆的过程是建小根堆，具体过程如图 10.11 所示。

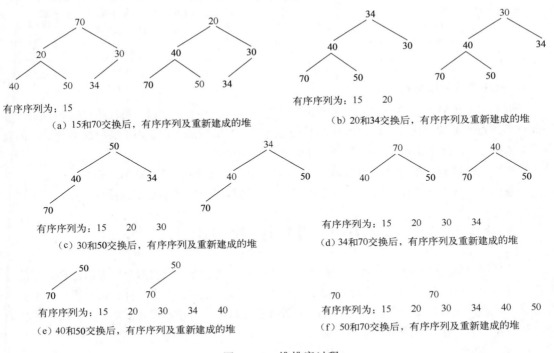

图 10.11 堆排序过程

### 3. 堆排序算法

堆排序算法分两步完成：算法中的 Adjust()函数给出一次筛选过程，Heapsort()函数是完整的堆排序算法。

```
void Adjust(datatype a[],int m,int r)
{  /*一次筛选过程*/
    int i,j;
    Datatype t;
    i=m;j=2*i;                    /*a[j]是a[i]的左孩子*/
    t=a[i];
    while(j<=r)
    {  if(j<r&&a[j].key>a[j+1].key)   /*若右孩子比较小，则把j指向右孩子*/
       j=j+1;
       if(t.key>a[j].key)          /*若根结点大于最大结点的关键字*/
       {  a[i]=a[j];               /*将a[j]调整到双亲结点位置上*/
          i=j;                     /*修改i和j的值，便于继续向下筛选*/
          j=2*i;

                                   /*若根结点小于或等于最大孩子的关键字，筛选结束*/
       }
        else break;
        a[i]=t;                    /*被筛选结点放入最终位置上*/
    }
    void Heapsort(datatype a[],int n)
    {  /*堆排序算法*/
```

```
int  m;
Datatype t;
for(m=n/2;m>=1;m--) Adjust(a,m,n);/*循环建立小根堆,调用 Adjust 算法 n/2 次*/
for(m=n;m>=2;m--)           /*进行 n-1 趟完成堆排序,每趟堆排序中元素个数减一*/
{  t=a[1];a[1]=a[m];a[m]=t;   /*将最后一个元素与根 a[1]交换*/
    Adjust(a,1,m-1);
}
}
```

### 4. 堆排序的效率分析

从时间复杂度看，在整个堆排序中，共需要进行 $n+\lfloor n/2 \rfloor -1$ 次筛选，每次筛选进行双亲和孩子或兄弟结点的关键字比较和移动次数都不会超过完全二叉树的深度，因此，每次筛选的时间复杂度为 $O(\log_2 n)$，故整个堆排序过程的时间复杂度为 $O(n\log_2 n)$。

从空间复杂度看，堆排序占用的辅助空间为 1，因此，它的空间复杂度为 $O(1)$。

一般如果排序的对象比较大，可以选择堆排序。堆排序是一种不稳定的排序方法。

# 10.5 归 并 排 序

归并排序（Merge Sort）又称合并排序。所谓归并，就是将两个或两个以上的已排好序的数据合并成一个有序的数据表，归并排序则是以归并为工具，经过若干次归并，最后得到一个有序数据表，因此，在归并排序中，主要解决的是如何进行归并。归并方式有很多种，但用得较多的是二路归并。下面介绍二路归并排序算法。

### 1. 基本思想

二路归并排序的基本思想是将两个有序表合并成一个有序表，一次合并完成后，有序表的数目减少一半，而有序表中的数据元素长度增加一倍，直至有序表中的数据元素长度从 1 增加到 $n$ 时，整个有序表变为了一个数据长度为 $n$ 的有序表。具体步骤如下：

① 将 $n$ 个数的待排序数组看成 $n$ 个长为 1 的有序表。

② 将两两相邻的有序表依次进行归并。

③ 不断重复步骤②，直至归并成一个有序表为止。

从基本思想可以看出，最重要的一步操作就是归并。归并分为如下两步：

① 一次归并，即将相邻的两个有序表归并为有序表。

② 一趟归并，即将数组中所有相邻的有序表依次两两合并成更大的有序表。

【例 10.9】有初始序列[12 45 5 8 9 63 74 2],描述两次归并的状态变化,过程如图 10.12 所示。

| 初始状态: | [12] | [45] | [5] | [8] | [9] | [63] | [74] | [2] |
|---|---|---|---|---|---|---|---|---|
| 一趟归并: | [12 | 45] | [5 | 8] | [9 | 63] | [2 | 74] |
| 二趟归并: | [5 | 8 | 12 | 45] | [2 | 9 | 63 | 74] |
| 三趟归并: | [2 | 5 | 8 | 9 | 12 | 45 | 63 | 74] |

图 10.12　两路归并过程

### 2. 归并排序算法

（1）一次归并算法

```
void Merge(datatype a[],int u,int m,int v)
{
    int i,j,k,t;
    datatype *b;
```

```
    b=(datatype *)malloc((v-u+1)*sizeof(datatype));      /*动态分配空间*/
  i=u;j=m+1;k=0;                           /*k 是 b 的下标，i,j 分别是第 1,2 段的下标*/
    while(i<=m&&j<=v)                       /*第一段 a[u]…a[m]和第二段 a[m+1]…a[v]扫描*/
    {
        if(a[i].key<=a[j].key)        /*将第一段 a[u]…a[m]中的元素放入 b 中*/
        {b[k]=a[i];i++;}
        else {b[k]=a[j];j++;}         /*将第二段 a[m+1]…a[v]中的元素放入 b 中*/
        k++;
    }
  for(t=i;t<=m;t++) {b[k]=a[t];k++;}    /*将第一段 a[u]…a[m]余下的部分复制到 b 中*/
  for(t=j;t<=v;t++) {b[k]=a[t];k++;}   /*将第二段 a[m+1]…a[v]余下的部分复制到 b 中*/
  k=0;
  for(i=u;i<=v;i++)                        /*将 b 复制到 a[]中*/
    {
        a[i]=b[k];
        k++;
    }
}
```

（2）一趟归并算法

```
void Mergepass(datatype a[],int n,int m)    /*对整个序列进行一趟归并*/
{
    int i;
    i=0;
    While(i<n-2*m+1)                         /*归并 l 长度的两个相邻子表*/
    {
        Merge(a,i,i+m-1,i+2*m-1); i=i+2*m;
    }
    if(i+m-1<n-1)  Merge(a,i,i+m-1,n-1);/*余下两个子表，且后者的长度小于 l*/
}
```

（3）二路归并排序算法

```
void Mergesort(datatype a[],int n)
{
    int m,datatype b;
    m=1;
    while (m<n)
    {
        Mergepass(a,n,m);
        m=2*m;
    }
}
```

### 3. 归并排序的效率分析

归并排序是由若干趟归并组成，每趟归并又是由若干次归并组成，其中第一趟归并是归并表长为 1 的表，第二趟归并是归并表长为 2 的表，依此类推，第 $i$ 趟归并是归并表长为 $2^{i-1}$ 的表。因此，二路归并排序的时间复杂度等于归并趟数与每一趟时间复杂度的乘积。对含 $n$ 个数的数列，使用归并排序需要 $\lfloor \log_2 n \rfloor$ 趟归并，每一趟归并最多需 $n-1$ 次比较，每一趟归并的时间复杂度为 $O(n)$。因此，二路归并排序的时间复杂度为 $O(n\log_2 n)$。

二路归并排序需要使用同样容量的辅助存储，空间复杂度为 $O(n)$，是一种稳定的排序方法。

# 10.6 基 数 排 序

通过前面的介绍，可以发现排序方法都是根据关键字值的大小来进行排序，实现排序的关键主要包括比较和移动记录两种操作。而基数排序（Radix Sort）不需要进行记录关键字值间大小的比较，是通过"分配"和"收集"过程来实现排序。基数排序是分配排序（Distribution Sort）方法之一，是一种借助于多关键字排序的思想，将单关键字按基数分成"多关键字"进行排序的方法。

## 10.6.1 多关键字排序

对排序表按照多个关键字进行排序的方法，称为多关键字排序。例如，有 4 种颜色的球各 10 个，颜色分别为红、黄、蓝和黑，且每个球上都标上数字 1，2，3，…，10。

① 若按颜色进行递增排序，序列是：黑、红、黄、蓝。

② 若按数字进行递增排序，序列是：1，2，3，4，…，10。

③ 若这些球先按颜色，然后按数字进行递增排序，序列是：黑 1，2，3，4，…，10；红 1，2，3，4，…，10；黄 1，2，3，4，…，10；蓝 1，2，3，4，…，10。

以上 3 种情况，①和②是按照单个关键字进行排序，③则是按照多个关键字进行排序。

实际上，这些球还可以先按数字，然后按颜色进行递增排序，得到一个新的序列。因此，当一组数据元素按照多个关键字进行排序时，就可能得到多个不同的序列。多关键字排序方法分为两种方法：最高位优先（Most Significant Digit first，MSD）法和最低位优先（Least Significant Digit first，LSD）法。

在多关键字排序中，设有多个关键字，分别是 $k_1$，$k_2$，…，$k_i$，最高位优先法是指先按 $k_1$ 排序，将序列分成若干子序列，每个子序列中的元素具有相同的 $k_1$ 值；然后按 $k_2$ 排序，将每个子序列分成更小的子序列；然后，对后面的关键字继续同样的排序分成更小的子序列，直到按 $k_i$ 排序分组成最小的子序列后，最后将各个子序列连接起来，便可得到一个有序的序列。最低位优先法是指先按 $k_i$ 排序，将序列分成若干子序列，每个子序列中的记录具有相同的 $k_i$ 值；然后按 $k_{i-1}$ 排序，将每个子序列分成更小的子序列；然后，对后面的关键字继续排序分成更小的子序列，直到按 $k_1$ 排序分组成最小的子序列后，最后将各个子序列连接起来，便可得到一个有序的序列。下面讨论 LSD 法。

## 10.6.2 链式基数排序

链式基数排序的基本思想是设排序表中所有元素的关键字为不超过 $d$ 位的十进制非负整数，从最低位到最高位的编号依次为 1，2，…，$d$。同时，设置 10 个队列，它们的编号分别为 0，1，2，…，9。步骤如下：

① 第一趟分配和收集。将元素按关键字的最低位分别分配放到相应的队列中：最低位为 0 的关键字，其元素依次放入 0 号队列中，最低位为 1 的关键字，其元素放入 1 号队列中，…；最低位为 9 的关键字，其元素放入 9 号队列中。然后，把队列中的记录收集和排列起来。

② 第二趟分配和收集。将第一趟排序后的元素按其关键字的次低位分配存放到相应的队列中，然后把队列中的记录收集和排列起来。

不断重复此过程，直至第 $d$ 趟排序时，按第 $d-1$ 趟排序后记录的关键字的最高位进行分配，然后收集和排列各队列中的记录，即得到了初始序列的有序序列。

其中，每个队列称为一个桶。因此，基数排序又称桶子法（Bucket Sort）。

【例 10.10】有初始序列为[25  52  26  14  8  69  19  5  36  9]，用 LSD 排序方法将此数列变成一个有序表。过程如图 10.13 所示。

| 0 |  |
|---|---|
| 1 |  |
| 2 | 52 |
| 3 |  |
| 4 | 14 |
| 5 | 25, 5 |
| 6 | 26, 36 |
| 7 |  |
| 8 | 8 |
| 9 | 69,19,9 |

第一趟分配

| 0 | 52 |
|---|---|
| 1 | 14 |
| 2 | 25 |
| 3 | 5 |
| 4 | 26 |
| 5 | 36 |
| 6 | 8 |
| 7 | 69 |
| 8 | 19 |
| 9 | 9 |

第一趟收集

| 0 | 5, 8, 9 |
|---|---|
| 1 | 14, 19 |
| 2 | 25, 26 |
| 3 | 36 |
| 4 |  |
| 5 | 52 |
| 6 | 69 |
| 7 |  |
| 8 |  |
| 9 |  |

第二趟分配

| 0 | 5 |
|---|---|
| 1 | 8 |
| 2 | 9 |
| 3 | 14 |
| 4 | 19 |
| 5 | 25 |
| 6 | 26 |
| 7 | 36 |
| 8 | 52 |
| 9 | 69 |

第二趟收集

图 10.13  分配与收集过程

从上面的分配和收集过程看出，多个元素的某一位可能是相同的，因此，一个桶中或一个队列中就可能有多个元素。若每个队列的大小和原始序列大小相同，则需要的一个桶的总量就是原始序列的 10 倍，而且排序时需要反复进行分配和收集。显然，采用顺序表表示分配和收集过程不方便进行动态操作。因此，为了操作方便和节省空间，采用单链表表示分配和收集过程，称为链式基数排序。

【例 10.11】初始序列为[25  52  26  14  8  69  19  5  36  9]，基数为 10，位数为 2，结点的个数为 10。设结点序列用线性链表示如下：

p->25->52->26->14->08->69->19->05->36->09

第一趟：首先把 0～9 的基数的队列置为空，然后按照关键字的最低位个位，将结点分配到相应队列中，分配后的结果如图 10.14 所示。收集后得到的线性链表为：

p->52->14->25->05->26->36->08->69->19->09

第二趟：首先把 0～9 的队列置成空队列，然后按照关键字的十位数字依次把第一趟所产生的新线性链表中的所有结点再次分配到相应的队列中，分配后的结果如图 10.15 所示。收集后得到的线性链表为：

p->05->08->09->14->19->25->26->36->52->69

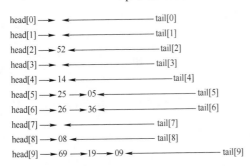

图 10.14  第一趟分配示意图

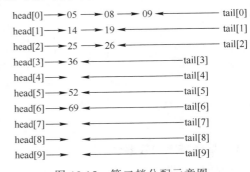

图 10.15  第二趟分配示意图

链式基数排序算法描述如下：

```
typedef struct node
{
    char key;;
    struct node *link;
}NODE;
void Lsd_node(NODE *&p,int r,int d) /*实现基数排序:p指向单链表的首节点,r为基数,d
为关键字位数*/
{
  NODE *head[MAXR],*tail[MAXR],*t;    /*定义各链队的首尾指针*/
  int i,j,k;
  for(i=0;i<d;i++)                    /*从低位到高位循环*/
  {
     for(j=0;j<r;j++)                 /*初始化各链队首、尾指针*/
        head[j]=tail[j]=NULL;
     while(p!=NULL)                   /*对于原链表中每个结点循环*/
     {
        k=keyi(p->key,i);            /*找p结点关键字的第i位k*/
        if(head[k]==NULL)            /*将p结点分配到第k个链队*/
        {
           head[k]=p;
           tail[k]=p;
        }
           else
        {
           tail[k]->link=p;
           tail[k]=p;
        }
          p=p->link;                 /*继续扫描下一个结点*/
     }
     p=NULL;
     for(j=0;j<r;j++)                 /*对于每一个链队循环*/
        if(head[j]!=NULL)            /*进行收集*/
        {
           if(p==NULL)
           {
              p=head[j];
              t=tail[j];
           }
           else
           {
              t->link=head[j];
              t=tail[j];
           }
        }
     t->link=NULL;                    /*最后一个结点的next域置NULL*/
  }
}
```

## 4. 基数排序的效率分析

从时间复杂度来看，设排序表为 $n$ 个元素、$d$ 个关键字，关键字的取值范围为 radix，则链式基数排序的时间复杂度为 $O(d(n+\text{radix}))$。其中，一趟分配时间复杂度为 $O(n)$，一趟收集时间复杂度为 $O(\text{radix})$，总共进行 $d$ 趟分配和收集。

从空间复杂度来看，需要 $2 \times \text{radix}$ 个指向队列的辅助空间，以及用于静态链表的 $n$ 个指针。基数排序一般用于元素的关键字为整数类型，是一种稳定的排序方法。

# 10.7　经典应用实例

排序在实际计算机应用中非常广泛。通过前面的介绍，已初步了解和掌握了排序的基本思想、排序算法以及对排序算法的效率分析。下面介绍两个应用实例，一个是考试成绩排序问题；另一个是拼色问题。通过这两个实例，进一步巩固排序思想及算法。

## 10.7.1　考试成绩排序

### 1. 问题描述

在高中阶段，每次小考或大考结束后，需要对全年级的同学成绩进行排名。大学的每个学期开学初，班委一般都要做一件事——综合测评。综合测评后，还要对全班的同学综合成绩进行排名。当然，在企业年终考核时，有时也要看员工的业绩，同样也是排名问题。可见，排名这项工作在日常工作和生活中，经常要遇到。现在假设一个班有 100 名同学，期末考试结束后，要求对这 100 名同学的考试成绩从高分到低分排序。这就是考试成绩排序（Score Sort）问题。

### 2. 数据结构分析

在该问题中，涉及学生信息，设学生信息由学号和成绩组成，总共有 100 个学生记录。

```
#define MAXN 100
 typedef struct node
 {  int no;
    int score;
 }NODE;
 NODE R[MAXN];
 int len;
```

R[MAXN]数组各元素如图 10.16 所示。

### 3. 实体模拟

本问题中的排序方法采用改进的冒泡排序算法，实现考试成绩的升序排列，然后从高分到低分逆序输出。

设待排序的 $n$ 个结点为 $a_0, a_1, a_2, \cdots, a_{n-1}$，排序范围为 $a_0 \sim a_{n-1}$。冒泡排序是在当前排序范围内，从上而下相邻的两个结点依次比较，让值较大的结点往下移（下沉），让值较小的结点往上移（上冒）。当从上到下的当前排序范围内执行一遍比较后，假设最后往下移的结点是 $a_j$，则下一遍的排序范围为 $a_0 \sim a_j$。在整个排序过程中，最多执行 $n-1$ 次。其中，执行的次数可能会小于 $n-1$，这是因为在执行某一遍的各次比较没有出现结点交换时，就不用进行下一次比较，说明整个数据序列已经是有序序列。

学生的记录包括学号和成绩，学号和成绩一一对应，为了描述方便，这里只显示成绩的排序过程，如图 10.17 所示。

| R[0] | R[0].no | R[0].score |
|------|---------|------------|
| R[1] | R[1].no | R[1].score |
| R[2] | R[2].no | R[2].score |
| ... | ... | ... |
| ... | ... | ... |
| ... | ... | ... |
| R[MAXN−1] | R[MAXN−1].no | R[MAXN−1].score |

10.16  R[MAXN]数组各元素

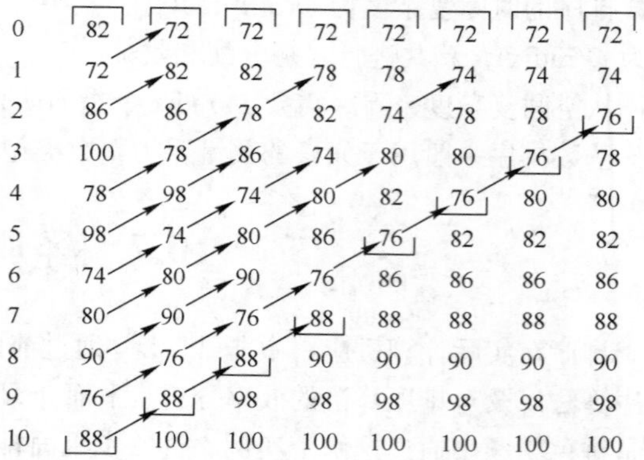

| | | | | | | | | |
|---|---|---|---|---|---|---|---|---|
| 0 | 82 | 72 | 72 | 72 | 72 | 72 | 72 | 72 |
| 1 | 72 | 82 | 82 | 78 | 78 | 74 | 74 | 74 |
| 2 | 86 | 86 | 78 | 82 | 74 | 78 | 78 | 76 |
| 3 | 100 | 78 | 86 | 74 | 80 | 80 | 76 | 78 |
| 4 | 78 | 98 | 74 | 80 | 82 | 76 | 80 | 80 |
| 5 | 98 | 74 | 80 | 86 | 76 | 82 | 82 | 82 |
| 6 | 74 | 80 | 90 | 76 | 86 | 86 | 86 | 86 |
| 7 | 80 | 90 | 76 | 88 | 88 | 88 | 88 | 88 |
| 8 | 90 | 76 | 88 | 90 | 90 | 90 | 90 | 90 |
| 9 | 76 | 88 | 98 | 98 | 98 | 98 | 98 | 98 |
| 10 | 88 | 100 | 100 | 100 | 100 | 100 | 100 | 100 |

图 10.17  排序过程

### 4. 算法实现

```c
#include "stdio.h"
#define MAXN 100
typedef struct node
{
    int no;
    int score;
}NODE;
/*冒泡排序*/
void Bubble_sort(NODE a[],int n)
{
    int i,j;
    NODE t;
    n--;
    while(n>0)                /*n 为最后往下移的结点的位置，如果 n>0,就进行冒泡比较*/
    { j=0;
        for(i=0;i<n;i++)      /*每次冒泡比较的范围为数组下标为 0~n-1*/
        if(a[i].score>a[i+1].score)
            {
            t=a[i];
            a[i]=a[i+1];
            a[i+1]=t;
            j=i;              /*j 为每次下沉的位置*/
            }
        n=j;                  /*保存最后一次元素结点下沉的位置*/
    }
}
```

### 5. 源程序及运行结果

源程序代码：

```c
/*此处插入 4 中的算法*/
int main()
{
    int i,j;
    NODE R[MAXN];
```

```
        int len;
        printf("请输入待排序的学生个数:");
        scanf("%d",&len);
        for(i=0;i<len;i++)
        {   printf("请输入第%d个同学的成绩:",i+1);
            R[i].no=i+1;
            scanf("%d",&j);              /*输入学生的成绩*/
            R[i].score=j;                /*将学生成绩记录在R数组中*/
        }
        printf("\n");
        Bubble_sort(R,len);/*调用冒泡排序的函数*/
        printf("学生的成绩从高分到低分排序为:\n");
        for(i=len-1;i>=0;i--)        /*将排好的从小到大的数组倒序输出*/
        printf("学号: %d -------成绩: %d \n",R[i].no,R[i].score);
        printf("\n");
        return 0;
}
```

程序运行结果如图 10.18 所示。

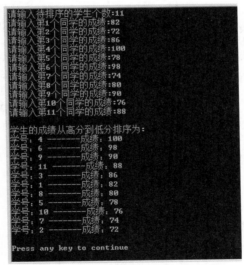

图 10.18　考试成绩排序程序运行结果

## 10.7.2　拼色问题

### 1. 问题描述

假设一色块由 3 种颜色组成，顺序分别为红、白、蓝，现在有随机序列组成的红、白、蓝 3 种颜色的条块，需要按照一定的序列排序，把他们组成色块要求的颜色序列。这就是拼色问题。

例如，给定的彩色条纹序列为：

{蓝、蓝、红、蓝、白、红、白、红、白、白}

通过排序整理后的条纹序列为：

{红、红、红、白、白、白、白、蓝、蓝、蓝}

### 2. 数据结构分析

拼色问题实际上是一个排序问题，按照一定的顺序排序颜色条纹，最后整理出色块要求的条纹，色块的颜色有 3 种，条纹的顺序为红<白<蓝，这里分别用数字 1、2 和 3 分别表示红、白和蓝，把它们存放在对应的数组当中。

```
int a[20];
int len;
```

### 3. 实体模拟

可以采用选择排序算法，把给定的随机条纹序列依次存放在数组中。首先，选中颜色值为 1 的红色条纹，依次放在序列的最前面；然后，从剩余的条纹序列中选中所有颜色值为 2 的白色条纹依次放在红色条纹块的后面；经过两趟选择，整个序列就整理完成了。

设初始的条纹序列颜色值是{3，2，3，3，1，2，1，2，1，2}，排序过程如图 10.19 所示。

```
3, 2, 3, 3, 1, 2, 1, 2, 1, 2,
3, 2, 3, 3, 1, 2, 1, 2, 1, 2,
3, 2, 3, 3, 1, 2, 1, 2, 1, 2,
3, 2, 3, 3, 1, 2, 1, 2, 1, 2,
1, 2, 3, 3, 3, 2, 1, 2, 1, 2,
1, 2, 3, 3, 3, 2, 1, 2, 1, 2,
1, 1, 3, 3, 3, 2, 2, 2, 1, 2,
1, 1, 3, 3, 3, 2, 2, 2, 1, 2,
1, 1, 1, 3, 3, 2, 2, 2, 3, 2,
1, 1, 1, 3, 3, 2, 2, 2, 3, 2,
```

（a）第一趟选择

```
1, 1, 1, 3, 3, 2, 2, 2, 3, 2
1, 1, 1, 3, 3, 2, 2, 2, 3, 2
1, 1, 1, 2, 3, 3, 2, 2, 3, 2
1, 1, 1, 2, 2, 3, 3, 2, 3, 2
1, 1, 1, 2, 2, 2, 3, 3, 3, 2
1, 1, 1, 2, 2, 2, 3, 3, 3, 2
1, 1, 1, 2, 2, 2, 2, 3, 3, 3
```

（b）第二趟的选择

图 10.19 排序过程

### 4. 算法实现

```
#include <stdio.h>
#include <stdlib.h>
/*利用选择排序思想，将整个序列按红、白、蓝进行排序*/
void sort(int b[],int n)

{
   int  i,j,x;
   i=0;                      /*i 指向第一个红色条块所放的位置*/
   for(j=i;j<n;j++)          /*j 扫描所有尚未放置好的条块，寻找红色条块*/
   {if(b[j]==1)              /*找到一个红色条块*/
   {
      if(j!=i)               /*找到的红色条块不在下一个红色条块应该放的位置，则换位*/
      {  x=b[j];
         b[j]=b[i];
         b[i]=x;
      }
         i++;                /*i 指向下一个红色条块应该放的位置*/
      }
   }                         /*退出前面循环后，i 指向第一个白色条块应该放的位置*/
  for(j=i;j<n;j++)           /*j 扫描所有尚未放置好的条块，寻找白色条块*/
```

```
    if(b[j]==2)                     /*找到一个白色条块*/
    {
        if(j!=i)                    /*找到的白色条块不在下一个白色条块应该放的位置，则换位*/
        {       x=b[j];
                b[j]=b[i];
                b[i]=x;
        }
        i++;                        /*i 指向下一个白色条块应该放的位置*/
    }
}
```

## 5. 源程序及运行结果

源程序代码：

```
/*此处插入 4 中的算法*/
int main()
{   int i,j;
    int a[20];
    int len;
    printf("请输入待排序彩色条纹序列的长度:");
    scanf("%d",&len);
    for(i=0;i<len;i++)
    {   printf("请输入第%d个条纹颜色编码值:",i);
        fflush(stdin);
        scanf("%d",&j);
        a[i]=j;
    }
    printf("待排序的彩色条纹编码序列为: ");
    for(i=0;i<len;i++)
        printf("%d  ",a[i]);
    printf("\n");
    sort(a,len);                    /*调用选择排序函数*/
    printf("排序后的彩色条纹编码序列为: ");
    for(i=0;i<len;i++)              /*依次输出 a 数组，即排好序的数组*/
        printf("%d  ",a[i]);
    printf("\n");
    return 0;
}
```

程序运行结果如图 10.20 所示。

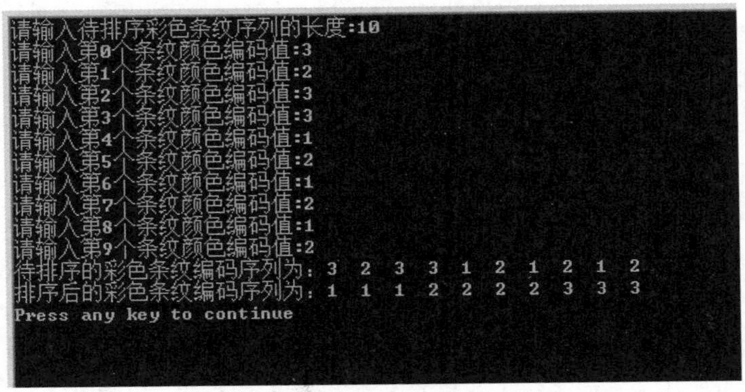

图 10.20　拼色问题程序运行结果

# 小　　结

　　排序是数据结构中的重要内容，也是程序设计过程中经常要遇到的问题。本章主要讨论常用的内部排序方法，如插入排序、交换排序、选择排序、归并排序和基数排序，要求掌握每一种方法的基本思想、排序过程和算法，并能进行算法的效率分析。最后，通过考试成绩排序问题和拼色问题，介绍了排序在实际生活中的应用。

# 知 识 巩 固

## 一、填空题

　　1. 大多数排序算法都有两个基本的操作：_____和_____。

　　2. 在对一组记录（54，38，96，23，15，72，60，45，83）进行直接插入排序时，当把第 7 个记录 60 插入到有序表时，为寻找插入位置至少需要比较_____次。

　　3. 在插入和选择排序中，若初始数据基本正序，则选用_____；若初始数据基本反序，则选用_____。

　　4. 在堆排序和快速排序中，若初始记录接近正序或反序，则选用_____；若初始记录基本无序，则最好选用_____。

　　5. 对于 $n$ 个记录的集合进行冒泡排序，在最坏的情况下所需要的时间是_____。若对其进行快速排序，在最坏的情况下所需要的时间是_____。

　　6. 对于 $n$ 个记录的集合进行归并排序，所需要的平均时间是_____，所需要的附加空间是_____。

　　7. 对于 $n$ 个记录的表进行二路归并排序，整个归并排序需进行_____趟（遍）。

　　8. 设要将序列（Q，H，C，Y，P，A，M，S，R，D，F，X）中的关键字按字母的升序重新排列，则冒泡排序一趟扫描的结果是_____；初始步长为 4 的希尔排序一趟的结果是_____；二路归并排序一趟扫描的结果是_____；快速排序一趟扫描的结果是_____；堆排序初始建堆的结果是_____。

　　9. 在堆排序、快速排序和归并排序中，若只从存储空间考虑，则应首先选取_____方法，其次选取_____方法，最后选取_____方法；若只从排序结果的稳定性考虑，则应选取_____方法；若只从平均情况下最快考虑，则应选取_____方法；若只从最坏情况下最快并且要节省内存考虑，则应选取_____方法。

　　10. 在快速排序、堆排序、归并排序中，_____排序是稳定的。

## 二、选择题

　　1. 将 5 个不同的数据进行排序，至多需要比较（　　　）次。

　　　　A. 8　　　　　　　　B. 9　　　　　　　　C. 10　　　　　　　　D. 25

　　2. 排序方法中，从未排序序列中依次取出元素与已排序序列（初始时为空）中的元素进行比较，将其放入已排序序列的正确位置上的方法，称为（　　　）。

　　　　A. 希尔排序　　　　B. 冒泡排序　　　　C. 插入排序　　　　D. 选择排序

　　3. 从未排序序列中挑选元素，并将其依次插入已排序序列（初始时为空）的一端的方法，称为（　　）。

  A．希尔排序   B．归并排序   C．插入排序   D．选择排序

4．对 $n$ 个不同的排序码进行冒泡排序，在下列各种情况下比较次数最多的是（　　）。

  A．从小到大排列好的      B．从大到小排列好的

  C．元素无序         D．元素基本有序

5．对 $n$ 个不同的排序码进行冒泡排序，在元素无序的情况下比较的次数为（　　）。

  A．$n+1$    B．$n$     C．$n-1$    D．$n(n-1)/2$

6．快速排序在（　　）情况下最易发挥其长处。

  A．被排序的数据中含有多个相同排序码

  B．被排序的数据已基本有序

  C．被排序的数据完全无序

  D．被排序的数据中的最大值和最小值相差悬殊

7．对有 $n$ 个记录的表进行快速排序，在最坏情况下，算法的时间复杂度是（　　）。

  A．$O(n)$  B．$O(n^2)$   C．$O(n\log_2 n)$   D．$O(n^3)$

8．若一组记录的排序码为（46，79，56，38，40，84），则利用快速排序的方法，以第一个记录为基准得到的一次划分结果为（　　）。

  A．38，40，46，56，79，84    B．40，38，46，79，56，84

  C．40，38，46，56，79，84    D．40，38，46，84，56，79

9．下列关键字序列中，（　　）是堆。

  A．16，72，31，23，94，53    B．94，23，31，72，16，53

  C．16，53，23，94，31，72    D．16，23，53，31，94，72

10．堆是一种（　　）排序。

  A．插入   B．选择    C．交换    D．归并

11．堆的形状是一棵（　　）。

  A．二叉排序树       B．满二叉树

  C．完全二叉树       D．平衡二叉树

12．若一组记录的排序码为（46，79，56，38，40，84），则利用堆排序的方法建立的初始堆为（　　）。

  A．79，46，56，38，40，84    B．84，79，56，38，40，46

  C．84，79，56，46，40，38    D．84，56，79，40，46，38

13．下述几种排序方法中，要求内存最大的是（　　）。

  A．插入排序  B．快速排序   C．归并排序   D．选择排序

14．设一组初始记录关键字序列(5，2，6，3，8)，以第一个记录关键字 5 为基准进行一趟快速排序的结果为（　　）。

  A．2，3，5，8，6    B．3，2，5，8，6

  C．3，2，5，6，8    D．2，3，6，5，8

15．时间复杂度不受数据初始状态影响而恒为 $O(n\log_2 n)$ 的是（　　）。

  A．堆排序  B．冒泡排序   C．希尔排序   D．快速排序

### 三、简答题

1. 什么是内排序？什么是外排序？哪些排序方法是稳定的？哪些排序方法是不稳定的？

2. 比较各种不同排序方法的优缺点。

3. 排序是一种不稳定的方法，请举例说明。

### 四、算法应用题

给出初始数列为（12，21，15，17，96，85，53）的建堆过程。

# 实 训 演 练

### 一、验证性实验

有顺序表（12，21，15，17，96，85，53），按直接插入排序、折半插入排序、冒泡排序、快速排序、直接选择排序方法实现排序，并输出排序过程。

### 二、设计性实验

1. 用选择排序实现 10 个字符串从大到小的排序。

2. 写一个改进的冒泡排序算法。改进的过程是这样的：从正、反两个方向地交替进行扫描，即第一次把最大记录放到最末尾，第二次把最小记录放到最头上，如此反复进行。

### 三、综合性实验

某大学一、二、三年级的学生报名参加竞赛，报名信息包含年级和姓名，已知这 3 个年级都有学生报名，报名信息中的年级用 1、2、3 表示，编写程序对所有报名参赛学生按年级排序。

# 参 考 文 献

[1] 施伯乐，蔡子经，孟佩琴，等. 数据结构[M]. 上海：复旦大学出版社，1988.

[2] 黄育潜，滕少华. 数据结构[M]. 武汉：华中科技大学出版社，1996.

[3] 晋良颖. 数据结构[M]. 北京：人民邮电出版社，2002.

[4] 严蔚敏，吴伟民. 数据结构（C 语言版）[M]. 北京：清华大学出版社，2009.

[5] 严蔚敏，吴伟民. 数据结构题集（C 语言版）[M]. 北京：清华大学出版社，2009.

[6] 曲建民，刘元红，郑陶然. 数据结构（C 语言）[M]. 北京：清华大学出版社，2005.

[7] 吴仁群. 数据结构简明教程[M]. 北京：机械工业出版社，2012.

[8] 黄国瑜，叶乃箐. 数据结构（C 语言版）[M]. 北京：清华大学出版社，2003.

[9] 陈元春，张亮，王勇. 实用数据结构基础[M]. 2 版. 北京：中国铁道出版社，2008.

[10] 蔡子经，施伯乐. 数据结构教程[M]. 上海：复旦大学出版社，2009.

[11] 李春葆. 数据结构教程[M]. 5 版. 北京：清华大学出版社，2017.

[12] 李云清，杨庆红，揭安全. 数据结构（C 语言版）[M]. 2 版. 北京：人民邮电出版社，2009.